LÀ
GÉOLOGIE COMPARÉE

PAR

STANISLAS MEUNIER

Professeur de géologie au Muséum d'histoire naturelle de Paris

AVEC 35 FIGURES DANS LE TEXTE

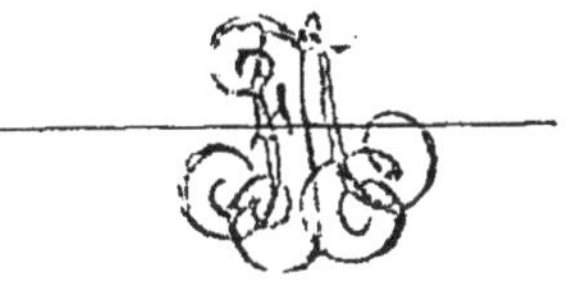

PARIS

ANCIENNE LIBRAIRIE GERMER BAILLIÈRE ET Cie

FÉLIX ALCAN, ÉDITEUR

108, BOULEVARD SAINT-GERMAIN, 108

1895

BIBLIOTHÈQUE
SCIENTIFIQUE INTERNATIONALE
PUBLIÉE SOUS LA DIRECTION
DE M. ÉM. ALGLAVE

Volumes in-8, reliés en toile anglaise. — Prix : 6 fr.
En demi-reliure d'amateur, 10 fr.

La *Bibliothèque scientifique internationale* n'est pas une entreprise de librairie ordinaire. C'est une œuvre dirigée par les auteurs mêmes, en vue des intérêts de la science, pour la populariser sous toutes ses formes, et faire connaître immédiatement dans le monde entier les idées originales, les directions nouvelles, les découvertes importantes qui se font chaque jour dans tous les pays. Chaque savant expose les idées qu'il a introduites dans la science et condense pour ainsi dire ses doctrines les plus originales. On peut ainsi, sans quitter la France, assister et participer au mouvement des esprits en Angleterre, en Allemagne, en Amérique, en Italie, etc., tout aussi bien que les savants mêmes de chacun de ces pays.

La *Bibliothèque scientifique internationale* ne comprend pas seulement des ouvrages consacrés aux sciences physiques et naturelles : elle aborde aussi les sciences morales, comme la philosophie, l'histoire, la politique et l'économie sociale, la haute législation, etc. ; mais les livres traitant des sujets de ce genre se rattachent encore aux sciences naturelles, en leur empruntant les méthodes d'observation et d'expérience qui les ont rendues si fécondes depuis deux siècles.

82 VOLUMES PUBLIÉS

J. Tyndall. LES GLACIERS ET LES TRANSFORMATIONS DE L'EAU, suivis d'une étude de M. *Helmholtz* sur le même sujet, avec 8 planches tirées à part et nombreuses figures dans le texte. 6e édition. . . . 6 fr.

Bagehot. LOIS SCIENTIFIQUES DU DÉVELOPPEMENT DES NATIONS. 5e édit. 6 fr.

J. Marey. LA MACHINE ANIMALE, locomotion terrestre et aérienne, avec 117 figures dans le texte. 5ᵉ édition augmentée. . . . . 6 fr.

A. Bain. L'ESPRIT ET LE CORPS considérés au point de vue de leurs relations, avec figures. 5ᵉ édition. . . . . 6 fr.

Pettigrew. LA LOCOMOTION CHEZ LES ANIMAUX, avec 130 fig. 2ᵉ édit. 6 fr.

Herbert Spencer. INTRODUCTION A LA SCIENCE SOCIALE, 11ᶜ édit. 6 fr.

O. Schmidtt. DESCENDANCE ET DARWINISME, avec fig. 6ᵉ édit. . . 6 fr.

H. Maudsley. LE CRIME ET LA FOLIE. 6ᵉ édition. . . . . 6 fr.

P.-J. Van Beneden. LES COMMENSAUX ET LES PARASITES dans le règne animal, avec 83 figures dans le texte. 3ᵉ édition. . . . . . . 6 fr.

Balfour Stewart. LA CONSERVATION DE L'ÉNERGIE, suivie d'une étude sur LA NATURE DE LA FORCE, par *P. de Saint-Robert.* 5ᵉ édition 6 fr.

Draper. LES CONFLITS DE LA SCIENCE ET DE LA RELIGION. 8ᵉ édition 6 fr.

Léon Dumont. THÉORIE SCIENTIFIQUE DE LA SENSIBILITÉ. 4ᶜ édit. . 6 fr.

Schutzenberger. LES FERMENTATIONS, avec 28 figures. 5ᵉ édition. 6 fr.

Whitney. LA VIE DU LANGAGE. 3ᵉ édition. . . . . 6 fr.

Cooke et Berkeley. LES CHAMPIGNONS, avec 110 figures, 4ᵉ édit. 6 fr.

Bernstein. LES SENS, avec 91 figures dans le texte. 5ᵉ édition. 6 fr.

Berthelot LA SYNTÈSE CHIMIQUE. 6ᵉ édition. . . . . 6 fr.

Luys. LE CERVEAU ET SES FONCTIONS, avec figures. 7ᵉ édition. . 6 fr.

W. Stanley Jevons. LA MONNAIE ET LE MÉCANISME DE L'ÉCHANGE. 5ᵉ édition . . . . 6 fr.

Fuchs. LES VOLCANS ET LES TREMBLEMENTS DE TERRE, avec 36 figures dans le texte et une carte en couleurs. 5ᵉ édition . . . . 6 fr.

Général Brialmont. LA DÉFENSE DES ETATS ET LES CAMPS RETRANCHÉS, avec nombreuses figures et deux planches hors texte. 4ᵉ édit. (*sous presse*) . . . . 6 fr.

A. de Quatrefages. L'ESPÈCE HUMAINE. 11ᵉ édition . . . . 6 fr.

Blaserna et Helmholtz. LE SON ET LA MUSIQUE, avec 50 figures dans le texte. 5ᵉ édition . . . . 6 fr.

Rosenthal. LES MUSCLES ET LES NERFS, avec 75 fig. 3ᵉ édit. (*épuisé*).

Brucke et Helmholtz. PRINCIPES SCIENTIFIQUES DES BEAUX-ARTS, suivis de L'OPTIQUE ET LA PEINTURE, avec 39 figures 4ᵉ édition . . . 6 fr.

Wurtz. LA THÉORIE ATOMIQUE, avec une planche. 7ᵉ édit. . . 6 fr.

Secchi. LES ÉTOILES. 2 vol., avec 60 figures dans le texte et 17 planches en noir et en couleurs, tirée hors texte. 3ᵉ édit. 6 fr.

N. Joly. L'HOMME AVANT LES MÉTAUX, avec 150 figures. 4ᵉ édition . . . . 6 fr.

A Bain. LA SCIENCE DE L'ÉDUCATION. 8ᵉ édition . . . . 12 fr.

Thurston. HISTOIRE DE LA MACHINE A VAPEUR, revue, annotée et augmentée d'une Introduction par *J. Hirsch*, avec 140 figures dans le texte, 16 planches tirées à part et nombreux culs-de-lampe. 3ᵉ édition, 2 vol. . . . . 12 fr.

R. Hartmann. LES PEUPLES DE L'AFRIQUE, avec 91 figures et une carte des races africaines. 2ᵉ édition . . . . 6 fr.

Herbert Spencer. LES BASES DE LA MORALE ÉVOLUTIONNISTE. 4ᵉ édition . . . . 6 fr.

Th.-H. Huxley. L'ÉCREVISSE, introduction à l'étude de la zoologie, avec 82 figures. 2ᵉ édition . . . . 6 fr.

De Roberty. LA SOCIOLOGIE. 1 vol. in-8, 3ᵉ édition . . . . . 6 fr.

O.-N. Rood. THÉORIE SCIENTIFIQUE DES COULEURS et leurs applications à l'art et à l'industrie, avec 130 figures dans le texte et une planche en couleurs . . . . 6 fr.

G. de Saporta et Marion. L'ÉVOLUTION DU RÈGNE VÉGÉTAL. *Les cryptogames*, avec 85 figures dans le texte . . . . 6 fr.

Charlton Bastian. LE CERVEAU, ORGANE DE LA PENSÉE CHEZ L'HOMME ET CHEZ LES ANIMAUX, 2 vol., avec 184 fig. dans le texte. 2ᵉ édit. 12 fr.

James Sully. LES ILLUSIONS DES SENS ET DE L'ESPRIT. 2ᵉ édition. 6 fr.

Alph. de Candolle. L'ORIGINE DES PLANTES CULTIVÉES. 3ᵉ édition. 6 fr.

Young. LE SOLEIL, avec 86 figures . . . . 6 fr.

J. Lubbock. LES FOURMIS, LES ABEILLES ET LES GUÊPES, 2 vol., avec 65 figures dans le texte et 13 planches hors texte, dont 5 en couleurs . . . . 12 fr.

Ed. Perrier. LA PHILOSOPHIE ZOOLOGIQUE AVANT DARWIN. 2ᵉ édit. 6 fr.

Stallo. LA MATIÈRE ET LA PHYSIQUE MODERNE. 2ᵉ édit. . . . . 6 fr.

Mantegazza. LA PHYSIONOMIE ET L'EXPRESSION DES SENTIMENTS, avec 8 planches hors texte. 2ᵉ édition . . . . 6 fr.

De Meyer LES ORGANES DE LA PAROLE, avec 51 figures . . . 6 fr.

De Lanessan. INTRODUCTION A LA BOTANIQUE. LE SAPIN, avec fig. 2ᵉ éd. 6 fr.

G. de Saporta et Marion. L'ÉVOLUTION DU RÈGNE VÉGÉTAL. *Les phanérogames*. 2 vol., avec 136 figures . . . . 12 fr.

E. Trouessart. Les microbes, les ferments et les moisissures, avec 107 fig. dans le texte. 2ᵉ édition. . . . . 6 fr.

O. Hartmann. Les singes anthropoïdes et leur organisation comparée à celle de l'homme, avec 63 fig. dans le texte. . . . . . 6 fr.

R. Schmidt. Les mammifères dans leurs rapports avec leurs ancêtres géologiques, avec 51 fig. dans le texte. . . . . 6 fr.

Binet et Féré. Le magnétisme animal, avec figures dans le texte. 4ᵉ édition. . . . . 6 fr.

Romanes. L'intelligence des animaux. 2 vol. 2ᵉ édit. . . . . 12 fr.

C. Dreyfus. L'évolution des mondes et des sociétés. 3ᵉ édition. 6 fr.

F. Lagrange. Physiologie des exercices du corps. 6ᵉ édition. 6 fr.

Daubrée. Les régions invisibles du globe et des espaces célestes, avec 78 figures dans le texte. 2ᵉ édition. . . . . 6 fr.

Sir J. Lubbock. L'homme préhistorique. 2 vol., avec 228 figures dans le texte. 3ᵉ édition. . . . . 12 fr.

Ch. Richet. La chaleur animale, avec graphiques dans le texte. 6 fr.

Falsan. La période glaciaire, étudiée principalement en France et en Suisse, avec 105 fig. dans le texte et 2 cartes. . . . . . 6 fr.

H. Beaunis. Les sensations internes . . . . 6 fr.

Cartailhac. La France préhistorique, d'après les sépultures et les monuments, avec 162 figures. 2ᵉ édition. . . . . 6 fr.

Berthelot. La révolution chimique, Lavoisier. . . . . . . 6 fr.

Sir J. Lubbock. Les sens, l'instinct et l'intelligence des animaux, principalement chez les insectes, avec fig. dans le texte. . . . 6 fr.

Starcke. La famille primitive. . . . . 6 fr.

Arloing. Les virus, avec fig. dans le texte. . . . . 6 fr.

Topinard. L'homme dans la nature, avec fig. . . . . 6 fr.

De Quatrefages. Darwin et ses précurseurs français. 2ᵉ édit. 6 fr.

A. Binet. Les altérations de la personnalité, avec figures. . 6 fr.

A. Lefèvre. Les races et les langues. . . . . 6 fr.

De Quatrefages. Les émules de Darwin, avec préfaces de MM. *E. Perrier* et *Hamy*. 2 vol. . . . . 12 fr.

P. Brunache. Le centre de l'Afrique (autour du Tchad), avec 41 fig. et 1 cart. . . . . 6 fr.

A. Angot. Les aurores polaires, avec figures. . . . . . . 6 fr.

Jaccard. Le pétrole, le bitume et l'asphalte, au point de vue géologique, avec figures . . . . 6 fr.

Stanislas Meunier. La géologie comparée, avec 35 figures. 6 fr.

VOLUMES SUR LE POINT DE PARAITRE :

Du Mesnil. L'hygiène de la maison, avec figures.

Roché. La culture des mers, avec figures.

Cornil et Vidal. La microbiologie, avec figures.

Kunckel d'Herculais. Les sauterelles, avec figures.

Ed. Perrier. L'embriogénie générale, avec figures.

Cartailhac. Les Gaulois, avec figures.

Guignet. Poteries verres et émaux, avec figures.

Nievenglowski. La photographie, avec figures.

BIBLIOTHÈQUE
SCIENTIFIQUE INTERNATIONALE

PUBLIÉE SOUS LA DIRECTION

DE M. ÉM. ALGLAVE

LXXXII

LA
GÉOLOGIE COMPARÉE

PRÉFACE

C'est en 1867 que pour la première fois j'ai employé l'expression de GÉOLOGIE COMPARÉE pour désigner un vaste ensemble de notions qui est à la géologie terrestre ce que l'anatomie comparée est à l'anatomie humaine. Déjà ce nom avait été appliqué à des études géologiques où diverses parties de la Terre étaient comparées entre elles, mais il est clair qu'il manquait alors d'exactitude et avait été détourné de sa signification logique.

La première publication ressortissant au domaine de la Géologie comparée est une *Étude sur les Météorites* (1) qui fut reprise depuis à diverses époques et progressivement complétée et perfectionnée. Dès 1870, j'avais, à la suite de longues études de laboratoire, constitué en un corps de doctrine l'ensemble des

____

(1) 1 vol. in-8 de 187 pages ; Paris, 1867.

résultats conduisant à édifier, sur les confins communs de l'astronomie physique et de la géologie, un chapitre nouveau de la science.

Mon ambition eût été d'en faire immédiatement la matière d'un exposé didactique. Mais, à cette époque, les circonstances politiques rendaient impossible la publication d'un volume, et j'ai eu seulement en 1871 la faculté de réaliser mon projet (1).

De l'avant-propos de cet ouvrage on me permettra de reproduire le passage suivant :

« Lorsque M. le Ministre de l'Instruction publique eut décidé que, nonobstant l'investissement de Paris, les établissements d'instruction supérieure reprendraient leur enseignement, la pensée me vint aussitôt d'adapter le sujet de ce livre à la forme d'un cours, et, le 18 octobre 1870, j'adressai simultanément au Ministre et à MM. les professeurs du Muséum la demande en autorisation de donner quelques leçons dans l'amphithéâtre de géologie de cet établissement et de me servir de la collection de météorites, sans laquelle mon enseignement eût été privé de son principal moyen de démonstration.

« La réouverture des classes, des cours et des confé-
« rences, disais-je dans ma lettre à M. Jules Simon, est
« sans contredit un des plus nobles et des plus purs
« aspects du spectacle que Paris donne au monde.
« La barbarie savante qui nous assiège, en réduisant
« au minimum notre existence matérielle, n'a pu
« mettre obstacle à l'exercice régulier de notre exis-
« tence intellectuelle, et les anxieuses préoccupations

(1) *Le Ciel géologique, prodrome de Géologie comparée*, 1 vol. in-8 ; Didot, 1871.

« du présent le plus tragique n'auront point entravé
« la calme préparation de l'avenir.

« Ce grand résultat est en partie votre œuvre,
« Monsieur le Ministre, et, comme nul ne peut douter
« que votre sympathie ne soit acquise à toute mesure
« ayant pour but d'élargir les cadres de l'enseignement
« officiel et de faciliter à la jeunesse studieuse l'ac-
« cès de la carrière professorale, je viens avec con-
« fiance demander à l'homme éminent qui préside
« aujourd'hui aux destinées de l'instruction publique
« l'autorisation d'ouvrir, au milieu de Paris investi,
« et dans le Muséum d'histoire naturelle auquel j'ap-
« partiens, un cours consacré à l'enseignement de la
« science pure, d'une science nouvelle, la *Géologie*
« *comparée*. »

« Le Ministre se montra disposé à accueillir ma
requête, et MM. les professeurs admirent en principe
l'idée d'introduire l'enseignement libre au Muséum (1).
Toutefois, le moment parut défavorable pour réaliser
cette innovation, et ma demande fut ajournée.

« Il ne me restait qu'une manière de contribuer à
l'avancement de la science nouvelle, c'était, dans le
temps dont le service du rempart me laissait maître, de
me consacrer exclusivement aux travaux de laboratoire.

« J'adressai à l'Académie des sciences plusieurs
notes et mémoires qui ont reçu de l'illustre Compagnie
un accueil dont je suis à la fois grandement fier et
profondément reconnaissant. J'ai eu particulièrement

---

(1) Plus favorisés aujourd'hui, les aides naturalistes (assistants)
jouissent du droit de faire dans les amphithéâtres des séries de
conférences publiques sur les sujets de leur choix.

l'occasion d'éprouver la bienveillance extrême des deux hommes célèbres (1) qui remplissent auprès de ce grand Corps les délicates fonctions de secrétaires perpétuels. Qu'il me soit permis de leur adresser publiquement le juste tribut de mes remerciements.

« Pour qu'on sache jusqu'où peut aller la bienveillance d'un esprit supérieur, je n'ai qu'à faire connaître le passage suivant d'une lettre que M. Dumas voulait bien m'écrire à la date du 3 février 1871. Après m'avoir proposé une légère modification à une note qu'allaient publier les *Comptes rendus,* l'éminent académicien ajoutait :

« Veuillez surtout, Monsieur, voir dans ma propo-
« sition une preuve du sérieux et profond intérêt que
« m'inspirent vos importantes études. Elles éclairent
« d'un jour tout nouveau des questions demeurées
« jusqu'ici dans le domaine de l'abstraction et les
« ramènent à la forme concrète, qui seule leur
« assure une base solide.

« Vous n'avez pas besoin d'être encouragé, et cepen-
« dant ceux qui entrevoient le but vers lequel chaque
« pas vous conduit s'estimeraient heureux s'il leur
« était permis de vous aider à l'atteindre. Veuillez me
« compter parmi eux et croire que personne n'appré-
« cie plus que moi la sûreté de votre méthode et la
« grandeur de vos conclusions acquises ou futures. »

« Peut-être la reproduction d'une lettre aussi flat-
teuse m'expose-t-elle au reproche de manquer de mo-
destie. Mais, comment pourrais-je mieux témoigner ma
reconnaissance qu'en montrant la grandeur des encou-

---

(1) C'étaient alors Elie de Beaumont et J.-B. Dumas.

ragements auxquels elle doit se mesurer ? D'ailleurs,
que, pouvant donner à ce livre l'appui d'une telle
recommandation, je ne me sois pas résigné à l'en pri-
ver, c'est ce que tout le monde comprendra, et c'est ce
dont je ne crois pas avoir à m'excuser. »

En 1878, l'Académie des sciences accorda à l'ensemble de mes recherches le prix Lalande, jusque-là
réservé à des travaux d'astronomie pure. La commission était formée par MM. Monchez, Lœwy, Liouville,
Janssen, Faye, rapporteur. Voici le texte même de son
rapport (1): « Lorsqu'on commença à soumettre les
météorites qui tombent du ciel à l'analyse chimique,
on fut très frappé de n'y trouver que des éléments purement terrestres. Plus tard, on reconnut que, malgré
cette identité chimique, leurs caractères minéralogiques diffèrent notablement de ceux des matériaux
qu'on trouve sur notre globe, leur caractère général
étant un degré d'oxydation très décidément inférieur à
celui de nos minéraux. Mais, peu à peu, cette opposition, si tranchée d'abord, s'effaça ; on finit par reconnaître que les matériaux expulsés de nos volcans, ou
amenés à la surface par l'ascension de roches fondues
venues de l'intérieur, offrent précisément les mêmes
caractères, en sorte que, si les minéraux célestes diffèrent beaucoup de ceux de nos roches superficielles,
ils ressemblent au contraire de très près aux matériaux qui forment les assises inférieures de l'assise
terrestre. Tout recemment, enfin, on a constaté que
les antiques éruptions de basalte ont amené à la surface, des profondeurs de notre globe, des blocs de fer

____

(1) *Comptes rendus de l'Académie des Sciences,* vol. LXXXVIII,
p. 468 (10 mars 1879).

métallique allié de nickel, tout comme celui des météorites, tandis qu'il suffisait naguère de rencontrer à la surface de la Terre un fragment pareil, pour prononcer qu'il venait du ciel.

« Les astronomes ont suivi avec intérêt les beaux travaux de M. Daubrée qui ont tant contribué à établir une connexion entre les astéroïdes venues du ciel et les couches profondes de notre globe; nous avons été conduits par là à donner une attention soutenue aux recherches de son élève et continuateur, M. Stanislas Meunier. Ce n'est pas sans surprise que nous avons appris, par ses récents travaux, que l'analogie ne réside pas seulement dans la constitution minéralogique, mais qu'elle se poursuit jusque dans les rapports que les matériaux cosmiques disséminés dans l'espace présentent entre eux lorsqu'on les compare les uns aux autres, comme on le fait pour les roches constituantes de notre globe. Ainsi, M. Stanislas Meunier retrouve dans les météorites des roches bréchiformes, des roches éruptives, des roches filoniennes, si l'on peut s'exprimer ainsi, des roches épigéniques et jusqu'à des roches ayant subi un métamorphisme évident. Ces analogies, l'auteur les confirme par des expériences directes, et, comme de tels effets n'ont pu se produire dans des masses très petites circulant aujourd'hui dans l'espace à l'état d'isolement complet, telles enfin qu'elles ont pénétré dans l'atmosphère, M. Stanislas Meunier semble en droit de conclure que toutes ces masses ont dû appartenir autrefois à un globe considérable, qui aura eu, comme la Terre, de véritables époques géologiques, et se sera plus tard décomposé en fragments séparés sous l'action de causes difficiles à préciser, mais que nous avons vues à l'œuvre plus d'une fois dans le ciel même.

« Une telle conclusion ajoute grandement à l'intérêt de ces astres minuscules. L'astronome ne s'occupait guère autrefois que de leurs mouvements, de leur distribution probable dans l'espace; il sait aujourd'hui qu'il faut compter avec la géologie sidérale, tout comme il lui faut tenir compte aujourd'hui de la physique céleste, de la chimie céleste, de la minéralogie céleste. Votre Commission a cru devoir accorder cette année le prix Lalande à l'auteur de ces ingénieuses recherches pour l'encourager à persévérer dans des études si intéressantes au point de vue de la constitution intime de notre système solaire. »

Il paraît très utile, pour montrer à la fois que j'ai tenu à honneur de me conformer à l'invitation que contenait pour moi la dernière phrase du Rapport académique et que le sujet que nous allons traiter a pris entre mes mains une ampleur de plus en plus grande, d'énumérer les principales publications que j'ai consacrées à la Géologie comparée.

I. — *Des Rapports de l'Astronomie physique et de la géologie.* (*Comptes rendus* de l'Académie des sciences du 24 octobre 1870.)

II. — *Sur le Mode de solidification du globe terrestre.* (*Comptes rendus* du 26 décembre 1870.)

III. — *Sur la Forme des mers de Mars comparées à celles des océans terrestres.* (*Comptes rendus* du 1er septembre 1873.)

IV. — *Causes possibles de la gémination des canaux de Mars; imitation expérimentale du phénomène.* (*Comptes rendus* des 31 octobre et 21 novembre 1892.)

V. — *Sur l'Atmosphère des corps planétaires et sur*

l'atmosphère terrestre en particulier. (Comptes rendus du 7 octobre 1878.)

V. — *Recherches sur les conditions qui ont déterminé les caractères principaux de la surface lunaire. (Comptes rendus du 28 janvier 1895.)*

VI. — *Sur les Rapports mutuels des Météorites et des étoiles filantes. (Comptes rendus, t. CVII, p. 834, 1888.)*

VII. — *Les Météorites et l'analyse spectrale. (Comptes rendus du 28 novembre 1887.)*

VIII. — *Structure du globe d'où dérivent les Météorites. (Comptes rendus du 23 janvier 1871.)*

IX. — *Mode de rupture du globe d'où proviennent les Météorites. (Comptes rendus du 30 janvier 1871.)*

X. — *Situation astronomique du globe d'où dérivent les Météorites. (Comptes rendus du 20 février 1871.)*

XI. — *Analyse chimique de la Météorite tombée le 9 juin 1867 aux environs de Sétif, en Algérie. (Cosmos du 28 mars 1868.)*

XII. — *Météorite tombée à Murcie, en Espagne, le 24 décembre 1858. (Comptes rendus du 30 mars 1868.)*

XIII. — *Sur la Météorite tombée à Saint-Denis Westrem, près de Gand, le 7 juin 1855. (Bulletin de l'Académie des sciences de Bruxelles t. XXIX, p. 210, 1870.)*

XIV. — *Sur la Météorite tombée à Angers (Maine-et-Loire), en 1842. (Bulletin de la Société linnéenne de Maine-et-Loire, 1871.)*

XV. — *Sur la Météorite tombée à Motta dei Conti, près de Casale, le 29 février 1868. (Bulletin de l'Observatoire de Moncalieri, 1873.)*

XVI. — *Analyse de la Météorite tombée à Sauguis-Saint-Étienne (Pyrénées-Orientales), le 6 septembre 1868. (Comptes rendus du 2 novembre 1868.)*

XVII. — *Etude sur les Météorites du département de Loir-et-Cher. (Bulletin de la Société d'histoire naturelle du Loir-et-Cher, n° 3, p. 49.)*

XVIII. — *Deux Météorites bourguignonnes. (Société d'Histoire naturelle d'Autun, t. V, 1892.)*

XIX. — *Observations sur la Météorite de Grazac (Tarn). (Comptes rendus, t. CIV, p. 1771, 1887.)*

lection du *Muséum d'Histoire naturelle*. (*Bulletin de
la Société d'Histoire naturelle d'Autun*, t. VI,
1893.)

XXXV. — *Révision des lithosidérites de la collection
du Muséum*. (*Bulletin de la Société d'histoire naturelle d'Autun*, t. VII, 1894.)

XXXVI. — *Remarque géologique sur les fers météoriques diamantifères*. (*Comptes rendus*, t. CXVII,
p. 409, 20 février 1893.)

XXXVII. — *Recherches sur la composition et la
structure des Météorites*. (*Annales de Chimie et de
Physique*, 4ᵉ série, t. XVII, p. 5, 1869.)

XXXVIII.— *Sur les formes extérieures des Météorites*.
(*La Nature* du 27 juillet 1878.)

XXXIX. — *Mémoire sur la géologie des Météorites*.
(*Bulletin de la Société géologique de France* du
9 novembre 1885.)

XL. — *Statigraphie de diverses roches météoriques*.
(*Comptes rendus* du 21 novembre 1870.)

XLI.— *Sur la classification et l'origine des Météorites*.
(*Comptes rendus*, t. CI, p. 728, 1885.)

XLII. — *Contribution à l'histoire géologique du fer
de Pallas*. (*Comptes rendus*, t. XCV, p. 938, 1882.)

XLIII. — *Histoire géologique de la Météorite de
Lodran*. (*Comptes rendus*, t. XCV, p. 1176, 1882.)

XLIV. — *Coexistence de divers types lithologiques
dans la même chute de Météorites*. (*Comptes rendus*
du 26 décembre 1871.)

XLV. — *De l'existence des types de transition parmi
les Météorites*. (*Comptes rendus* du 8 janvier 1872.)

XLVI. — *Des méthodes qui concourent à démontrer
la stratigraphie des Météorites*. (*Comptes rendus* du
29 janvier 1872.)

XLVII. — *Étude lithologique de la Météorite de
Parnallee*. (*Comptes rendus* du 31 juillet 1871.)

XLVIII. — *Examen lithologique et géologique de la
Météorite tombée le 13 octobre 1872 aux environs de
Soko Banja, en Serbie*. (*Comptes rendus* du 14 fé-
vrier 1881.)

XLIX.—*Examen lithologiques de la Météorite de Jelica*
(Serbie). (*Comptes rendus* du 21 avril 1890 ; Annales

la *Météorite de Kiowa, Kansas.* (*Comptes rendus,* t. CXVI, p. 447, 27 février 1893.)

LXXX. — *Communauté d'origine de la Serpentine et de la Chantonnite.* (*Comptes rendus* du 31 octobre 1870.)

LXXXI. — *Transformation de la Serpentine en Tadjerite; premier cas de reproduction d'une Météorite au moyen d'une roche terrestre.* (*Comptes rendus* du 1er mai 1871.)

LXXXII. — *Caractères de la croûte produite sur les roches terrestres par les agents atmosphériques; comparaison avec l'écorce noire des Météorites* (*Comptes rendus* du 14 octobre 1872.)

LXXXIII. — *Étude descriptive, théorique et expérimentale sur les Météorites.* (1 vol. in-8, 1867.)

LXXXIV. — *Lithologie terrestre et comparée.* (1 vol. in-8, 1870.)

LXXXV.— *Le Ciel géologique, prodrome de Géologie comparée.* (1 vol. in-8, 1871.)

LXXXVI. — *Cours de Géologie comparée professé au Muséum.* (1 vol. in-8, 1874.)

LXXXVII.— *Les Météorites.* (1 vol. in-8, *Encyclopédie chimique,* 1884.)

LXXXVIII. — *Notice historique sur la collection de Météorites du Muséum.* (1 vol. in-4, volume commémoratif du centenaire du Muséum, 1893.)

LXXXIX. — *Les Météorites.* (1 vol. in-18, collection des Aide-Mémoire, 1894.)

On pourrait ajouter à cette liste quelques autres ouvrages destinés à vulgariser la Géologie comparée : *La Planète que nous habitons* (Bibliothèque des Ecoles et des Familles), *Promenade géologique à travers le ciel* (bibliothèque Franklyn), *Deux Chapitres nouveaux de la science* (bibliothèque Gilon), sont dans ce cas.

INTRODUCTION

Il y a plus de vingt ans maintenant (1) qu'ayant à
développer les faits alors connus qui sont du domaine de la Géologie comparée, je commençai mon exposition par la remarque suivante, qu'il me paraît de
circonstance de reproduire ici presque en entier.

Si vaste, disais-je, que soit la géologie proprement
dite, qu'il faudra désormais appeler *terrestre*, sans
crainte du pléonasme, son étude ne constitue qu'un
cas particulier. Chacun des corps de notre système,
le Soleil, les planètes, la Lune, est susceptible de
donner lieu à une géologie spéciale, et j'insisterai sur
ce point que le fruit à retirer des diverses géologies
ne consiste pas seulement dans une connaissance de
chacun de ces corps, mais dans celle de quelques-unes
des grandes lois qui régissent l'univers et qui ne sauraient être autrement dévoilées.

C'est qu'au point de vue géologique, comme au
point de vue astronomique, les astres ne sont point
isolés les uns des autres. Le système solaire, par

(1) *Cours de Géologie comparée professé au Muséum;* Paris, Didot,
1 vol. in-8, 1874.

exemple, constitue un grand tout, au même titre que la Terre, et j'ajoute, pour y revenir plus tard, que la structure générale du premier, malgré de nécessaires différences, présente avec celle du second d'étroites analogies.

Il résulte évidemment de là que les notions acquises à l'égard d'un astre sont applicables à l'étude des autres, et cet échange mutuel de lumières ne peut manquer de produire des résultats importants.

La Terre, que des personnes étrangères à la science peuvent regarder comme une chose achevée et définitive et comme le type même de la stabilité, traverse simplement, au moment où nous sommes, l'une des innombrables phases de son évolution. De cette immense histoire que peut nous apprendre la géologie? Le présent et toute la partie du passé qui répond à ce qu'on peut fouiller de l'écorce du globe, c'est-à-dire à son épiderme. Quant à la structure des régions profondes, quant à l'origine première, quant à ce que l'avenir réserve, la géologie ne nous apprend rien et ne peut rien nous apprendre.

Mais, au contraire, ces notions que ne sauraient nous fournir l'examen direct de la Terre sont fournies par l'étude d'astres convenablement choisis.

C'est ainsi que la géologie des parties profondes du globe est dévoilée par la connaissance des Météorites. C'est ainsi encore que l'analyse spectrale du Soleil, des étoiles et des autres corps brillants évoque devant nous les états de la Terre antérieurs à l'acquisition des caractères qu'elle présente aujourd'hui. De même, la Lune, les petits astéroïdes qui circulent en si grand nombre entre les orbites de Mars et de Jupi-

- ter, enfin les Météorites, convenablement interrogés, nous révèlent l'avenir qui attend notre planète.

Enfin, la cause même des actions géologiques, la chaleur interne du globe qui est encore l'objet de tant de discussions entre les géologues, se trouve définitivement démontrée par la comparaison des effets qu'elle produit d'une manière si manifeste sur les astres brillants et par les caractères qu'elle a imprimés à la substance des Météorites.

On voit donc quelle influence l'étude du ciel peut avoir sur la connaissance de la Terre. La réciproque n'est pas moins vraie. Bornons-nous pour le moment à faire remarquer que la connaissance de ce qui se passe à la surface de notre globe donne la clé de diverses apparences que présentent les corps célestes.

Comment savons-nous que les accidents qui recouvrent la surface de la Lune sont des montagnes et des volcans ? que les taches sombres et claires de Mars sont des océans et des terres ? que les calottes blanches de ses pôles sont des glaces ? que les bandes de Jupiter sont des nuages, témoignant de l'existence de vents réguliers?

C'est que sur la Terre nous avons des montagnes et des volcans, des océans et des terres, des glaces polaires et des vents alizés.

Ces exemples frappants ne font-ils pas bien augurer des résultats géologiques que ces confrontations célestes, méthodiquement conduites et opiniâtrement poursuivies, pourront donner, même en des points qu'on eût pu croire à l'abri de nos moyens d'investigation ?

C'est à cette étude ainsi comprise de la structure géologique du Monde, étude dans laquelle la Terre n'est qu'un terme entre plusieurs, que nous donnons le nom de Géologie comparée.

Le but de la Géologie comparée est donc d'étendre à l'univers visible tout entier le bénéfice des méthodes appliquées à l'étude de la Terre et, réciproquement, de reporter à la Terre le bénéfice de l'étude du ciel faite à la lumière de la géologie terrestre.

L'édifice dont il s'agit repose avant tout sur le fait, maintenant bien constaté, mais dont nous devons rappeler les preuves, que l'ensemble du monde solaire constitue un tout, un système, ayant son autonomie et dont les diverses parties sont intimement solidaires les unes des autres.

Cette solidarité, qui dominera toutes nos études, peut être conclue dès l'abord de quatre ordres principaux de faits observés :

1° L'unité d'allure révélée par les observations astronomiques proprement dites ;

2° L'unité de substance révélée par les études spectroscopiques et aussi par l'analyse chimique des Météorites ;

3° Les échanges mutuels, entre les diverses parties du système, de radiations de tous genres ;

4° La réception, par divers astres, d'une contribution matérielle commune que leur fournissent les espaces.

Il faut nous arrêter un moment sur chacun de ces points.

L'UNITÉ D'ALLURE DES MEMBRES DU SYSTÈME SOLAIRE

Quand on compare les résultats purement astronomiques auxquels a conduit l'observation des corps constituant le système solaire, on remarque d'abord

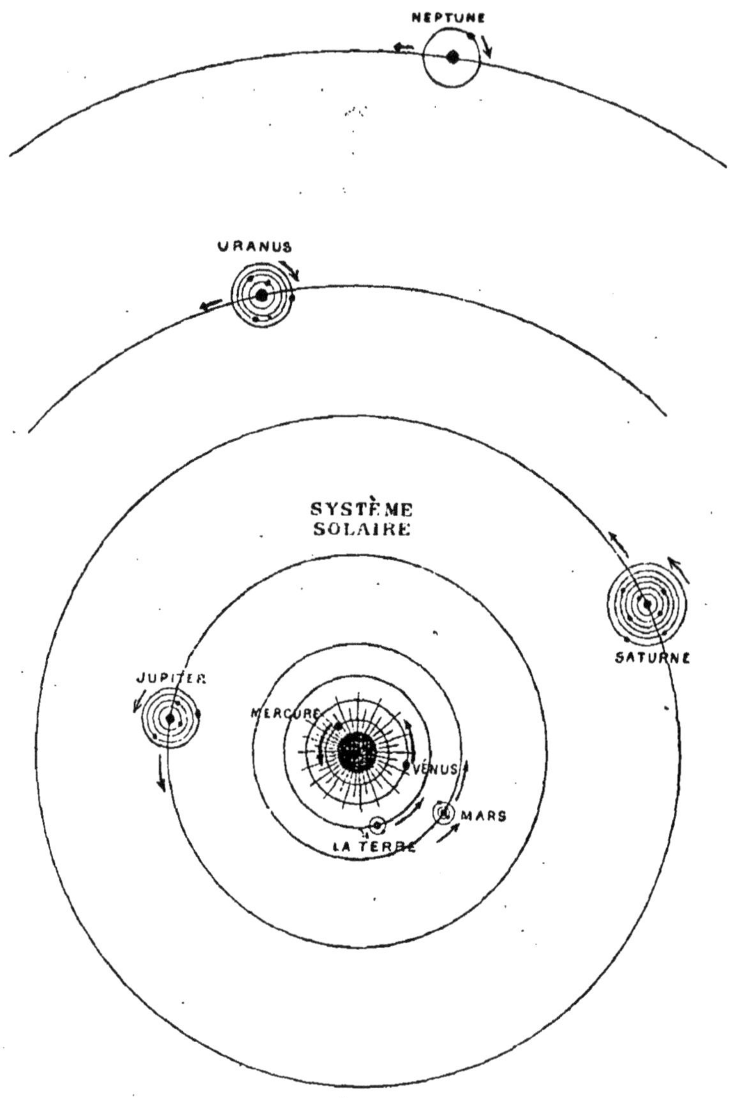

Fig. 1. — Le système solaire.

que ces astres se meuvent dans des orbites concentriques situées à peu près dans le même plan qui est aussi le plan équatorial du Soleil (fig. 1). Le sens de leur progression est aussi le même, sauf pour les satellites des planètes les plus éloignées ; tous tournent sur eux-mêmes dans le même sens. La distance qui sépare

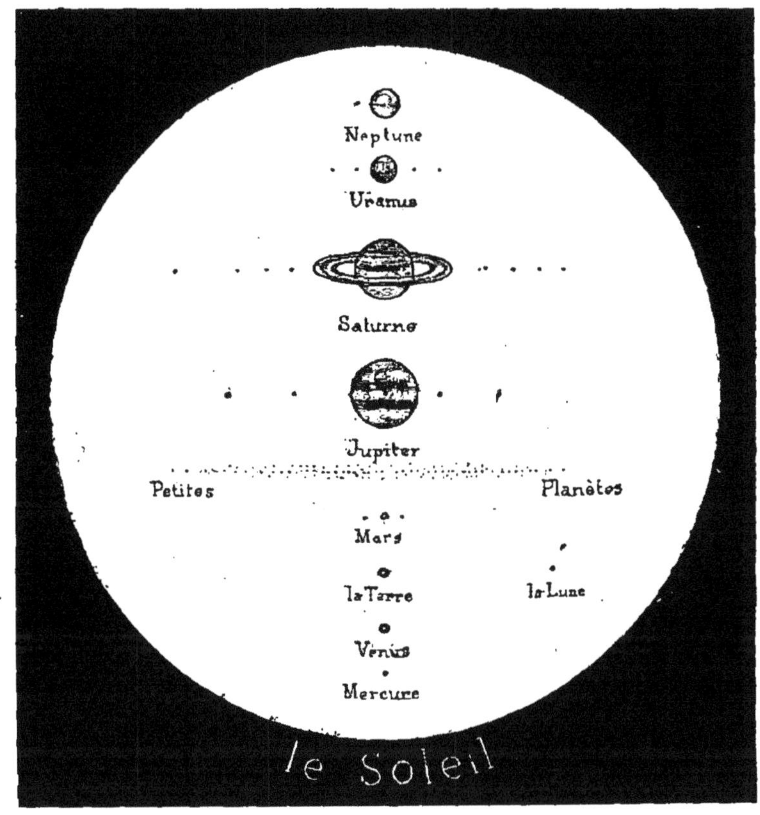

Fig. 2. — Dimension comparée des membres du système solaire.

leurs orbites ne paraît pas quelconque : la « loi de Bode », tout empirique et tout incomplètement vérifiée qu'elle soit, n'est pas moins un indice très évident d'une ordonnance générale de ce grand édifice. En outre, chacun des systèmes planétaires paraît reproduire sur une échelle moindre l'économie générale du système solaire tout entier.

A ce titre, le système de Jupiter et celui de Saturne sont d'un intérêt considérable, et nous aurons à y revenir ; on verra que les satellites y tournent autour de leur planète respective de façon à présenter toujours la même moitié au centre, ce qui est précisément le cas des planètes les plus voisines du Soleil par rapport à celui-ci.

Enfin, les dimensions des corps planétaires varient d'une façon qui semble fort compliquée et que fait saisir à l'œil la figure 1. A partir de Neptune et jusqu'à Jupiter la masse va toujours en croissant. La masse de la Terre étant prise pour unité,

<pre>
Neptune donne 15.771
Uranus. 18.542
Saturne 92.394
Jupiter 309.028
</pre>

Dans le système inférieur où même, abstraction faite des astéroïdes, les masses ne sont plus à comparer aux précédentes, on voit le maximum dans le milieu de la série.

<pre>
Mars mesure 0.109
La Terre. 1.000
Vénus. 0.786
Mercure. 0.075
</pre>

Les masses réunies du premier groupe valent environ 220 fois les masses du second. Les densités, à peu de chose près égales entre elles dans chaque groupe, sont en moyenne quatre fois et demie plus faibles dans le groupe des grosses planète (0,211) que dans le groupe des planètes inférieures (o,948), la Terre, dont la densité est 5,5 (celle de l'eau), étant prise pour unité.

L'UNITÉ DE COMPOSITION CHIMIQUE DES MEMBRES DU SYSTÈME SOLAIRE

Tout le monde connaît la merveilleuse méthode qui a permis de soumettre des astres lumineux à l'analyse chimique ; aussi n'ai-je pas à entrer dans le détail de la construction et de l'emploi du spectroscope et me suffit-il de noter les résultats généraux qu'il a fournis. Rappelons seulement que l'examen d'un spectre lumineux permet de déterminer la nature chimique des vapeurs contenues dans le corps qui donne ce spectre ; la position de certaines raies fixes au travers de l'image brisée suffit pour cela. Il permet en outre de dire l'état physique du corps et de reconnaître si, avant d'arriver au prisme, cette lumière a traversé une atmosphère obscure, dont la nature peut également être révélée par les absoptions de lumière qu'elle détermine. Dans le cas de gaz, le spectroscope permet encore de découvrir leur état de pression et de mouvement, et nous aurons plus loin à revenir sur ce dernier point.

Examinées de cette façon, les régions superficielles du Soleil donnent un spectre qui montre la prédominance de l'hydrogène, auquel se mêlent en petites quantités et d'une manière intermittente les vapeurs du sodium, du baryum et du magnésium. Les zones plus profondes contiennent en abondance ces trois métaux mélangés avec des proportions moindres de fer, de cuivre, de zinc, etc., c'est-à-dire qu'une foule de corps simples ont été reconnus dans l'astre central, et jusqu'ici tous appartiennent à la chimie terrestre, et presque à une substance, regardée d'abord comme quelque peu problématique, à laquelle on a donné provisoirement le nom d'*hélium* et dont le spectre paraît répondre exactement à celui de l'*argon*, le gaz récemment reconnu dans notre atmosphère.

Les planètes ont fourni des résultats du même genre : Jupiter, Mars, Mercure, Vénus, Uranus ont été étudiés spectralement, et, sauf quelques vapeurs douteuses de l'atmosphère de Jupiter, toutes les substances reconnues dans ces astres sont des substances terrestres.

L'examen des comètes et des étoiles filantes fournit de son côté la découverte, dans ces corps, des éléments mêmes qui existent chez nous.

Enfin, l'analyse chimique à laquelle des centaines de Météorites ont été soumises est venue confirmer la même conclusion. Plus de trente corps simples y ont été reconnus, et, parmi eux, pas un n'est étranger à la Terre. Les principaux sont : l'oxygène, l'hydrogène, l'azote, le soufre, le chlore, le phosphore, le carbone, le silicium, le potassium, le sodium, le calcium, le magnésium, l'aluminium, le manganèse, le fer, le chrome, le nickel, le cobalt, le titane, le cuivre.

On peut pousser ce genre d'étude plus loin encore. Le spectroscope permet souvent de reconnaître dans les astres la présence de substances complexes. Mars, Vénus, Jupiter donnent les raies caractéristiques de la vapeur d'eau ; le Soleil, certaines comètes, donnent des raies de carbures d'hydrogène comparés par Secchi à la vapeur de benzine (1).

Les Météorites renferment beaucoup de minéraux simples ou composés, identiques à ceux que fournissent les roches terrestres. Parmi les mieux constatés on peut citer : le diamant, le graphite, la pyrite magnétique, le fer oxydulé, le fer chromé, l'eau, le quartz, les feldspaths, le péridot, l'enstatite.

LES ÉCHANGES MUTUELS·DE RADIATIONS ENTRE LES MEMBRES DU SYSTÈME SOLAIRE

On explique que la lumière, la chaleur et les autres forces physiques, consistant, comme elles, en simples mouvements ondulatoires de l'éther, se propagent d'un astre à un autre, en admettant que les corps célestes sont plongés dans un même fluide universel, l'éther des physiciens.

Certains astronomes ont même doué ce fluide de qualités matérielles et en ont fait un corps pesant et résistant. Ils invoquaient, pour appuyer leur hypothèse, ce fait que divers corps célestes offrent dans leurs allures des inégalités dont ne saurait rendre compte l'hypothèse pure et simple de l'attraction newtonienne. Encke, par exemple, étudiant la comète découverte en 1818 par Pons et, l'identifiant avec une comète déjà observée en 1786, en 1795 et en 1805, reconnut sur cet astre l'action d'une cause non signalée jusque-là. Il y avait à chaque retour un retard considérable, constant pour chaque période, qu'il crut expliquer en recourant à la

______

(1) *Comptes rendus*, t. LXVIII, p. 1086.

supposition d'un milieu résistant qui remplirait tout l'espace et agirait tantiellement sur le mobile. Beaucoup de savants adhérèrent à cette explication, et M. Balfour Stewart (1) a même tenté de prouver expérimentalement l'existence d'un éther matériel.

L'objection est qu'on ne peut supposer l'existence d'un milieu résistant sans admettre en même temps qu'il tourne autour du Soleil en vertu des lois de Kepler, et que sa densité est d'autant plus grande que l'on considère une couche plus voisine de l'astre central. Ce serait comme une sorte d'atmosphère de celui-ci, inadmissible, puisque Laplace a fait connaître les limites étroites que la mécanique impose aux atmosphères des corps célestes.

L'étude des mouvements de différentes comètes montre d'ailleurs qu'il faudrait faire varier la densité de ce milieu suivant des lois différentes pour chaque cas. La comète d'Encke exige que cette densité aille en décroissant rapidement à partir de l'orbite de Mercure, où se trouve le périhélie de la comète ; mais la comète de Faye exige à son tour, non moins impérieusement, que la densité de cet anneau soit très notable dans la région de l'orbite de Mars et décroisse rapidement ensuite de manière à être insensible bien avant l'orbite de Jupiter, car c'est entre ces deux orbites que s'accomplissent les mouvements de cette comète remarquable.

Il faudrait donc, pour concilier ces suppositions, adopter pour le milieu résistant l'hypothèse d'une série d'anneaux cosmiques, plus ou moins semblables

____

(1) *Revue des cours scientifiques*, t. III, p. 649.

aux anneaux de Saturne, mais séparés les uns des autres. Il y aurait ainsi, de par la comète d'Encke, un de ces anneaux dans la région de Mercure, et cet anneau s'étendrait vers l'orbite de Vénus, mais sans y atteindre ; autrement, la comète de Halley, qui est rétrograde, en éprouverait des effets très marqués. On peut croire aussi que la région où se meut la Terre doit être exempte de ces anneaux cosmiques, car la comète de Biéla, dont la distance au périhélie est 0,9, n'a pas présenté jusqu'ici d'accélération sensible. Enfin, il y aurait un second anneau en dehors de l'orbite de la Terre présentant une densité notable dans la région de Mars, et allant en décroissant avec une rapidité telle, qu'il s'évanouirait bien avant l'orbite de Jupiter. Rien de plus indéterminé qu'une pareille hypothèse, puisque le nombre des anneaux, leurs limites respectives et la loi de leur densité intérieure restent complètement arbitraires.

M. Faye fit prendre une nouvelle face à la question (1). « Le milieu résistant d'Encke est physiquement impossible ; le jeu des forces polaires, imaginé par Bessel, en vue d'un seul fait, arbitrairement généralisé, est encore moins admissible ; il y a là deux termes : au lieu de raisonner sur l'un d'eux pris à part, il faut les comparer. » Et il constata que les deux forces, réelles ou apparentes, qui agissent sur les comètes sont toutes deux répulsives. Leur composante tombe toujours à gauche du Soleil, et non sur lui, ce qui montre que la force ne se propage pas instantanément, cas dans lequel elle serait dirigée suivant le

____

(1) *Comptes rendus*, t. L, pp. 68, 352, 703, 894 et 964 ; t. LII, p. 370 ; t. LIII, pp. 173 et 253.

rayon vecteur. Il résulte de là que toute force répulsive exercée par le Soleil, et douée d'une propagation successive, comme ses radiations lumineuses ou calorifiques, fournirait les deux composantes, l'une radiale, l'autre tangentielle, dont on a besoin pour expliquer à la fois la figure et le mouvement des comètes.

L'illustre auteur arrive, ce point de départ admis, à donner la formule astronomique de son idée : une force répulsive s'exerçant à toutes distances, mais s'affaiblissant évidemment avec rapidité quand la distance augmente ; due à l'incandescence de la surface solaire ; se propageant successivement avec une vitesse comparable à celle des radiations calorifiques ; proportionnelle aux surfaces, et non aux masses ; enfin, s'épuisant sur les corps qu'elle repousse au lieu de s'exercer à travers toute matière, comme l'attraction.

De nombreuses observations astronomiques auxquelles il donna d'une manière très ingénieuse la consécration de l'expérience, appuient l'hypothèse de M. Faye. Il approche de l'arc lumineux produit dans l'œuf électrique, et comparable à certains égards à la matière cométaire, une surface de métal chauffée au rouge, et qui représente le Soleil : immédiatement on voit la lumière stratifiée subir un mouvement très net de répulsion.

Ce résultat concorde avec ceux obtenus par Boutigny (1) en plongeant dans l'eau froide une amande de platine portée au rouge blanc : le liquide s'écarte du métal, et laisse autour de celui-ci une gaîne vide de matière. Cette remarque conduira à rattacher les

_____

(1) *Etudes sur les corps à l'état sphéroïdal ; nouvelle branche de physique*, 3ᵉ édition, p. 41, 1857.

phénomènes cométaires, comme ceux de l'état sphéroïdal, à la capillarité, dont le nom devient dès lors
très impropre. En somme, il est bien démontré que
rien ne justifie, quant à présent, l'hypothèse du milieu
résistant remplissant l'espace entre les corps célestes.

Influence des radiations solaires sur les comètes. —
Les études spectrales ont permis de pénétrer plus
avant dans l'examen des influences que le Soleil peut
exercer sur la substance des comètes.

A l'observatoire naval de Washington, M. Sampson a confirmé les observations de M. Ricco sur la
disparition des raies du sodium dans le spectre de la
grande comète de 1882 suffisamment éloignée du
Soleil.

Les premières observations faites à Nice par
M. Thollon, le 18 septembre, indiquaient pour le noyau
un spectre continu très brillant et très étendu du côté
du violet. La tête montrait les raies du sodium très
brillantes nettement dédoublées et paraissant déplacées vers le rouge. Cette constitution fut confirmée le
jour même à Washington par M. Lohse, qui put distinguer en outre un grand nombre de lignes brillantes
paraissant toutes déplacées vers le rouge et parmi
lesquelles celles du sodium étaient les plus lumineuses. Le 15 octobre, cet état de choses était entièrement changé, et il paraît évident que les modifications
observées ont été la conséquence d'un plus grand éloi-
gnement du Soleil.

« Les premières observations faites le 18 septembre, quand la comète était encore tout près du
Soleil, indiquaient, dit M. Sampson, un spectre con-

tinu dû à la grande quantité de lumière réfléchie, tandis que les raies brillantes provenaient des vapeurs
développées par la chaleur intense du Soleil. Le
15 octobre, le spectre, rappelle celui de la comète de
1868; des lignes du sodium il ne reste aucune trace,
quoique le spectre contienne encore des rayons dont
la refrangibilité est à peu près la même. La chevelure
de la comète donne un spectre très faible qui paraît
continu et dont l'éclat maximum est dans le vert. Des
modifications analogues, mais s'effectuant dans
l'ordre inverse, ont été observées dans le spectre de
la comète Wells, à cela près cependant que le noyau
donna toujours un spectre continu dans lequel les
raies du sodium apparurent quand la comète s'appro-
cha du Soleil. »

Influence des radiations solaires sur les planètes. —
L'intensité des radiations solaires, lumineuses et
calorifiques à la surface de la Terre a été calculée.
Pouillet a trouvé qu'à la distance moyenne du
Soleil à la Terre la quantité de chaleur que celle-ci
reçoit par minute et par mètre carré de surface est de
17,633 calories : on trouve pour le globe entier un
nombre de calories égal à 4,847 suivi de 25 zéros.
On arrive, pour la lumière, à des évaluations du même
genre : d'après Wollaston, cette lumière équivaut à
celle que répandrait à un mètre de distance (si l'expérience n'était pas d'une impossibilité absolue), l'ensemble de 59,882 bougies.

Or, par suite de leurs inégales distances au centre
de notre système, les diverses planètes recevant du
Soleil des quantités différentes de chaleur et de

lumière, on trouve que les nombres obtenus pour la
Terre doivent, dans chacune des autres planètes, être
multipliés par les nombres suivants :

Dans Mercure par. 6,67
Dans Vénus. 1,91
Dans Mars. 0,43
Dans Jupiter. 0,037
Dans Saturne. 0,011
Dans Uranus. 0,003
Dans Neptune. 0,001

.Cependant ces nombres ne donnent pas exactement
une idée des climats relatifs des planètes, les températures pouvant bien être considérablement modifiées
par les propriétés des enveloppes gazeuses des planètes.

La période décennale des taches solaires coïncidant
d'une manière très inattendue avec la variation de la
force magnétique terrestre, le P. Secchi, qui a fait
cette remarque, pensait qu'on doit attribuer l'action
magnétique de notre astre central à ce que celui-
ci serait environné de courants, agissant à distance comme de véritables aimants. Le savant astronome se fondait principalement sur ce que la période
décennale des variations diurnes de l'aiguille aimantée a une relation certaine avec les aurores boréales,
et que la valeur absolue des variations dépend, d'une
manière incontestable, du nombre de ces aurores.
Celles-ci sont, sans aucun doute, des phénomènes
météorologiques produis par l'électricité transportée
de l'équateur aux pôles, à travers les régions supérieures de l'atmosphère; mais, selon le P. Secchi, les
oscillations de la température agiraient d'une manière

indirecte sur le magnétisme, en modifiant l'état électrique du globe par l'intermédiaire des vapeurs. Toutefois, comme l'auteur le reconnaît lui-même, on ne saurait actuellement prouver avec certitude le lien qui relie ces variations électriques avec celles des taches : sans doute la formation d'une tache doit être accompagnée de phénomènes électriques, mais nous ne saurions imaginer comment ces phénomènes peuvent agir sur nos aiguilles aimantées. Quant aux aurores polaires, que l'on voit quelquefois apparaître simultanément dans les deux hémisphères, elles ne coïncident presque jamais d'une manière rigoureuse avec l'apparence individuelle des taches, et, si cette coïncidence se présente quelquefois, on ne doit pas y attacher beaucoup d'importance, car nous ne pouvons pas constater le moment où se forment les taches qui prennent naissance dans l'hémisphère du Soleil opposé à celui que nous voyons. On ne peut donc pas établir entre ces deux ordres de phénomènes une relation de cause à effet (1).

Il paraît bien, du reste, que l'état de la surface solaire a une influence sur la température que nous éprouvons (2), et qu'il existe des relations entre cette température et le nombre des taches.

La radiation solaire donne lieu à des phénomènes électriques, parmi lesquels sont ceux que M. Sanna Solaro a décrits (3). On fixe à la partie supérieure d'un récipient en verre bien sec et hermétiquement fermé,

---

(1) *Comptes rendus*, t. LXII, p. 210. V. aussi une note de M. Wolff, *ibid.*, t. XXXV, p. 364.

(2) *Ibid.*, t. XIV, p. 135.

(3) *Ibid.*, t. LVI, pp. 1035 et 1207.

un fil de cocon auquel on a suspendu horizontalement
une légère aiguille de cuivre ; puis on expose l'appareil
à l'influence solaire. Lorsque la journée est belle,
calme, sans nuages et sans vapeurs sensibles, l'aiguille
d'abord immobile, se met en mouvement aussitôt que
le premier rayon vient à la frapper : elle se dirige
tranquillement vers l'astre et le suit dans sa marche.
Si alors un léger voile de vapeurs vient à s'interposer
entre l'astre et l'appareil, l'aiguille abandonne brusquement sa position. D'après l'auteur, ces mouvements, dont il a reconnu la nature électrique, et qu'il a
étudiés avec soin, ne sont pas déterminés par la chaleur, car, dans les jours simplement voilés, ces signes
électriques n'ont pas lieu, quoique le Soleil soit parfois plus chaud que lorsqu'ils se manifestent. Ils ne
dérivent pas non plus de l'électricité atmosphérique,
car l'aiguille est inébranlable pendant les jours les
plus orageux (1).

L'action a été bien des fois constatée des rayons solaires sur l'aiguille aimantée. Dès 1826, Mme de Som-
merville signalait (2) le pouvoir magnétique de la
partie violette du spectre ; depuis cette époque, les observations se sont rapidement multipliées. C'est ainsi
que M. Jacobœus, de Copenhague, a mis en évidence
des mouvements imprimés à l'aiguille aimantée par
l'influence subite de la lumière du Soleil (3). Ce physicien reconnut, par hasard, que chaque fois qu'un
nuage, le ciel étant découvert, passait sur la face du

(1) Voir un mémoire de M. Becquerel sur l'origine céleste de
l'électricité atmosphérique, *Comptes rendus*, t. LXXII, p. 709.
(2) *Annales de Chimie*, t. XXXI, p. 393, 1826.
(3) *Comptes rendus*, t. LXIII, p. 733.

Soleil, une aiguille aimantée, qui en recevait alors subitement l'ombre, subissait une forte oscillation, et il étudia de plus près les conditions du phénomène. Le résultat fut que si l'aiguille aimantée est suspendue horizontalement dans une chambre obscure et si on laisse tout à coup le rayon lumineux successivement sur ses deux extrémités, l'une des pointes est attirée, l'autre repoussée, exactement comme sous l'influence d'un aimant dont on présente successivement le même pôle aux deux extrémités de l'aiguille.

Influence des radiations lunaires sur la Terre. — Toutes les molécules matérielles dont l'ensemble constitue le globe lunaire attirent à la fois toutes les molécules composant le sphéroïde terrestre, et contre-balancent ainsi, dans une certaine mesure, leur propre pesanteur : grâce à leur fluidité et à leur indépendance, les molécules gazeuses et liquides s'élèvent sous l'influence de l'attraction lunaire, et la nappe liquide de l'océan s'allonge, se tuméfie du côté de la Lune. Il en est de même de la nappe gazeuse qui entoure la Terre, et dont on apprécie les marées d'après les oscillations du baromètre. Si la Terre n'avait pas de mouvement propre, la marée serait permanente, et les eaux conserveraient leur équilibre, que viendraient seules troubler les influences purement météorologiques. Mais la Terre, en tournant, présente à la Lune toute sa périphérie, et l'onde marine se promène ainsi sur l'océan suivant le parallèle qui correspond à la position de notre satellite. Sur l'hémisphère opposé, les mêmes phénomènes ont lieu simultanément, la nappe liquide est allongée à l'opposé de la Lune, les molécules plus distantes, et par conséquent moins attirées, restant en arrière ; de sorte qu'un effet tout semblable est dû à des circonstances contraires.

La Lune agit aussi sur nous par la lumière et, ce qui a été longtemps nié, par la chaleur qu'elle reçoit du Soleil et qu'elle réfléchit. De plus, il paraît démontré, d'après le P. Secchi (1), que notre satellite possède encore une influence faible, mais incontestable, sur l'aiguille aimantée.

Influence des radiations planétaires sur divers corps célestes. — Les astres exercent les uns sur les autres des actions du genre de celles que la Terre éprouve. Le phénomène connu sous le nom de *lumière cendrée* montre que la Lune reçoit de la Terre beaucoup de radiations lumineuses.

MM. Warren de la Rue, Balfour-Stewart et Lœwy (2) ont cru remarquer que si Jupiter ou Vénus se trouve, à l'époque de son passage, sur le plan de l'équateur solaire, il en résulte un resserrement de la zone des taches vers l'équateur. Cette zone au contraire s'étend vers le pôle quand la planète s'éloigne du plan de l'équateur.

Wolf (de Zurich) pensait de son côté (3) que les variations de la distance de Jupiter et du Soleil sont corrélatives des apparitions les plus riches de taches solaires. Peut-être la masse, relativement énorme, de la plus grosse des planètes a-t-elle sur le Soleil une influence comparable à celle de la masse lunaire sur les marées terrestres.

(1) *Le Soleil,* p. 328.
(2) *Monthly Notices of the Royal Astronomical Society,* novembre 1866.
(3) *Le Soleil,* par A. Guillemin, p. 117, 1869.

Réciproquement, il semble que le Soleil ait une influence directe sur le nombre et la situation des taches rondes que présente l'atmosphère de Jupiter. Un savant anglais, M. Ranyard, a signalé la coïncidence de plusieurs maxima des taches de Jupiter avec les périodes de maxima des taches solaires. « Si un examen plus complet des observations de Jupiter, dit-il, confirme le soupçon que Jupiter et le Soleil ont des périodes égales dans les perturbations de leurs surfaces, il faudra en conclure que les variations de la planète sont sous la dépendance de quelque changement cosmique et ne sont point des effets de marées, ainsi que le Dr Wolf l'a suggéré pour le Soleil. »

De quelques autres influences cosmiques. — On a pensé reconnaître une liaison entre la température terrestre et les apparitions d'étoiles filantes. « Les deux essaims ou courants d'astéroïdes que nous rencontrons, sur l'écliptique, écrivait en 1840 Erdmann (de Berlin), respectivement vers le 10 août et vers le 13 novembre ou, en d'autres termes, par 316°,5 à 318°,5 de latitude et par 50 à 51 degrés de longitude héliocentrique, s'interposent annuellement entre la Terre et le Soleil, le premier en des jours compris entre le 5 et le 11 février, le second du 10 au 13 mai. Chacune de ces conjonctions opère annuellement durant lesdites époques une extinction très valable de rayons calorifiques du Soleil et par là fait baisser la température dans tous les points de la surface du globe (1). »

Ce sujet a été repris par Petit, directeur de l'obser-

_____

(1) *Annales de Chimie et de Physique*, t. LXXII, p. 315.

vatoire de Toulouse (1) et par Charles Sainte-Claire-Deville. Tout en reconnaissant avec Petit que le phénomène n'est pas aussi simple que l'avait cru Erdmann, Deville conclut en s'apuyant principalement sur les observations de Coulvier-Gravier (2) qu'en effet c'est bien au passage de la Terre dans le voisinage des groupes d'étoiles filantes que se rattachent les remarquables oscillations périodiques de température que l'on observe en février et en mai.

La lumière zodiacale paraît émettre de la chaleur ; M. Mathiesen l'a constaté à l'aide d'une très délicate pile thermo-électrique (3). M. Gaillard (4) a appelé aussi l'attention sur la relation qui paraît exister entre les oscillations de la température et les variations de la lumière zodiacale.

Une extrème chaleur a coïncidé en 1868 à la Guadeloupe avec une absence presque totale de ce phénomène. La lumière zodiacale, si brillante en 1867 que dans les premiers jours après la nouvelle lune elle s'apercevait très nettement, se distinguait à peine en 1868 du rayonnement stellaire. A partir du mois de décembre 1868, elle commença à réapparaître avec assez d'éclat, mais sans atteindre encore, au mois de mars 1869, à la splendide beauté de 1867.

« J'avais depuis longtemps, dit M. Gaillard, remarqué les intermittences de cette lumière, mais j'ai eu le malheur de ne pas tenir compte des époques de diminution et d'augmentation d'éclat qui eussent pu donner

----

(1) *Comptes rendus*, t. XIX, p. 626.
(2) *Recherches sur les Météores et les lois qui les régissent*, p. 859.
(3) *Comptes rendus*, t. XVI, p. 586.
(4) *Ibid.*, t. LXVIII, p. 807. V. la note de M. Faye, *id.*, p. 808.

une idée de la période de rotation. Je suis persuadé que le plus ou moins d'épaisseur de cette enveloppe solaire est une des principales causes des variations de la température annuelle (1). »

LA RÉCEPTION PAR DIVERS ASTRES D'UNE CONTRIBUTION MATÉRIELLE FOURNIE PAR LES ESPACES

Que l'espace céleste fournisse à la Terre une contribution matérielle, c'est ce que tout le monde sait depuis que la réalité du phénomène météoritique est définitivement démontrée. Il consiste dans la chute de matériaux rocheux, métalliques ou lithoïdes, pénétrant dans notre atmosphère avec un cortège caractéristique de manifestations sonores et lumineuses. Nous aurons plus loin à revenir sur les Météorites dont l'étude a fourni de nombreux arguments et l'une de ses bases les plus solides à la Géologie comparée tout entière ; pour le moment, nous nous bornons à constater qu'elles constituent par leur arrivée sur notre globe un lien véritablement matériel entre diverses parties du système solaire. Elles peuvent ainsi donner lieu à des modifications progressives dans les conditions terrestres.

Les Météorites, en effet, peuvent nous arriver sous la forme incohérente ; il en résulte des pluies de poussières, précédées d'un bolide et d'explosions dont on a enregistré de nombreux exemples. D'après Natalis Comès, on observa en 1650, à Lillebonne, en Normandie, un météore igné qui fut suivi par la chute d'une

____

(1) *Comptes rendus*, t. LXXIII, p. 517.

pluie rouge. Un fait analogue se retrouve, au dire d'Arago (1), dans les manuscrits de Salomon, sénateur de Brême ; le 3 décembre 1586, il tomba dans le Hanovre, à Verde, beaucoup de matière rouge et noirâtre, en même temps qu'on observa dans le ciel l'apparition de phénomènes lumineux et qu'on entendit beaucoup de bruit.

Le navire américain *Josiah-Bates*, naviguant, dans la nuit du 24 au 25 janvier 1859, dans les eaux de la mer des Indes, au sud de Java, reçut une pluie composée d'une très fine poussière qui s'y accumula en assez grande abondance. Ehrenberg, à qui l'on donna de cette poussière, reconnut que chaque grain consistait en une gouttelette solidifiée et creuse. L'analyse chimique n'y découvrit que du fer mélangé avec un peu d'oxyde ou plutôt d'oxydule.

Beaucoup de jour est jeté sur les chutes de poussières par ce fait qu'elles accompagnent parfois les Météorites proprement dites, comme cela arriva le 14 mars 1813 : il tomba à cette date, à Cutro en Calabre, de Météorites signalées par les phénomènes de lumière et de bruit qui ne manquent jamais en pareilles circonstances, et avec ces pierres des poussières qui couvrirent non seulement l'endroit où tombèrent les Météorites, mais encore la Calabre, la Toscane et le Frioul.

Des Météorites étant tombées à Hessle, en Suède (1er janvier 1869), et M. Nordenskjold ayant promis une récompense aux paysans qui lui apporteraient les Météorites, ceux-ci se plaignirent que beaucoup de pierres tombées sur la glace ou sur la neige étaient

____

(1) *Astronomie populaire*, t. IV.

perdues parce qu'elles tombaient en poussière noire ou brune que l'on retrouvait sur la neige. « Je voulus, dit M. Nordenskjold (1), me faire apporter aussitôt des preuves de la réalité de cette poussière ; mais la chute de la neige peu après le phénomène ne permit pas d'abord d'en retrouver. Ce n'est que vers le printemps, après la fonte de la neige, que je réussis à en obtenir un peu d'un paysan ; trop peu pour pouvoir en faire une analyse chimique complète, assez pour pouvoir prouver son origine météoritique et pour pouvoir en déduire sa composition chimique essentielle. »

Cette poudre a une couleur noire ; elle contient des parcelles attirées par l'aimant ; elle s'enflamme par la chaleur et brûle en laissant une cendre brun clair. Elle consiste dans le mélange d'un silicate à base de magnésie et de fer, avec une substance organique de la formule $C^9H^4O^2$.

La neige et la grêle, en balayant l'océan aérien, doivent très efficacement amener sur le sol des vestiges cosmiques de ce genre.

Dès 1873, M. de Baumhauer, dans un mémoire relatif à l'origine des aurores polaires (2), rappelait que le 21 juin 1821 il est tombé dans la province de Majo, en Espagne, des grêlons avec noyaux métalliques où Pictet a constaté la présence du fer au moyen du ferrocyanure de potassium. « Mais, ajoute-t-il, ce qui doit surtout attirer notre attention, c'est la chute à Padoue, le 26 août 1834, de grêlons avec des noyaux de couleur gris cendré. Ces noyaux, exa-

(1) Société des Sciences de Gœttingue, séance du 16 juillet 1869.
(2) *Comptes rendus*, t. LXXIV, p. 678.

minés par Cozari, consistaient en grains de diverses grosseurs, dont les plus gros étaient attirables à l'aimant, et furent trouvés composés de fer et de nickel. L'identité de cette matière avec celle des aérolithes ne peut guère faire l'objet d'un doute. »

Au commencement de décembre 1871, il y eut à Stockholm une chute de neige plus abondante qu'aucune dont le souvenir soit resté. M. Nordenskjold (1) en fit fondre un mètre cube et recueillit un résidu noir et peu abondant. En distillant de cette matière on obtint un produit liquide ; après combustion, la substance laissa une cendre rouge, l'aimant en retira quelques parcelles qui, écrasées dans un mortier d'agate, prirent l'éclat métallique et donnèrent par les réactifs les caractères du fer. Bien qu'on ait pu se demander si ces grains métalliques ne proviendraient pas des cheminées et des toitures en fer de la ville, en ce moment couvertes d'une épaisse couche de neige, le fait parut assez remarquable pour faire désirer de semblables observations dans des points éloignés de toute habitation. A cette fin, de la neige fut recueillie par le Dr Karl Nordenskjold, à Evoia, en Finlande, au nord d'Helsingfors, dans le centre d'une vaste forêt. Après fusion, cette neige laissa un résidu d'apparence de suie qui montra sous le microscope non seulement une substance charbonneuse noire, mais encore des granules d'un blanc jaunâtre qui, extraits par l'aimant, apparurent dans le mortier comme du fer malléable. Cependant la quantité de matière était trop faible pour permettre d'y rechercher

______

(1) *Redogoerelse for en Expedilion till Gronlandar*, p. 23.

le nickel et le cobalt ou, si l'on veut, pour en établir l'origine météoritique.

L'expédition de 1872 offrit des conditions favorables pour recueillir de la neige dans une région aussi distante que possible de toute habitation humaine. Le 8 août, la neige étendue sur la glace par 80° latitude nord et 13° longitude est, était recouverte d'une épaisse couche de petites particules noires qui pénétraient d'ailleurs çà et là dans la neige à plusieurs centimètres de profondeur. Les grains magnétiques y étaient fort abondants et on reconnut leur faculté de précipiter le cuivre de ses dissolutions. De même le 2 septembre, par 80° latitude nord et 15° longitude est, le champ de glace était recouvert d'un lit de neige fraîchement tombé, épais de 50 centimètres ; au-dessous était une couche plus compacte de 8 millimètres et au-dessous 30 millimètres de glace transformée en une substance granulaire. Cette dernière était remplie de granules magnétiques, mais devenant gris par la dessiccation ; il y en avait de $0^{mm},1$ à 1 milligramme par mètre cube de neige.

Quoique disposant de faibles quantités, M. Nordenskjold put y reconnaître la présence du *nickel et du cobalt* (1), indices évidents de l'origine cosmique.

Dans de la grêle tombée à Stockholm, il trouva de petits grains noirs qui, triturés entre deux mortiers d'agate, donnaient des lames de fer métallique. Et, bien que les toits de la ville fussent couverts de fer, l'éminent savant est convaincu que la grêle s'était

____

(1) *Comptes rendus*, t. LXXVIII, p. 236.

condensée autour de grains minimes d'une origine cosmique flottant dans l'air.

La poussière de la glace polaire au nord du Spitz-berg offre une ressemblance intime avec la *Cryoconite*.

On a plusieurs fois constaté au Canada des chutes de poussières cosmiques, par exemple les 3 et 4 juillet 1814 (1), et en novembre 1819 (2).

Les poussières tombées dans ces deux circons-tances étaient semblables et caractérisées par leur couleur noire. La pluie de 1819 est la mieux étudiée, et il est probable, d'après la description qu'on en a donnée, que sa composition était fort voisine de celle des Météorites charbonneuses.

Pour qui a un peu étudié ces dernières et les a ma-niées, l'explication des pluies de poussière s'impose d'elle-même. Si, par exemple, le 14 mai 1864, au lieu d'être sèche et belle, l'atmosphère eût été saturée d'humidité, ou eût contenu des nuages suffisamment épais, il est clair que les Météorites charbonneuses d'Orgueil, au lieu de tomber sous la forme de pierres, se fussent désagrégées pendant leur trajet, comme elles le font quand on les met dans l'eau, et fussent tombées à l'état de poussière. C'est, à n'en pas douter, ce qui eut lieu lors de la pluie de 1809 qui fut accompagnée de détonations formidables et de lueurs intenses. On crut d'abord à un orage; ce ne fut que plus tard que l'on reconnut la nature météoritique du phénomène.

On peut sans doute expliquer les pluies de poussières non charbonneuses par l'arrivée de Météorites friables. Peut-être aussi certaines Météorites existent-

(1) *Philosophical Magazine*, t. XLIV.
(2) *Annales de chimie*, t. XV.

elles originairement à l'état incohérent. C'est la conclusion qu'il faudrait admettre si l'on regardait comme météoritiques certaines poussières formées de fer magnétique analogues à celle qui tomba, dit-on, à Lœbau, en Saxe, le 13 janvier 1835, et dont le Muséum possède un échantillon.

M. Yung (1) a entrepris pendant les hivers de 1874-1875 et 1876-1877 des analyses de résidus de neige, afin d'y déceler la présence du fer.

· Il a recueilli la neige à plusieurs reprises en diverses altitudes et en a comparé les résidus aux poussières recueillies dans les clochers de plusieurs cathédrales. Il est arrivé à ces conclusions que dans ces poussières le fer existe avec une forme globulaire indiquant qu'il a été porté à une haute température ; que dans les résidus de neige le fer avec la forme globulaire n'existe pas ; enfin que le fer est toujours en plus forte proportion dans les neiges des grandes altitudes.

De son côté, en étudiant au microscope les poussières de l'air et les sédiments fournis par les eaux pluviales de diverses localités et les neiges des Alpes, M. G. Tissandier a reconnu des sphéroïdes remarquables par la régularité de leur forme (2).

Ces sphéroïdes, constituées par de l'oxydule de fer, sont identiques à celles que produit le fer métallique en brûlant dans l'air, et l'analogie conduit à penser que, chaque fois qu'un fer météorique pénètre dans notre atmosphère, il doit en produire un grand nombre. En observant au microscope la croûte des Météorites, on y distingue d'ailleurs des grains arron-

(1) *Comptes rendus*, t. LXXXIII, p. 242.
(2) *Ibid.*, t. LXXXIII, p. 76.

dis qui ne sont pas sans quelque ressemblance avec les précédentes. En outre, les particules magnétiques retirées des sédiments atmosphériques ont donné à l'analyse des indices révélant la présence du nickel, et de nature, par conséquent, à les faire regarder comme météoritiques.

Il faut cependant examiner si les grains ne dériveraient pas des masses de fer métallique qui brûlent autour de nous, par exemple en subissant les opérations métallurgiques. Or, il paraît difficile d'attribuer à des sources terrestres l'immense quantité de sphéroïdes que présentent les poussières ramassées dans les lieux les plus distants et dans les situations les plus diverses, par exemple dans les sables rapportés par la drague du fond des océans.

L'étude d'une nombreuse série de fonds de mer, collectionnés par Mouchez sur les côtes de Tunisie et d'Algérie, m'a fait reconnaître beaucoup de sphéroïdes magnétiques. Nous citerons en particulier un sable quartzeux et calcaire, pris par 14 mètres de profondeur au mouillage de Beni-Saf, à 700 mètres de la côte ; il renferme des globules dont le diamètre est d'environ $0^{mm},028$. Un sédiment à la fois quartzeux et argileux, qui se trouve à 11 mètres de profondeur, 2 milles au nord-est de Carthage, est encore bien plus riche, et les globules qu'il contient, parfois gros de $0^{mm},042$, ont offert à diverses reprises le petit goulot caractéristique des sphéroïdes du briquet. Il en existe d'analogues et de plus gros encore dans le sable qui constitue le fond de la mer, à 7 mètres de profondeur, devant la Goulette, dans l'argile ramenée de 270 mètres dans le golfe de Philippeville, etc.

Dans une région bien différente, puisqu'il s'agit maintenant de l'autre hémisphère, M. l'amiral Serres a recueilli des sédiments marins qu'il a également donnés au Muséum. Les globules n'y font point défaut ; on les trouve même avec une abondance extrême dans le sable qui fait le fond de la baie de la Possession ; ils y atteignent $0^m,056$ de diamètre.

Mais on peut aller bien plus loin et signaler la présence de sphéroïdes magnétiques au sein même de sédiments dont la date de formation est bien antérieure à l'apparition de l'homme sur la Terre.

M. G. Tissandier et moi (1), nous avions été frappés de l'abondance de belles sphéroïdes dans le sable extrait du puits artésien de Passy, à 569 mètres au-dessous de la surface du sol, sable qui appartient au gault. Leurs dimensions varient de $0^{mm},007$ à $0^{mm},090$. Ce sable ayant été exposé à l'air, on pouvait penser que les globules y étaient tombées récemment. En répétant les observations avec des mottes de sable du puits de Grenelle, mottes non défaites depuis leur dépôt, comme en témoigne la succession des couches planes qui les composent, nous avons retrouvé le même résultat. L'argile qui recouvre, à Grenelle, la couche aquifère renferme aussi des globules dans l'intérieur de la masse.

Allant plus loin, nous avons examiné des roches dures dont on ne peut supposer le remaniement et dont nous avons fait disparaître toutes les surfaces exposées à l'air. Le *noyau* ainsi isolé a été enveloppé de papier, puis broyé, sans choc, par écrasement dans un

____

(1) *Comptes rendus*, séance du 18 février 1878.

étau, et la poudre a été soumise au triage à l'aimant. Pour répondre à l'objection qui consisterait à dire que les globules peuvent tomber de l'air dans les préparations, au cours des manifestations (ce qui serait s'exagérer beaucoup leur nombre dans l'atmosphère), nous avons traité exactement de la même manière des roches cristallines et spécialement un gneiss du Simplon, un micaschiste du Saint-Gothard, une serpentine verte du val d'Aoste, etc., et nous n'avons jamais rien observé qui ressemblât, même de très loin, aux globules proprement dits. Le même résultat négatif a été donné par l'examen d'une magnétite friable de Norvège.

Traité par la méthode qui vient d'être décrite, un grès infrà-liasique de Saint-Julien-lès-Metz a présenté, au contraire, une sphéroïde presque parfaite de $0^{mm},014$. Un psammite micacé du trias d'Essingerberg, en Wurtembeg, en a fourni un de même dimension. Le grès ferrugineux permien de Salzbach, en Brisgau, est infiniment plus riche. Une préparation que nous conservons au Muséum contient au moins quatre globules dont le diamètre varie de $0^{mm},014$ à $0^{mm},042$. L'une de ces sphéroïdes, grosse de $0^{mm},028$, est parfaite et identique à celles de la période actuelle. La richesse de cette roche nous a engagé à l'étudier avec un soin spécial ; plusieurs préparations nous ont donné les mêmes résultats.

Dans les sédiments carbonifères, un pséphite, extrait d'un puits de mine de Saint-Avoldt, nous a donné un globule parfait de $0^{mm},01$. Plus ancien encore, un grès dévonien des environs de Villedieu (Manche) a offert plusieurs globules irréprochables.

Les faits qui viennent d'être rapidement exposés montrent que les sédiments actuels de la mer, comme ceux des océans géologiques, renferment des globules semblables aux sphéroïdes que l'atmosphère laisse constamment tomber à la surface de la Terre. Nous n'avons jusqu'ici aucun moyen de les distinguer les uns des autres, puisqu'ils sont également noirs, sphériques et attirables, et nous sommes dès lors autorisé à les identifier entre eux. Si l'on admet cette conclusion, il faut reconnaître que les couches du globe renferment des matériaux d'origine cosmique dont la chute remonte à un passé des plus reculés. On comprend l'importance qu'il y aurait à préciser, si faire se peut, l'époque où la Terre a reçu, pour la première fois, cette contribution de l'espace.

Les gaz extrêmement raréfiés qui composent les étoiles filantes ne sont pas bien connus, mais il n'est pas vraisemblable d'après leurs spectres qu'ils soient identiques à ceux que renferme normalement notre atmosphère. Celle-ci doit donc être modifiée dans sa composition par ce tribut incessant : il est possible, du reste, que la matière légère ainsi acquise par notre planète reste dans les régions supérieures et forme une couche qui ne se mêle pas aux masses plus profondes de l'air ; mais il est plus probable que le mélange a lieu et que les gaz jouent un rôle autour de nous.

Les Météorites nous apportent des matériaux qui ne laissent pas de faire un volume considérable, et M. Dufour (1) s'est demandé si cet apport de matière,

____

(1) *Comptes rendus*, t. LXII, p. 840.

en augmentant évidemment la masse totale de notre globe, ne contribue pas pour une part à l'accélération séculaire du moyen mouvement de la Lune.

Le phénomène météoritique joue évidemment un rôle, mais il est complètement insuffisant pour expliquer l'accélération de notre satellite qui est due sans doute à la superposition de causes nombreuses.

Hypothèse météoritique de l'entretien de la chaleur solaire. — La Terre n'a pas le privilège exclusif des chutes d'étoiles filantes et de Météorites. Pour les étoiles filantes, la situation des orbites cométaires, par rapport à celles des orbites planétaires, prouve jusqu'à l'évidence qu'il doit en tomber sur les divers globes de notre système. Pour les Météorites, la chose est beaucoup moins sûre, mais étant admise, touchant leur origine, la théorie qui sera développée plus loin, l'analogie porte à penser qu'il en existe au moins dans le voisinage des planètes les plus semblables à la nôtre.

Le Dr Mayer (de Heilbronn), considérant la quantité de matière qui tombe annuellement sur la terre sous forme de météorites et d'étoiles filantes et la quantité de chaleur due à la transformation de leur force vive, a été conduit à se demander si un phénomène semblable ne pourrait pas se produire dans le Soleil, et il a cherché quelle masse de matière devrait être employée à compenser la diminution de force vive produite par la radiation (1).

Le point de départ de ces calculs peut se trouver dans des faits d'observations qui semblent en confir-

____

(1) *Mekanic der Himmel*, par le Dr Mayer.

mer la justesse ; car, en Angleterre, M. Hodginson et
M. Carrington, dans des observatoires différents, ayant
vu au même instant une lumière très vive se développer en un point du Soleil très voisin d'une tache, attri-
buèrent ce phénomène à la chute d'un météore et à la
chaleur qui en était la conséquence.

Toutefois, et malgré des perfectionnements appor-
tés à cette théorie par M. Thomson, on y a généralement renoncé. M. Faye a montré l'incompatibilité de
ces effluves matériels avec les délicates particularités
de la surface solaire.

L'entretien de la chaleur solaire semble bien plutôt
dans la cause même de sa formation, c'est-à-dire dans
le simple fait de la contraction spontanée de l'astre
par suite de son refroidissement, notre système résultant de la condensation d'une nébuleuse. Or la masse
qui le constitue, en la supposant diffusée seulement
jusqu'à l'orbite de Neptune, se présenterait dans un
état de raréfaction comparable à celui que produisent
nos meilleurs machines pneumatiques. Si nous admet-
tons qu'une pareille masse vienne à se condenser, en
se précipitant sur un point central, nous pourrons
parfaitement appliquer à ce cas la théorie de Mayer : le
choc réciproque des molécules mettra toute la masse
en vibration thermique et développera au centre une
quantité très considérable de chaleur. En tenant
compte de la manière dont cette masse a dû être primi=
tivement répartie à différentes distances du Soleil, on a
calculé que la quantité de chaleur développée de cette
manière a dû élever la température de 5oo millions
de degrés. Telle aurait donc été la température initiale
du globe solaire, et celle que nous observons aujour-

d'hui ne serait qu'un faible résidu de l'énorme quantité de chaleur due à la seule gravitation.

Ainsi que le fait remarquer le P. Socchi (1), on doit
sans doute rapporter à la même origine, c'est-à-dire à
la contraction par refroidissement, la chaleur centrale
des planètes et même, très probablement, leur mouvement de translation.

Comme on le voit, la solidarité des diverses parties
du système solaire est incontestable. Nous verrons
plus loin comment elle justifie la théorie cosmogonique la plus vraisemblable ; auparavant, nous allons
constater qu'elle permet de compléter, par des comparaisons, les notions directement acquises par l'observation séparée de chacun des corps célestes.

(1) *Le Soleil*, p. 288.

PREMIÈRE PARTIE

COMPARAISON MORPHOLOGIQUE DES MEMBRES
DU SYSTÈME SOLAIRE

Nous nous proposons tout d'abord de remettre sous
les yeux du lecteur, de la manière la plus concise, les
éléments de comparaison extérieure des corps célestes.
L'importance des caractères externes ressortira ultérieurement des considérations les plus variées qui montrent qu'on peut y distingner une forme spécialement
compatible avec l'apogée d'autonomie de chaque astre
et d'autres qui sont des degrés vers cette forme ou des
états postérieurs qui succèdent à sa perte.

———————

CHAPITRE PREMIER

La forme sphéroïdale du Soleil et celle de la Lune, celle aussi des planètes vues au moyen d'instruments grossissants, est de nature, par sa répétition, à procurer un contrôle des plus précieux à la théorie cosmogonique de Laplace. Nous reviendrons sur ce point qui ne saurait être traité fructueusement qu'après la collection d'un grand nombre d'observations. Pour le moment, constatons que les différents corps sphéroïdaux ne sont pas identiques dans leur forme : leur aplatissement polaire varie de l'un à l'autre en conséquence sans doute d'une série de conditions parmi lesquelles se signalent tout d'abord leur nature intime et leur vitesse de rotation sur eux-mêmes.

Quelques détails ici sont nécessaires.

La forme du Soleil. — Tout d'abord le Soleil nous offre un disque géométriquement circulaire ; l'étude à laquelle on l'a soumis démontre qu'il tourne autour d'un axe tellement situé que nous voyons successivement tous les points de sa surface. Il en résulte que le Soleil est une sphère. Il est remarquable qu'aucun aplatissement polaire n'ait été constaté ; le fait est en relation avec la vitesse de rotation relativement faible, évaluée à plus de vingt-cinq jours.

Il convient d'ajouter que la surface limitée du corps du Soleil (photosphère), indépendamment de l'atmosphère coronale dont la forme n'est pas connue, ne saurait être considérée comme absolument sphérique, à cause des irrégularités qui s'y montrent de toutes parts et qui sont d'ailleurs d'une mobilité extraordinaire. Nous reviendrons sur ces accidents de forme par lesquels se manifeste la prodigieuse activité de la masse solaire ; il suffit de dire ici qu'ils apportent à la forme du Soleil des modifications spéciales.

La forme de la Lune. — Pour la Lune, qu'il est naturel, à cause de son volume apparent, de placer immédiatement après le Soleil dans cette revue rapide des caractères extérieurs des astres, on doit insister, malgré la notion que tout le monde en a, sur la forme parfaitement circulaire de la pleine Lune. C'est seulement par analogie que nous en concluons que notre satellite est sphérique, car, en vertu des lois de son mouvement, il ne nous montre jamais qu'une de ses moitiés, et nous ne savons directement rien sur l'autre. Mais la liaison mutuelle précédemment rappelée entre les divers éléments du système solaire ne nous permet pas d'avoir de doute à cet égard. En outre, les notions que nous acquerrons plus loin nous permettront d'appliquer la persistance de cette forme circulaire chez un astre possédant les caractères généraux de la Lune au contrôle des suppositions faites sur les déformations que la Terre pourra subir dans le futur.

Quelques géologues par exemple ont émis sous le

nom de *théorie tétraédrique* une hypothèse de ce genre dont l'inexactitude se montrera évidente.

La forme des planètes. — L'observation de Mercure lors de ses passages devant le disque du Soleil manifeste un aplatissement sensible de la planète dans le sens de son axe de rotation ; mais aucune mesure n'a pu être prise à cause des dimensions trop faibles des angles à mesurer.

Lorsque Vénus passe entre le Soleil et la Terre, elle se montre au contraire sous la forme d'une tache noire exactement circulaire : les mesures que l'on a effectuées sur cette tache n'ont pu révéler aucun aplatissement sensible.

L'aplatissement de la Terre ne dépasse pas $\frac{1}{300}$.

Le diamètre apparent équatorial de Mars à la distance moyenne du Soleil à la Terre est de $9'',57$; son diamètre apparent polaire, à la même distance, est de $9'',28$.

Jupiter est fortement aplati dans le sens de son axe de rotation ; l'aplatissement est d'environ $\frac{1}{17}$. De même le disque de Saturne manifeste dans le sens de son axe de rotation un aplatissement très prononcé qui est égal à $\frac{1}{9}$.

D'après M. Schiaparelli, qui a fait vingt-cinq jours d'observations d'Uranus, du 12 avril au 7 juin 1884, le diamètre équatorial de la planète est, vu à la distance moyenne, de $3'',91$, et le diamètre polaire de $3'',556$. L'ellipticité est donc de $\frac{1}{10,98}$. Elle diffère peu de celle de Saturne. Ces mesures confirment celles de Mædler et de Safarick.

On n'a pas constaté d'aplatissement sensible sur le

disque de Neptune ; mais l'immense distance rend les observations délicates.

Les planètes extérieures sont, comme on voit, bien plus aplaties que les planètes intérieures, et cette circonstance se lie peut-être à leur plus grande vitesse de rotation.

En somme, toutes les planètes, y compris la Lune que nous ne pouvions laisser de côté, se présentent comme des corps d'une forme sensiblement sphérique. A cet égard il est très intéressant de rappeler que Plateau l'a imitée exactement en laissant un corps fluide, soustrait à l'action de la pesanteur, prendre sa position d'équilibre. Grâce à l'artifice auquel il a eu recours pour instituer les célèbres expériences sur lesquelles nous aurons à revenir comme fournissant une espèce de matérialisation de la théorie cosmogonique de Laplace, une goutte d'huile prend alors une forme géométriquement sphérique.

Si on fait passer par le centre de la goutte un axe vertical qu'on anime d'un mouvement de rotation progressivement accéléré, on voit l'huile se mettre peu à peu à tourner et se déformer en un ellipsoïde dont l'aplatissement polaire est strictement réglé par la vitesse du mouvement rotatoire. On imite ainsi exactement les divers aplatissements que nous venons de rappeler.

La forme des astéroïdes. — Il est bien remarquable que les notions précédentes ne paraissent pas devoir s'appliquer sans variante aux petites planètes ou astéroïdes qui, au nombre de près de quatre cents, circulent dans la région du système planétaire comprise entre les deux orbites de Mars et de Jupiter. Tandis que cer-

tains savants comme M. Barnard attribuent à quelques-
unes d'entre elles (les plus grosses et les seules sus-
ceptibles d'observations un peu détaillées) un disque
circulaire, la plupart des autres astronomes sont d'un
avis différent.

Les brusques changements d'éclat que présentent
plusieurs de ces astres minuscules paraissent ne pouvoir s'expliquer en effet qu'en admettant qu'ils tournent
successivement vers nous des faces fort inégales, les
unes larges, les autres très atténuées comme seraient
des pointes. En conséquence, les petites planètes
seraient des corps polyédriques, et la singularité de
cette opinion, très imprévue sans doute pour un grand
nombre de nos lecteurs, diminuera beaucoup par la
suite de nos études qui nous conduiront à expliquer
tout naturellement, si elle existe, la forme dont il s'agit.

M. Kirkwood a fait remarquer que, de même que
l'anneau de Saturne est séparé en plusieurs zones, de
même, en rangeant les petites planètes par ordre de
distance au Soleil, on trouve qu'elles s'agglomèrent en
zones séparées par de larges intervalles vides. Ces
vides semblent dus à une cause naturelle ; car, ainsi
que l'a dit M. Proctor, reconnus lorsque le nombre des
planètes n'excédait par une centaine, ils n'ont pas été
comblés par la découverte de plusieurs centaines de
nouveaux astéroïdes.,

« Or ces hiatus se rapportent précisément aux distances telles que, s'il y avait là une planète, la durée
de sa révolution serait en rapport simple avec celle de
la révolution de Jupiter. Ils correspondent donc aux
points où le mouvement d'une planète subirait, de la
part de Jupiter, les plus fortes perturbations. Il en est

exactement de même pour l'anneau de Saturne : la division de Cassini occupe l'espace dans lequel les périodes des satellites seraient commensurables avec celles des quatre satellites de Saturne les plus voisins, Dioné, Encelade, Mimas et Téthys. De même donc que la puissante attraction de Jupiter produit les vides observés dans la zone des astéroïdes, de même l'influence perturbatrice des satellites intérieurs de Saturne est la cause physique de l'intervalle permanent entre les deux grands anneaux (1). »

La forme des Météorites.— D'ailleurs, les Météorites, qui sont des corps célestes incontestables, se signalent par l'irrégularité extrême de leurs formes, qui les rend tout à fait comparables, dimensions à part, aux astéroïdes précédents. En n'examinant que des échantillons *entiers*, c'est-à-dire revêtus de toutes parts de l'écorce noire résultant de leur trajet au travers de l'atmosphère, on est très frappé de leur extrême diversité de forme. Celle-ci ne peut mieux se comparer qu'à la diversité qui existe aussi entre les fragments rocheux contenus dans un même tas de macadam, et elle tient, comme dans l'exemple terrestre et ainsi que nous le verrons plus tard, à la nature fragmentaire des pierres tombées du ciel : ce sont, sans aucun doute, des débris provenant du concassement de masses plus grosses.

A cet égard, un coup d'œil sur les vitrines où sont conservés au Muséum d'histoire naturelle de nombreux spécimens provenant d'abondantes pluies météoritiques comme celles de Knyahinya (Pologne) en janvier

____

(1) *Les Hypothèses cosmogoniques*, par C. Wolf, p. 53.

1866 et de Mocs (Transylvanie) en février 1882 est des
plus instructifs. On voit que les pierres tombées du ciel
se présentent, avant tout concassement artificiel,
comme des polyèdres à arêtes très émoussées et à surface polie, qu'est venue recouvrir la croûte caractéristique. Parmi les formes le plus souvent reproduites, on
remarquera des cuboïdes ou des rhomboïdes, des pyra-
mides plus ou moins surbaissées et plus ou moins
riches en faces, des plaquettes plus ou moins minces
et des solides plus ou moins riches en surfaces courbes
sur quelques-unes de leurs parties. Les angles rentrants
sont naturellement fréquents, et leur émoussement les a
transformés en cupules qui ont été fort remarquées dès
l'origine des études météoritologiques : on s'est grandement mépris sur leur mode de formation et c'est ce que
témoignent avant tout les noms de « coups de pouce » et
de « piésoglyptes » qui leur ont été appliqués à diverses
époques et qui font penser le premier à une pression
exercée sur une pâte molle, l'autre à un taraudage réalisé sur une surface primitivement non affouillée (1).

La forme des comètes. — Les comètes sont remarquables par la mobilité de la matière qui les constitue
et par le peu de stabilité de leurs formes qui peuvent en
très peu de temps subir de considérables changements.
Certains de ces phénomènes ne sont peut-être que des

(1) L'explication dont il s'agit m'a paru il y a plus de vingt ans
trouver sa confirmation dans la production d'une écorce polie à la
surface de beaucoup de blocs de roches terrestres exposés longtemps aux agents atmosphériques. Voyez à ce sujet les *Comptes
rendus de l'Académie des sciences*, séance du 14 octobre 1872. Tout
récemment, M. Goldschmit a renouvelé le même rapprochement
sans faire du reste mention de ma publication (*Tschermak's minera-
logischen Mittheilungen*, t. XIV, 2ᵉ cahier. Vienne, 1894).

apparences, conformément à la manière de voir de Tyndall, mais d'autres sont très réels et avant tout les réductions d'une même comète en plusieurs. Cette division, dont les phases ont en plus d'une circonstance été suivies pas à pas, présentent un très grand intérêt au point de vue de l'économie générale de la matière

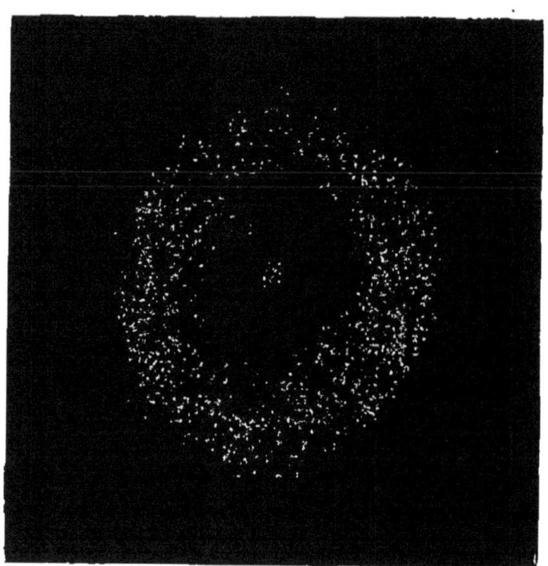

Fig. 3. — La nébuleuse annulaire de la Lyre.

du ciel. Nous aurons à en tirer parti plus loin, et pour le moment nous nous bornons à en retenir ce qui concerne la simple morphologie des astres. Ici il faut seulement rappeler que certaines comètes se sont montrées plus ou moins sphéroïdales, tandis que la grande majorité jouit de la *chevelure* d'où cette catégorie de corps célestes tire son nom.

La forme des nébuleuses. — Les nébuleuses offrent une apparente irrégularité de forme des plus remarquables. Beaucoup sont sphéroïdales comme celle du Verseau ; il y en a d'annulaires comme celle de la Lyre (fig. 3) ; d'autres, au nómbre desquelles figure la nébuleuse portée aux catalogues sous le signe 18. H. IV, sont en spirale.

Un certain nombre, le Battant de Cloche, la nébuleuse d'Orion, celle d'Andromède, etc., n'ont pas de forme déterminée ni symétrique.

CHAPITRE II

LA POSSESSION DE SATELLITES

Les planètes, qui peuvent être considérées à bon droit comme étant de simples satellites du Soleil, possèdent aussi très fréquemment des corps secondaires qui leur font cortège et dont la considération est d'un haut intérêt tant pour l'établissement de la théorie cosmogonique qu'au point de vue pur de la Géologie comparée.

Aussi est-il tout à fait important de passer, à ce point de vue nouveau, la revue des membres du système solaire.

Jusqu'ici Mercure n'a pas laissé voir de satellite, mais on ne peut oublier combien la proximité du Soleil est défavorable à la découverte d'un globe aussi petit que peut l'être ce satellite s'il existe.

Peut-être doit-on appliquer la même explication à l'ignorance où nous sommes de tout satellite de Vénus.

Le satellite de la Terre. — C'est donc, en partant du Soleil, notre Terre qui se présente comme la première planète pourvue d'un satellite. L'existence de la Lune suffit à constituer un système tellurique qui se présente comme une sorte de réduction du système solaire lui-même. Aussi verrons-nous que la théorie propre à expliquer la situation des planètes autour du Soleil est propre à rendre raison de la situation de la Lune par rapport à la Terre. La remarque s'applique surtout à la comparaison de ce système tellurique avec le système solaire réduit à des membres les plus rapprochés du centre : il semble que Mercure et Vénus tournent autour du Soleil comme la Lune tourne autour de la Terre, de manière à ne diriger jamais que la même moitié sur le centre de rotation.

La Lune, située à 92,000 lieues de nous, représente par son volume le $\frac{1}{49}$ du volume terrestre.

Les satellites de Mars. — Depuis le mois d'août 1877, et grâce à la clairvoyance d'un astronome américain, M. Asaph Hall, on sait que Mars, mieux pourvu que nous, jouit de deux satellites. Ces astres sont extrêmement faibles ; ils offrent l'éclat de deux étoiles, l'une de dixième et l'autre de douzième grandeur. Ils se meuvent dans des orbites presque circulaires. On leur a donné les noms de *Deimos* (la Terreur) et de *Phobos* (la Fuite).

Les satellites de Jupiter. — Dès que Galilée observa Jupiter, en 1610, il y vit quatre satellites qui furent seuls connus jusqu'au 9 septembre 1892, époque où M. Barnard en vit un cinquième. Cet ensemble réalise au maximum la reproduction, dont nous parlions tout à l'heure, d'un système solaire en miniature. Ces satellites en effet se meuvent dans des orbites qui ne font que de très petits angles avec le plan de l'orbite de

Jupiter. Leurs mouvements sont tous dirigés dans le sens de la rotation de la planète, c'est-à-dire de l'ouest vers l'est, comme le mouvement des planètes autour du Soleil. Quand on considère les dimensions relatives de Jupiter et de l'orbite du deuxième satellite, on y reconnaît une analogie intime avec la dimension relative du Soleil et de l'orbite de Jupiter lui-même. L'analogie se poursuit en ce que le satellite récemment découvert et qui est le plus voisin du centre est le plus petit, comme Mercure est la plus petite des planètes, en même temps qu'elle est la plus centrale. Du reste, Jupiter n'est pas plus au centre de son système que le Soleil n'est au centre du sien.

La distance, au centre de la planète, du premier satellite (le nouveau) est de 180,000 kilomètres ; celle du deuxième (Io), de 430,000 kilomètres ; celle du troisième (Europe), de 682,000 kilomètres ; celle du quatrième (Ganymède), de 1,088,000 kilomètres ; celle du cinquième (Callisto), de 1,914,000 kilomètres.

Les rayons des satellites rapportés à celui de la planète pris comme unité sont égaux : pour le premier satellite à 0,0199, pour le deuxième à 0,0184, pour le troisième à 0,0435 et pour le quatrième à 0,0001.

Le quatrième satellite (Ganymède), le plus lumineux de tous, est le plus volumineux ; il représente 0,4362 du volume de la Terre et vaut plus de quatre fois notre Lune ; le cinquième (Callisto) égale 0,3790 du volume de la Terre et équivaut sensiblement à Mercure ; le deuxième (Io) est 0,2975 de la Terre, et le troisième (Europe) 0,2670, tous deux plus gros que la Lune.

Quant au premier satellite, celui découvert tout

récemment, il est si petit qu'aucun grossissement ne le montre autrement que sous l'aspect d'un point stellaire. Il est très difficile à apercevoir. Quoiqu'il ne semble pas que les quatre gros satellites puissent le troubler d'une manière appréciable, l'aplatissement de la planète, qui est considérable, peut, d'après M. Tisserand, faire tourner dans son plan l'orbite de ce petit corps, « et le calcul montre qu'il doit lui faire faire un tour complet en cinq mois environ. Si donc cette orbite n'est pas rigoureusement circulaire, mais un tant soit peu excentrique, il devra arriver qu'à un moment donné le satellite se rapprochera plus de la planète du côté de l'est que du côté de l'ouest ; c'est ce que M. Barnard avait constaté déjà. Mais nous pouvons dire que, soixante-quinze jours après, ce sera l'inverse qui aura lieu : la plus grande approche aura lieu du côté de l'ouest (1).

Les satellites de Saturne. — Saturne ne possède pas moins de huit satellites qui ont été découverts : le premier et le deuxième par Herschel ; les troisième, quatrième, cinquième et huitième par Dominique Cassini ; le sixième par Huyghens, et le septième par Bond.

On a donné à ces satellites les noms suivants : I, Mimas ; II, Encelade ; III, Tethys ; IV, Dione ; V, Rhéa ; VI, Titan ; VII, Hypérion ; VIII, Japet. Plusieurs d'entre eux sont très difficiles à voir et exigent, pour être distingués sur le fond sombre du ciel, des observateurs exercés armés d'instruments puissants. Cependant on a pu évaluer le diamètre

(1) D'après une communication faite à la Société astronomique de France, séance du 7 février 1894.

du Titan, le plus grand de tous : ce diamètre ne serait pas moins de la seizième partie de Saturne, c'est-à-dire plus de la moitié du diamètre terrestre et à peu de chose près le diamètre de Mars. C'est environ neuf fois le volume de la Lune.

Les satellites d'Uranus. — Uranus possède quatre satellites qui portent les noms de : I, Ariel ; II, Umbriel ; III, Titania ; IV, Obéron. Malgré la prodigieuse distance et la difficulté des observations, on peut considérer cet ensemble comme une sorte de répétition du système de Jupiter.

Le satellite de Neptune. — Le satellite le Neptune, découvert par M. Lassell, est un corps peu lumineux, de quatorzième grandeur, et une lunette puissante est nécessaire pour l'apercevoir. D'après M. Pickering, il est aussi gros que la Lune, mais il est douze mille fois plus éloigné de nous. Il a un mouvement rétrograde autour de la planète. La grande distance qui le sépare du Soleil doit le préserver des perturbations venant de cet astre ; il n'est pas influencé par des satellites voisins, et il semblerait que son mouvement, d'une grande simplicité, doive réaliser absolument le mouvement géométrique de Kepler.

Cependant il n'en est rien, et les observations de 1852 à 1883 montrent que le plan de l'orbite du satellite de Neptune se déplace lentement et dans le même sens : durant ces trente et une années, l'inclinaison sur le plan de l'orbite de Neptune a augmenté de 5 degrés environ.

M. Tisserand attribue ce trouble à l'aplatissement de la planète. « Cet aplatissement, dit-il, a échappé jusqu'ici aux mesures directes, et y échappera sans doute longtemps encore. C'est que le disque de Neptune se présente à nous sous un petit angle de 2 secondes environ, et si l'aplatissement est faible, $\frac{1}{100}$ par exemple, l'ellipticité du disque sera trop peu de chose pour **que** l'on puisse s'en apercevoir.

« Mais, pour rendre compte des dérangements constatés par l'observation, il faut encore autre chose. Si, en effet, le plan de l'orbite du satellite coïncidait avec l'équateur de la planète, il n'y aurait aucune raison pour que cette coïncidence ne se maintînt pas indéfiniment. Il faut donc que les deux plans fassent entre eux un angle notable, et l'on démontre que dans ce cas le premier des deux plans se déplacerait par rapport au second, de façon que l'angle dont il. s'agit conserve toujours la même valeur.

« Si l'on imagine sur la sphère céleste les pôles de ces deux plans, le premier décrira, d'un mouvement uniforme, un petit cercle autour du second. De sorte que, quand on aura des observations de deux ou trois siècles, on pourra tracer ce cercle assez exactement, et en prenant le pôle, on trouvera le pôle boréal de la planète, ce que l'observation directe aurait été incapable de faire. Les données dont nous disposons aujourd'hui sont encore insuffisantes ; cependant il nous semble probable que l'angle dont on a parlé doit être de 20 ou de 25 degrés, et l'aplatissement inférieur à $\frac{1}{100}$ (1). »

Les appendices annulaires de Saturne. — Les recherches des astronomes ont montré que les satellites proprement dits, les lunes pourrait-on dire,

(1) D'après une communication faite à la Société astronomique de France, séance du 7 février 1894.

ne constituent pas tout le cortège de corps dont les planètes sont entourées. Des faits très différents les uns des autres conduisent en effet à leur attribuer des compagnons obscurs difficilement visibles à la lumière qu'ils réfléchissent ou n'apparaissant que dans des conditions exceptionnelles. Ces corps de très petite dimension relative paraissent constituer des anneaux discontinus et pouvoir être rattachés en conséquence, au moins à certains points de vue, à la particularité unique de la planète Saturne.

Cette singularité de forme, dont la signification se rattache peut-être aux conditions mêmes de la formation initiale des globes, est présentée par les curieux anneaux qui font à la planète Saturne une ceinture équatoriale.

Rappelons comment Plateau, dans l'expérience célèbre déjà mentionnée plus haut, a montré que, par le fait seul d'une rotation assez rapide, un globe sans pesanteur abandonne un anneau équatorial qui se met à graviter autour de lui. Toutefois, si ce procédé semble d'application légitime à l'histoire de la génération des planètes par la nébuleuse originaire dont le Soleil est le centre actuel, il doit être au moins incomplet en ce qui concerne les anneaux de Saturne, dont la complication est considérable.

On sait que, découvert, quoique non compris, par Galilée dès 1610 et expliqué en 1659 par Huyghens, l'anneau de Saturne se montra à Cassini en 1675 comme réellement constitué par deux bandes concentriques séparées par un intervalle fort sensible.

Depuis lors, ce système a été l'objet d'observations continues et de plus en plus minutieuses ; elles ont montré que chacun des deux anneaux de Cassini est lui-même composé d'anneaux élémentaires et qu'à l'intérieur du système se trouve un troisième anneau obscur, peu réfléchissant et transparent, de sorte qu'on voit le disque de Saturne à travers sa substance (fig. 4). Cet anneau obscur est lui-même multiple.

Les mesures auxquelles le système annulaire a été soumis montrent que sa largeur totale dépasse de $\frac{3}{40}$ environ le rayon équatorial de Saturne, c'est-à-

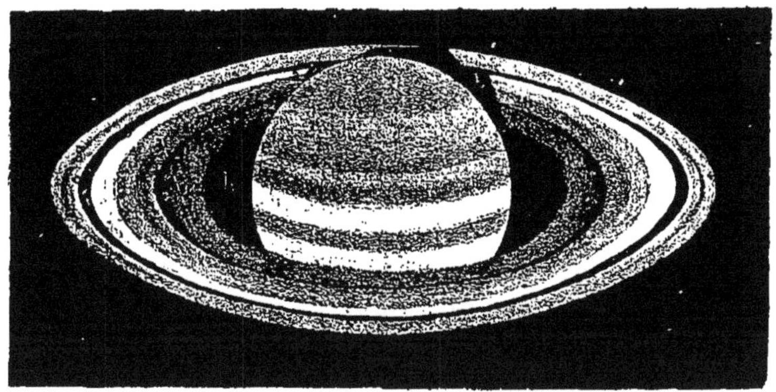

Fig. 4. — La planète Saturne d'après M. Terby.

dire embrasse un espace d'environ 65,600 kilomètres. Le développement diamétral des anneaux mesure près de 280,000 kilomètres.

Comme contraste, il paraît que ces anneaux sont d'une très grande minceur, et c'est ce qui explique leur disparition presque complète quand ils se présentent par la tranche. C'est ainsi que William Herschel le comparait lors de son observation, en août 1789, à un simple filet lumineux : deux satellites passaient sur lui, suivant son expression, « comme des perles sur un fil ».

Nous aurons à nous demander ultérieurement de quelle étoffe sont faits les anneaux de Saturne. Pour le moment bornons-nous à noter que certains observateurs paraissent portés à y voir la réunion de fragments solides constituant comme un essaim circulant autour de la planète.

Il semble du reste que Saturne ne soit pas seul à posséder des appendices annulaires.

Les appendices annulaires du Soleil. — Une supposition vraisemblable fait de la lumière zodiacale une apparence qui nous serait procurée par un anneau aplati qui entourerait le Soleil et qui serait constitué par des matériaux solides accumulés. Dominique Cassini, le premier observateur assidu de la lumière zodiacale en Europe, la considérait comme étant l'atmosphère même du Soleil, ce qui n'est pas soutenable. Laplace reconnut à ce météore la forme lenticulaire et rattacha son origine à l'économie même du Soleil. « Si, dit-il, dans les zones abandonnées par l'atmosphère du Soleil il s'est trouvé des molécules trop volatiles pour s'unir entre elles ou aux autres planètes, elles doivent, en continuant de circuler autour de cet astre, offrir toutes les apparences de la lumière zodiacale, sans opposer de résistance sensible aux divers corps du système planétaire, soit à cause de leur extrême rareté, soit parce que leur mouvement est à fort peu près le même que celui des planètes qu'elles rencontrent. »

Cette idée de faire de la lumière zodiacale une espèce d'appendice du Soleil a été partagée par un grand nombre d'astronomes : Euler, Arago, John Herschel, Biot sont du nombre. Jones, bien connu par ses obser-

vations de Californie et du Japon, pensait au contraire
que ce météore est un phénomène dépendant de notre
propre globe. La lumière zodiacale, d'après lui, constituerait un anneau de la Terre, intérieur à l'orbite de la
Lune, et c'est la lumière du Soleil, réfléchie par les matières dont il est composé, qui rendrait compte des apparences observées.

Il faut rattacher au même ordre de considération les
anneaux plus ou moins complets d'étoiles filantes qui
paraissent jalonner la trajectoire de certaines comètes,
conformément aux vues de M. Schiaparelli, et provenir de leur égrènement progressif le long de leur trajectoire primitive. C'est un point sur lequel Le Verrier a
insisté avec sa précision ordinaire et qu'il est pour nous
de haute importance d'enregistrer avec soin à cause de
l'application que nous aurons à faire, à d'autres phénomènes, du procédé de désagrégation qui transforme
dans le ciel des masses cométaires en essaims d'étoiles
filantes.

Parmi ces essaims, celui de novembre, dit des *Léonides*, se meut d'un mouvement rétrograde ; cette particularité a obligé les astronomes à lui refuser la même
origine qu'aux planètes et à supposer qu'il ne fait partie du système solaire que depuis une époque relativement récente. En traçant son orbite Le Verrier a remarqué qu'elle est rencontrée par celle d'Uranus, d'où la
question de savoir si cette planète n'aurait pas détourné
l'essaim de sa route primitive et par son attraction, ne
l'aurait pas jeté dans l'orbite où il se meut aujourd'hui. Or, au commencement de l'année 126 de
notre ère, la planète Uranus était assez voisine de
l'essaim pour que l'attraction de cette planète pût s'y

manifester. Il en résulterait que l'essaim de novembre
est entré dans notre système à une époque relativement
peu ancienne ; la matière dont il est formé s'est désa-
grégée en s'étendant le long de son orbite, et, l'action
perturbatrice de la planète ne cessant d'exister, on
peut prévoir que cette matière s'étendra de plus en
plus et finira par embrasser l'anneau tout entier. « Le
phénomène de novembre, dit Le Verrier, apparaîtra
donc dans la suite des temps pendant un plus ou moins
grand nombre d'années, mais en s'affaiblissant en intensité. Cette diminution d'éclat provient non seulement de la répartition de l'ensemble des corpuscules
sur un plus grand arc de l'orbite, mais, en outre, de ce
que, à chaque apparition, la Terre en dévie un très
grand nombre de leur route. »   .

Vraisemblablement, c'est à une cause identique que
se rattache la formation de l'anneau du mois d'août,
ou des *Perséides*. Les apparitions annuelles ont, dans
ce mois, un éclat presque uniforme ; on peut en conclure que la matière de l'essaim est presque uniformément répartie sur cet anneau et par conséquent que
sa formation remonte à une plus haute antiquité.

M. Schiaparelli a montré, d'une part, que l'orbite de
l'essaim d'août coïncide avec celle d'une grande comète
observée en 1862 et, d'autre part, que l'orbite de l'essaim de novembre est la même que celle d'une autre
comète découverte à Marseille par M. Tempel au commencement de l'année 1886. Depuis, on a acquis de
fortes raisons de croire qu'un essaim d'étoiles filantes,
que l'on observe vers le 10 décembre, décrit dans
l'espace la même ellipse que la singulière comète de
Biela et que la même relation existe entre un essaim

paraissant le 20 avril et la première comète de 1861.

Vraisemblablement les profondeurs du ciel renferment d'autres anneaux encore dérivant comme les précédents de phénomènes de désagrégation de corps primitivement uniques le long de l'orbite qu'ils décrivaient. Les lois de la mécanique ne paraissent guère à première vue se prêter à de semblables transformations. Mais les constatations faites directement, à l'occasion des comètes et des étoiles filantes qui en dérivent, permettent de prévoir qu'elles recevront plus tard quelque modification dans ce sens.

En tous cas l'ensemble des petites planètes peut, au point de vue où nous sommes placés, être considéré comme constituant autour du Soleil un essaim annulaire ayant de certaines analogies avec les précédents. Cette circonstance, rapprochée des faits déjà résumés à l'égard des planètes, prépare des conclusions qui nous arrêteront plus tard.

L'anneau météoritique. — Enfin, c'est aussi d'un anneau plus ou moins continu que semblent provenir les Météorites qui tombent de temps à autre sur notre sol.

Plus d'un astronome a même été tenté de donner exactement aux Météorites la même origine qu'aux étoiles filantes et d'en faire par conséquent le produit de la désagrégation des queues de comètes.

Cette opinion n'est pas soutenable, et les raisons abondent pour déclarer les deux phénomènes essentiellement différents. En laissant de côté ce qui concerne la nature intime des Météorites absolument incompatibles avec la supposition d'une origine cométeuse, il suffira ici de remarquer que, tandis que les étoiles filantes sont des phénomènes essentiellement périodiques, les époques des chutes des Météorites ne sont réglées par aucune loi sensible.

Sans doute il serait prématuré de nier d'une manière absolue que le phénomène révélera ultérieurement des maxima et des minima annuels ; mais jusqu'ici de très nombreux efforts ont été impuissants à les indiquer. Si les Météorites et les étoiles filantes étaient deux formes d'un même phénomène, c'est pendant les pluies d'étoiles filantes qu'il devrait y avoir le plus de chances d'observer la chute des pierres ou des fers. Or il est remarquable que cela n'a pas lieu, et cette circonstance est d'autant plus étrange, même dans l'opinion de l'indépendance absolue des deux phénomènes, qu'il tombe de temps en temps de vraies averses de Météorites, donnant jusqu'à 100,000 pierres comme on l'a assuré pour le phénomène de Pultusk (Pologne), en 1869. Tellement que si, après l'indépendance tant de fois constatée, et que ne détruit pas la chute tout à fait exceptionnelle du fer de Mazapil, il arrivait qu'un jour une averse de Météorites se superposât à une pluie d'étoiles filantes, on n'aurait aucun droit d'en conclure l'identité de nature et d'origine.

En tous cas, pour le moment il suffira de constater que, de l'aveu de tous les astronomes, les Météorites proviennent d'un essaim annulaire, analogue par conséquent à ceux que nous citions tout à l'heure. Il reste à déterminer si le centre de cet anneau est le Soleil ou la Terre, car le choix jusqu'à présent ne paraît pas pouvoir être entièrement raisonné, les trajectoires des vraies Météorites n'ayant pas été relevées bien souvent.

CHAPITRE III

Un trait fréquemment offert par les corps constitutifs du système solaire est de présenter autour de leur masse principale une couche fluide, légère, évidemment gazeuse, répondant par ses caractères les plus généraux à la définition de notre propre atmosphère.

Tous n'en sont cependant pas pourvus, et nous aurons plus loin à tirer des conséquences générales de ces diverses conditions.

L'atmosphère du Soleil. — Rappelons tout d'abord que le **Soleil** lui-même se montre pourvu d'une atmosphère, enveloppant avec une dimension gigantesque la couche dite *photosphère* d'où émanent les effluves chauds et lumineux de notre astre central.

Pour ne laisser aucun doute sur l'existence de l'atmosphère coronale, M. Janssen, lors de l'éclipse de décembre 1871, qui eut lieu dans les Indes et notamment sur les hauts plateaux des Nilgherries, s'attacha à obtenir des spectres très lumineux, par l'emploi d'un télescope de très court foyer et d'un spectroscope approprié.

Aidé de ces dispositions toutes spéciales et favorisé par la hauteur de la station et par la pureté de l'atmosphère au moment de l'éclipse, le savant astronome put fixer les points suivants qui résolvaient la question :

1° L'aspect de la couronne reste le même pendant la durée de la totalité et malgré le changement des positions relatives de la Lune et du Soleil ; phénomène qui n'aurait pas lieu avec une couronne due à des effets de diffraction.

2° Le spectre coronal présente les raies brillantes des protubérances avec une intensité qui indique une émission propre, et, en outre, la raie dite 1474 est plus forte dans ce spectre que dans celui même des protubérances, fait de la plus haute importance pour accuser une émission propre du milieu coronal et démontrer que le phénomène est bien dû à la présence d'un milieu gazeux incandescent.

3° Enfin, et en outre des phénomènes de polarisation radiale présentés par la couronne, le spectre coronal renferme plusieurs raies sombres du spectre de Fraüenhofer, notamment la raie D, phénomène de réflexion de la lumière solaire sur le milieu coronal qui montre bien la matérialité de celui-ci.

Cependant l'existence des raies fraüenhofériennes obscures ne paraissait pas suffisamment démontrée pour tous. M. Janssen compléta sa démonstration pendant l'éclipse de 1883, qu'il observa à l'île Caroline : il vit alors dans le spectre une centaine environ de lignes obscures. Ce spectre était obtenu avec un télescope et un spectroscope extrêmement lumineux.

Enfin la preuve indéniable fut donnée par un spectre photographique se rapportant aux parties basses et moyennes de la couronne. Les parties basses montrent, avec une grande intensité, les raies brillantes des protubérances et du milieu coronal. Mais la partie du spectre qui correspond à une région moyenne et plus élevée présente le spectre fraüenhofërien de réflexion mêlé au spectre coronal. Le nombre des raies sombres est assez considérable et ne peut laisser aucun doute. On peut donc considérer le fait de la réflexion de la lumière solaire sur la matière de l'atmosphère coronale comme définitivement établi.

L'atmosphère de Mercure. — Dès 1800 et 1801, Schrœter constata à la surface de Mercure des bandes obscures qu'il considéra comme révélant dans une atmosphère gazeuse, des courants réguliers comparables à nos vents alizés. D'un autre côté, au cours des passages de Mercure sur le disque du Soleil, on a remarqué à diverses reprises, autour de la petite tache noire représentant le corps de la planète, une auréole nébuleuse dont l'éclat est particulier et dont la largeur est d'environ le tiers du diamètre apparent de Mercure. On peut noter encore comme militant en faveur de l'opinion que la planète est entourée d'une atmosphère, ce fait que, dans le croissant, la ligne de séparation de la lumière et de l'ombre n'est jamais bien tranchée, de façon que la largeur de la partie lumineuse en est diminuée. Le spectroscope a fourni à M. Vogel des résultats d'où il conclut également à « l'existence d'une enveloppe gazeuse autour de Mercure, exerçant sur les rayons solaires une action absorbante égale à celle de notre atmosphère lorsqu'elle atteint son maximum. »

L'atmosphère de Vénus. — Lorsque Vénus dans sa conjonction inférieure se rapproche beaucoup du Soleil, tous les huit ans, en décembre, on peut faire des observations sur la visibilité du disque de la planète en dehors du Soleil ; cette visibilité est due à l'illumination de son atmosphère par les rayons solaires. En 1866 et en 1874, l'astronome Lyman parvint même à voir la forme entière du disque sous l'aspect d'un anneau lumineux. La réfraction horizontale dans l'atmosphère de Vénus semble être de 54′ alors que celle de la Terre est de 33′ ; la densité de l'atmosphère de Vénus serait donc de 1,89, comparée à celle de notre propre atmosphère.

L'atmosphère de Mars. — L'existence d'une atmosphère gazeuse et vaporeuse autour de Mars est absolument démontrée. On voit les nuages obscurcir par moment les contours des taches permanentes dont la planète est si richement pourvue ; et, d'un autre côté, les études spectroscopiques, entre les mains habiles de Huggins, de Secchi, de M. Vogel et d'autres, ont permis de préciser les conditions de cet océan aérien. Les phénomènes aqueux enfin dont nous parlerons plus loin supposent aussi nécessairement une couche gazeuse dans laquelle la circulation des vents doit ressembler beaucoup aux phénomènes du même genre que nous observons chez nous.

Parmi les faits qui conduisent le plus sûrement à admettre l'existence d'une atmosphère martiale, je mentionnerai spécialement les expériences qui m'ont conduit à penser que la singulière apparence désignée sous le nom de *gémination des canaux de Mars* représente un phénomène atmosphérique.

On sait que M. Schiaparelli a désigné sous ce nom de *gémination* la duplication que présente de temps en temps certains canaux précédemment uniques et qui tout à coup se présentent comme deux lignes parallèles rigoureusement semblables entre elles et séparées de distances variées suivant les cas, et qui peuvent aller jusqu'à 15 degrés.

La gémination n'apparaît pas simultanément sur tout le disque, mais tantôt ici, tantôt là ; il semble que les saisons influent sur sa production, et M. Schiaparelli d'abord, M. Perrotin ensuite, ont noté un certain état nébuleux de l'atmosphère de Mars qui paraît coïncider avec le phénomène. Bref, le directeur de l'Observatoire de Milan n'a pas assez d'expressions admiratives pour rendre l'étonnement que ce dédoublement lui a causé, et les autres aréographes, le savant M. Terby, de Louvain, en tête, sont d'accord avec lui pour proclamer dans la gémination un phénomène essentiellement différent de tout ce que peut nous offrir le monde terrestre.

Il va sans dire que les hypothèses déjà si nombreuses à l'égard des canaux se sont prodigieusement multipliées au sujet de la gémination, mais il y a quelque intérêt à énumérer quelques-unes des suppositions faites.

Un auteur d'Anvers, M. Boe, refusant toute réalité objective à la gémination, pense qu'elle constitue une illusion résultant de la fatigue des yeux. M. Daubrée, dans une communication que la Société astronomique a naguère applaudie, voit dans les canaux géminés des fentes profondes de l'écorce martienne s'élargissant sous l'influence d'un gonflement général, tout à fait inexplicable d'ailleurs, et que subirait le globe planétaire. Pour M. Fizeau, il s'agit de crevasses **glaciaires** dont les deux bords nous donneraient l'illusion de deux canaux parallèles et qui rappellent malgré leurs dimensions incomparablement plus grandes, les sillons rectilignes de l'*Inlandsis* groënlandais. C'est encore au froid que Proctor avait recours dans sa tentative d'explication : selon lui, le commencement du dégel de gigantesques fleuves couverts de neige devait faire apparaître en noir les deux rives de part et d'autre d'une région moyenne restée blanche, c'est-à dire amener les apparences observées. M. Meisel rattache le fait mystérieux à ces phénomènes optiques développés dans l'atmosphère martiale : selon lui, les vapeurs émanant des canaux et prenant au-dessus d'eux, sans qu'on voie d'ailleurs pourquoi, la forme d'un demi-cylindre nettement défini, peut dans certains cas amener la duplication des images qui nous parviennent. Enfin, pour borner nos exemples, M. Normann Lockyer attribue le dédoublement de deux mers martiales « à des rangées de nuages placés ou plutôt se plaçant longitudinalement le long du centre de la surface d'eau (?) ».

Cette série de tentatives suffit, je pense, à montrer que la question n'est pas des plus faciles à résoudre, et la remarque diminue d'autant mon scrupule à venir, après tant d'autres, toucher un problème déclaré insoluble depuis dix ans. Et cependant il me semble que l'explication est des plus simples, mon opinion s'appuyant non seulement sur un raisonnement qui me paraît valable, mais sur des expériences qui procurent immédiatement la reproduction artificielle de la gémination.

Voici comment est disposée l'expérience que repro-

duit d'ailleurs la figure ci-jointe (fig. 5) : je dessine en
noir mat, sur une surface métallique plane ou sphérique

Fig. 5. — Expérience permettant l'imitation du phénomène de gémination
présenté par les canaux de Mars. — Figure dessinée d'après nature au
laboratoire de géologie du Muséum.

polie, une série de traits représentant plus ou moins exactement la carte géographique de Mars, et je fais tomber
sur elle la lumière d'un bec de gaz convenablement

placé. Je dispose alors à quelques millimètres devant la surface métallique, et parallèlement à elle (tendue sur une calotte de verre dans le cas de la surface sphérique), une fine mousseline bien transparente, et je vois aussitôt toutes les lignes et toutes les taches se dédoubler, se *géminer*, par suite de l'apparition, à côté de chacune d'elles, de son ombre dessinée sur la mousseline par la lumière que le métal a réfléchie.

La ressemblance de l'effet produit sur un miroir plan avec les cartes où M. Schiaparelli a synthétisé toutes les géminations observées est des plus saisissantes.

Il est facile de reconnaître que toutes les conditions essentielles de ces expériences sont réalisées à la surface de Mars et dans son atmosphère. La lumière solaire frappant le disque planétaire est réfléchie très inégalement suivant les points, beaucoup par les continents, bien moins par les surfaces sombres, mers et canaux. Quand l'atmosphère martiale est limpide, l'inégalité dont il s'agit ne nous est pas sensible ; mais, si l'océan aérien renferme quelque nappe de brume transparente à une hauteur et avec une opalescence convenables, le contraste y apparaît, comme sur la mousseline, par la production d'ombres qui, pour un œil placé ailleurs que sur le prolongement des rayons réfléchis, reproduisent à côté de chacune des surfaces peu réfléchissantes une image pareille à elle.

Ce phénomène d'*ombres par réflexion* ne peut pas être exclusivement propre à Mars ; il doit se développer sur la Terre et sur Vénus, mais c'est seulement à l'égard de Mars que nous sommes bien placés pour l'observer. Il ne saurait se développer dans la Lune faute d'atmosphère, et réciproquement son absence peut compter comme une nouvelle preuve de l'absence de toute enveloppe gazeuse autour de notre satellite.

M. Schiaparelli a noté que, lors de la gémination, les deux canaux conjugués ne sont pas toujours parallèles, que parfois l'un est déformé, que certains ne sont dédoublés que dans une partie de leur longeur, etc. Toutes ces particularités et beaucoup d'autres s'expliquent d'elles-mêmes par les irrégularités de la nappe de nébulosités qu'on peut imiter en ondulant la mousseline, ce qui provoque des modifications comparables. Les variations très grandes d'écartement entre les deux termes d'une même gémination s'explique de même par la couche où l'ombre peut se dessiner et par l'angle grand ou petit sous lequel nous voyons le phénomène ; enfin le déplacement même des canaux, qui a été noté, peut être rattaché aux réfractions inégales déterminées par les vapeurs aériennes.

On pourrait se demander pourquoi la gémination semble exclusive aux canaux et autres accidents peu élargis et ne se fait guère sentir sur les mers. L'expérience répond à la question en montrant que l'ombre des larges taches vient simplement déplacer leur bord et y produit une zone d'un noir différent. Bien des marbrures des mers observées directement sur Mars s'expliquent sans doute de cette façon.

Dans le cas spécial d'une sphère réfléchissante, on constate que l'écartement dans chaque gémination varie avec diverses conditions dont les principales sont : l'angle d'incidence de la lumière du Soleil, la situation du canal géminé par rapport au centre du disque planétaire, enfin la hauteur au-dessus du sol de la couche nébuleuse qui arrête l'ombre. Avec certaines positions relatives de la sphère et du foyer lumineux, il est facile de reconnaître que l'écartement maximum, toute chose égale d'ailleurs, se produit vers le centre du disque, ce qui est conforme au fait observé plus d'une fois directement sur Mars.

L'intérêt principal de ces remarques paraît être surtout de permettre un contrôle sans réplique de l'hypothèse proposée. Si la gémination résulte en effet du phénomène de réflexion qui nous occupe, on peut prévoir, dans chaque cas, de quel côté d'un canal donné se produira son ombre, et il va sans dire que, si le résultat de l'épreuve est défavorable, je serai le premier à abandonner une manière de voir qui ne peut être définitivement admise qu'après démonstration.

Il résulte de mes essais que la couche nébuleuse où l'ombre se dessine peut se trouver à des hauteurs extrêmement diverses au-dessus du miroir courbe sans amener d'autres modifications dans l'effet produit que des variations d'intensité qui peuvent être plus ou moins neutralisées, d'ailleurs, par les changements dans la position du Soleil.

Une autre remarque nécessaire concerne l'état de la surface réfléchissante, plane ou sphérique, employée dans les expériences. Si j'ai eu recours à des lames et à des globes métalliques, c'est pour rendre le phénomème très visible et surtout pour être à même d'en obtenir des photographies. Mais on peut faire usage, comme surface réfléchissante d'une simple feuille de papier blanc ; la gémination se produit dans une mousseline qu'on y superpose. D'où la conséquence qu'il ne faudait pas conclure de la production des ombres réfléchies dans l'atmosphère de Mars que l'image du Soleil devrait se dessiner sur la planète comme dans un miroir.

C'est avec plaisir que je constate ici l'acquiescement complet que M. Terby n'a pas craint de donner à l'explication précédente. Voici en quels termes il s'exprimait en 1893, en présentant à l'Académie des sciences de Belgique une photographie représentant le résultat de mon expérience (1) : « Une objection de fait que l'on pourrait opposer à l'explication de M. Stanislas Meunier est que, dans sa photographie, toutes les taches sont dédoublées, et non seulement les canaux ; mais d'abord le phénomène de la gémination sur Mars ne s'est pas borné tout à fait exclusivement aux canaux ; certains lacs ont été dédoublés, et même en 1890 le *Sinus Sabœus*, l'une des taches les plus visibles de la planète, connue anciennement sous le nom de *Détroit d'Herschel II*, a été vu double par M. Schiaparelli.

« Dans la photographie de l'auteur, le dédoublement des grandes taches ne se manifeste d'ailleurs que par la présence, autour de celles-ci, d'une bordure de nuance plus faible, qui pourrait avoir échappé aux observations, et dont on trouverait peut-être des traces en dirigeant suffisamment l'attention sur ce point. Ce dédoublement, dans l'expérience de M. Stanislas Meunier, a pour effet aussi de superposer souvent à une tache vue directement, sur sa plaque, l'ombre d'une région voisine vue sur la mousseline ; il se produit alors, en ces points, des renforcements d'ombre, et l'on voit dans les taches noires des dégradations de teinte tout à fait analogues à celles que l'on observe sur la planète

____

(1) *Bulletin de l'Académie royale de Belgique*, 3ᵉ série, t. XXVI, n° 7, pp. 30 à 33 ; 1893.

Mars, des effets semblables à ceux que produisent les *terres submergées* dont la *Région de Deucalion* est le type le plus frappant.

« L'un des faits les plus curieux que présente la carte de Mars consiste dans la présence de canaux qui, traversant des régions sombres, restent néanmoins distincts dans celles-ci; ce fait, dans l'hypothèse que les régions sombres et les canaux seraient dus à l'élément liquide de la surface, ne peut manquer de paraître étrange. Or nous le voyons réalisé très simplement dans la photographie de M. Stanislas Meunier; il suffit, pour le produire, que l'ombre d'une surface sombre, vue sur la mousseline, se projette au-devant d'un canal directement observé sur la surface éclairée. »

En terminant, le savant astronome de Louvain écrit cette phrase qu'on nous permettra de reproduire: « Nous pensons que la remarquable expérience de M. Stanislas Meunier mérite d'attirer l'attention des aréographes, au point de décider ceux-ci à en tenir compte le plus efficacement possible, dans leurs observations futures. »

L'atmosphère de Jupiter. — Jupiter paraît posséder une atmosphère remarquablement épaisse. William Herschel écrivait en 1793 : « Je suppose que les bandes brillantes et les régions polaires de Jupiter, dont la lumière surpasse celle des bandes faibles ou jaunâtres, sont les zones où l'atmosphère de cette planète est le plus remplie de nuages. Les bandes faibles correspondent aux régions dans lesquelles l'atmosphère complètement sereine permet aux rayons solaires d'arriver jusqu'aux portions solides de la planète où, suivant moi, la réflexion est moins forte que sur les nuages. »

D'après Beer et Mœdler, les taches fixes qu'on voit très nettement près du centre de la planète s'évanouissent dès que, par le fait de la rotation, elles viennent occuper une situation dont la différence de longitude avec le centre est d'environ 54 degrés. Ce résultat ne peut provenir que d'une atmosphère très dense, la cause d'évanouissement des taches tenant à l'interposition de couches atmosphériques de plus en plus profondes. La lumière réfléchie par les parties diaphanes de l'atmosphère doit en effet aller en augmentant à mesure que les rayons visuels traversent plus obliquement les couches, c'est-à-dire à mesure que l'œil observe des régions de plus en plus voisines des bords. Le contraire arrive pour les masses ou les parties opaques de l'atmosphère de Jupiter : ils paraissent d'autant moins brillants que les rayons solaires les éclairent plus obliquement. Aussi, d'une part, les taches et les bandes obscures semblent moins sombres à mesure qu'elles s'éloignent du centre, et les zones brillantes perdent de leur éclat vers les bords. La différence d'éclat des unes et des autres diminue et finit par devenir assez faible pour qu'on ne puisse plus les distinguer.

Une sorte très intéressante de preuve de l'existence de nuages dans l'atmosphère de Jupiter a été fournie par ce fait que parfois un seul et même satellite, au lieu de donner une seule ombre, en donne deux. Le fait est assez important pour justifier les détails suivants, que nous empruntons à M. L. Trouvelot, le savant astronome que la science vient de perdre (1).

Le 24 avril 1877, à 15^h 25^m, temps moyen de Cam-

(1) Communication faite à la Société astronomique de France, séance du 12 octobre 1887.

bridge, l'auteur observait la planète Jupiter à l'aide de la lunette de 0^m,16 de son observatoire privé. L'ombre du premier satellite, entrée sur Jupiter à 14^h 58^m 42^s, c'est-à-dire trente-neuf minutes auparavant, n'avait pas encore tout à fait parcouru le quart de sa course sur le

Fig. 6. — Ombre double du Ier satellite de Jupiter.

disque. Cette ombre noire et de forme sensiblement elliptique, sans doute à cause de sa projection non loin de la bordure d'une surface sphérique, touchait presque, par son point le plus septentrional, la bordure nord de la zone rose équatoriale. Elle était précédée, sur son côté occidental, par une tache assez sombre, qui avait exactement la même forme et la même grosseur qu'elle, et qui n'était séparée de l'ombre que par un intervalle égal tout au plus au tiers

du diamètre équatorial de cette dernière (voyez la fig. 6).
Cette singulière tache n'était pas placée exactement sur
la même ligne horizontale que l'ombre du premier satellite, mais était portée un peu plus vers le sud, d'une
quantité à peu près égale au tiers du diamètre vertical de l'ombre.

Ce phénomène intéressant fut observé avec le plus
grand soin. A $16^h 6^m$, l'ombre et la tache qui l'accom-
pagnaient arrivaient sur le méridien central de Jupiter, et rien n'était changé dans leur apparence. A
$16^h 45^m$, on observa le phénomène pour la dernière fois ;
alors l'ombre avait accompli les trois quarts de sa
course à travers le disque jovien. Elle était toujours
précédée par son Sosie ; la distance relative entre les
deux objets était demeurée sensiblement la même pendant toute la durée de l'observation.

Cette tache sombre n'était pas le premier satellite
en passage sur Jupiter, comme M. Trouvelot l'avait
d'abord pensé ; car, à $16^h 4^m$, il vit entrer cet astre lui-
même sur le bord oriental de la planète et s'avancer le
long de la bordure septentrionale de la zone équatoriale, qu'il dépassait de chaque côté, étant légèrement
plus porté au nord que ne l'étaient ses ombres.

Cet objet ne pouvait être une tache sombre appartenant à la planète, puisque l'ombre du premier satellite devait se mouvoir beaucoup plus rapidement sur
la surface de Jupiter qu'une tache reposant sur cette
même surface n'aurait pu le faire par le seul effet de la
rotation de l'astre... Une tache de la surface de Jupiter, simplement entraînée par l'effet de la rotation,
avance donc plus d'une fois moins vite que n'avançait
ce jour-là l'ombre du premier satellite.

L'observation de M. Trouvelot, qui a duré $1^h 20^m$, montre que le phénomène n'était pas dû à une tache de Jupiter, car, durant le même temps, l'ombre, gagnant en vitesse sur la tache, aurait bien vite passé sur elle et l'aurait laissée en arrière, de telle sorte qu'à la fin de l'observation, l'ombre aurait été en avance sur la tache. Au contraire, la tache, ou plutôt l'ombre secondaire, avance en compagnie de l'ombre primaire en tenant toujours la même distance relative.

L'explication la plus naturelle du phénomène serait de supposer que l'ombre secondaire était la continuation de l'ombre primaire formée à la surface de Jupiter sur une couche suffisamment mince et assez transparente pour lui permettre de filtrer à travers ses interstices, puis passant invisible dans un milieu diaphane et gazeux, semblable à celui qui nous entoure, et allant se projeter de nouveau sur une seconde surface beaucoup plus profonde, qui peut-être était celle du globe solide de la planète. Cette ombre secondaire, traversant par deux fois la mince couche nuageuse supérieure, sur laquelle s'était formée l'image primaire ainsi que l'atmosphère inférieure, devait nécessairement perdre de son intensité et paraître beaucoup moins noire que la première; aussi c'est ce que l'observation nous a révélé : l'image secondaire est grise comparée à l'image primaire. La position de l'ombre secondaire, un peu plus au nord que sa compagne, est une conséquence de la position de Jupiter, alors situé un peu au nord de l'écliptique.

De cette observation, on peut conclure avec un grand degré de certitude que, si les vapeurs qui forment la surface de Jupiter sont ordinairement opaques, elles se raréfient cependant quelquefois par place, au point de devenir assez transparentes pour permettre au regard de pénétrer à d'assez grandes profondeurs sous la surface, comme l'indique suffisamment la distance observée entre les centres de l'ombre primaire et de l'ombre secondaire. Cette profondeur, du reste, est susceptible d'être mesurée approximativement par les données de l'observation.

Le 18 juillet 1889, M. Guillaume a observé de Peronnas un fait très analogue au précédent, mais relatif à l'ombre du deuxième satellite qui s'est très nettement dédoublée.

Nous ne quitterons pas Jupiter sans noter que l'observation de Titan, le plus volumineux de ses satellites, y a démontré, à M. Barnard par exemple, une constitution tout à fait analogue à celle de la planète elle-même et en particulier une atmosphère chargée de nuages disposés en bandes parallèles à l'équateur.

L'atmosphère de Saturne. — Saturne est enveloppé d'une atmosphère qui, d'après les résultats de l'analyse spectrale, offre une exacte analogie avec celle de Jupiter. Elle est sans doute très épaisse surtout près des régions équatoriales ; les bandes brillantes dont le disque est entouré sont peut-être produites par la réflexion de la lumière sur d'immenses masses nuageuses que la rapidité du mouvement de rotation y accumule sans relâche. Aux bandes sombres correspondent sans invraisemblance des portions atmosphériques plus sereines à travers lesquelles on aperçoit la surface de la planète moins refléchissante et en conséquence plus obscures.

Le spectroscope a été appliqué par plusieurs observateurs à l'étude de Saturne, et il a révélé, à côté d'analogies intimes, de raies spéciales que Secchi interprète en supposant que l'atmosphère de cette lointaine planète renferme, outre les éléments communs, quelque gaz non existant sur la Terre.

L'atmosphère d'Uranus et celle de Neptune. — MM. Paul et Prosper Henry ont reconnu dans Uranus une apparence fort analogue à celle de Jupiter : il s'agit de deux bandes grises droites et parallèles placées à peu près symétriquement de part et d'autre du centre de l'astre. Entre ces deux bandes se trouve une zone assez brillante qui correspond vraisemblablement à la région équatoriale de la planète. Les deux pôles sont assez sombres ; cependant le pôle supérieur (image renversée) a paru toujours plus lumineux que le pôle inférieur.

M. Vogel a trouvé dans le spectre d'Uranus un certain nombre de bandes sombres qui, d'après ses propres expressions, résultent de l'absorption des rayons solaires dans une atmosphère enveloppant la planète. Il note même que l'une de ces bandes d'absorption coïncide avec l'une de celles qui composent les spectres de Saturne et de Jupiter.

Neptune est trop éloigné pour que le télescope ait rien révélé jusqu'ici quant à sa constitution physique. Nous sommes réduits à son égard aux seuls renseignements du spectroscope. A cet égard, il semblerait que les analogies de Neptune sont intimes avec Uranus.

Comme on voit, en résumé, un grand nombre des

membres du système solaire se présentent comme possédant une enveloppe atmosphérique comparable à des degrés divers à notre océan aérien. L'analogie se resserrera même encore un peu plus loin quand nous aborderons l'examen des phénomènes dont les atmosphères sont le théâtre.

Les astres sans atmosphère. — Cependant, et par un contraste complet, divers astres n'ont pas d'atmosphère. C'est avant tout ce qui est évident pour la Lune malgré les doutes renouvelés de temps en temps par quelques personnes qui ne réfléchissent pas que la certitude procurée par des astres d'observation relativement difficile, tels que Mars et Vénus, démontre qu'une atmosphère lunaire même rare et faible serait manifeste.

Parmi les arguments les plus aisément acceptables qui concourent à cette solution négative, il est juste de faire une place à part aux résultats de l'analyse spectrale qui viennent s'ajouter à l'absence de réfraction éprouvée par la lumière qui provient d'étoiles occultées par notre satellite. Huggins entre autres a insisté sur la fixité du spectre dans ces conditions, et nous réservons pour plus tard les conclusions à tirer de l'absence de tout fluide aériforme autour de la Lune.

La même opinion est généralement admise à l'égard de petites planètes dont les plus grosses ont été observées avec un très grand soin. On a cru parfois y observer des atmosphères, mais toujours on a reconnu qu'il s'agissait d'illusions produites par des phénomènes optiques du genre de ceux que les instruments procurent si aisément avec les forts grossissements.

Il est permis, du reste, sans déflorer nos chapitres ultérieurs, d'ajouter que tout porte à penser que l'absence d'atmosphère dans ces astres n'est pas originelle. Nous dirons comment les phénomènes dont le sol de la Lune a conservé les traces semblent supposer nécessairement son revêtement gazeux. Pour le moment, il suffira de dire que les Météorites, qui ne peuvent évidemment consister qu'en matériaux solides, se montrent comme des roches imprégnées de gaz qu'il est facile d'en extraire par l'action de la chaleur et du vide et dont l'analyse a été faite un grand nombre de fois. Ces gaz correspondent évidemment à ceux que nous retirerions des roches terrestres par les mêmes procédés et constituent comme des échantillons des éléments fluides appartenant aux régions extraterrestres au même titre que les portions solides elles-mêmes.

CHAPITRE IV

LA POSSESSION DES TACHES FIXES, MARINES
OU CONTINENTALES

L'examen des planètes a montré presque tout de suite à la surface de plusieurs d'entre elles des accidents plus ou moins visibles suivant les circonstances, mais occupant toujours la même place sur le même disque. Ces taches fixes ont rendu aux astronomes un service de premier ordre en permettant d'arriver à la notion du mouvement de rotation de ces corps célestes et de la vitesse avec laquelle ils accomplissent leur révolution. C'est un résultat fourni déjà à l'égard du Soleil par l'examen des taches; mais celles-ci n'ont qu'une existence provisoire et nous occuperont ultérieurement. Le point qui doit surtout nous intéresser ici, c'est la signification des taches fixes dont la comparaison s'impose immédiatement avec celles que procurerait l'examen du globe terrestre à un observateur placé à une distance planétaire, analogue à celle - d'où se présentent à nous nos compagnons circumsolaires.

Cette analogie est si forte que, dès le début des études de géographie extraterrestre, on a désigné les taches planétaires sous les noms de *continents* et de *mers*, qui ne leur conviennent probablement qu'avec une précision variable suivant les cas.

Les taches fixes de la Lune. — C'est au sujet de la Lune qu'on s'est d'abord servi, à la suite d'Hévélius, de ce vocable général, et ce que nous disions tout à l'heure de l'absence d'atmosphère autour de notre satellite suffit à faire sentir l'impossibilité de la présence d'océans qui sous l'effet de la chaleur alimentent une évaporation d'où résulterait une vraie atmosphère aqueuse. Mais il est possible que l'état actuel soit un état acquis et ait été précédé de conditions toutes différentes où figuraient au contraire des mers qui manquent aujourd'hui. Ce sera un sujet qui se présentera de nouveau un peu plus loin, et l'on voit que sa solution affirmative permettra de donner une signification plus précise aux délinéaments observables sur le disque lunaire.

Quoi qu'il en soit, tout le monde a été frappé de la non uniformité de la surface de la Lune, et cette observation rudimentaire suffit pour justifier les études que nous réunissons sous le nom de Géologie comparée. On remarque les grandes zones relativement sombres et très peu accidentées désignées sous les noms de *Mer des Pluies, Océan des Tempêtes, Mer de la Sérénité, Mers des Vapeurs, de la Tranquillité, des Nuées, Golfes du Centre, de la Rosée*, etc., et, contrastant avec les premières, les portions brillantes parfois d'un éclat argentin dont la structure a été étudiée en détail par les sélénographes qui y distinguent des chaînes, des cirques, des volcans et d'autres accidents géographiques essentiellement continentaux.

Les taches fixes de Mercure. — Des taches fixes sont
visibles sur le disque de Mercure, et Schrœter s'en est
déjà servi en 1800 et 1801 pour déterminer la vitesse de

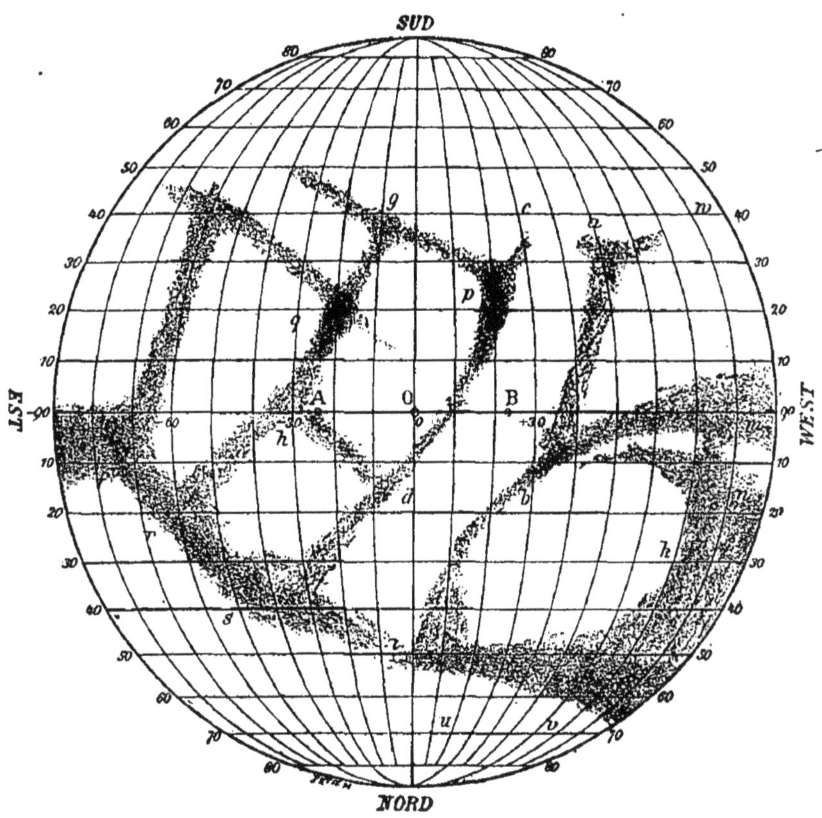

Fi . 7. — Planisphère de Mercure.

rotation de la planète. L'observation de ces taches est
d'ailleurs rendue fort difficile par l'énorme épaisseur de
l'atmosphère ; cependant on a pu dessiner un véritable
planisphère de Mercure (fig. 7) ; à ces taches sont liées
des déformations du croissant sur lesquelles nous
reviendrons quand il sera question de savoir si on

peut les expliquer par la supposition de reliefs montagneux.

Les taches fixes de Vénus. — Pour Vénus les résultats sont beaucoup plus nets, et on a publié dès maintenant sur les taches sombres de cette planète des résultats dont il est indispensable de dire ici quelques mots.

C'est Cassini qui le premier signala les taches sombres du disque de Vénus; elles furent définies par Bianchini, à qui l'on doit aussi le premier planisphère de notre voisin planétaire (fig. 8.)

Les taches fixes de Mars. — Aujourd'hui, grâce aux efforts d'un grand nombre d'observateurs, on est arrivé à donner à l'aréographie un grand caractère de précision, et nous avons des cartes de Mars qui sont extrêmement détaillées (fig. 9.)

M. Schiaparelli, qui a fait de la constitution physique de Mars l'une de ses spécialités, a donné de la planète un planisphère remarquable par l'abondance des détails géographiques. On y remarque de grandes mers comme : *Mare Australe, Mare Chronium, Mare Erythrœum, Mare Tyrrhenum,* etc., de grands golfes comme *Syrtis Major, Sinus Sabœus, Margaritifer sinus, Aurore sinus,* et de grands lacs comme *Solis lacus, Propositis, Mare Sirenum, Trivium Charontis, Hephaestus,* etc.; d'innombrables filets sombres dits canaux, tels que *Erebus, Cerberus, Triton, Nilus, Euphrates, Oxus, Indus, Acheron, Araxès,* etc., et des terres de diverses dimensions, comme *Phlegra, Elysium, Lybia, Arabia, Eden, Thaumasia, Deucalionis regio,* etc.

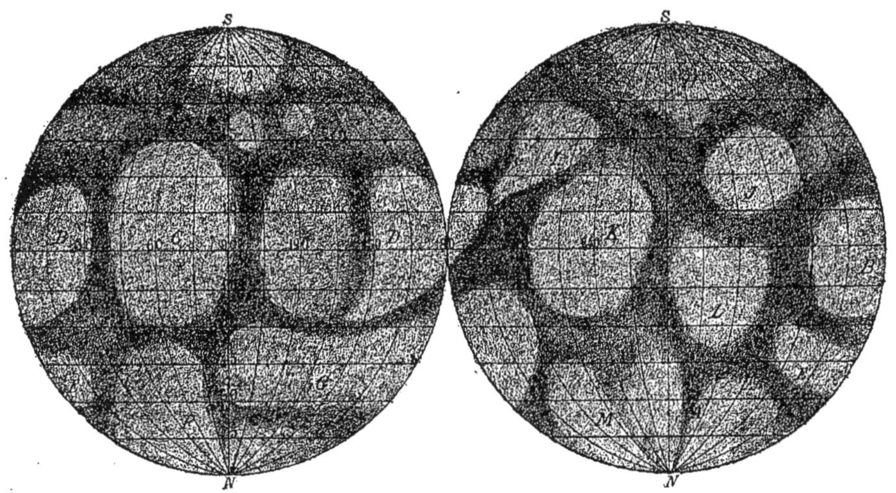

Fig. 8. — Planète de Vénus.

Dans son mémoire de 1878, M. Schiaparelli s'exprime comme il suit quant à la signification des taches sombres visibles sur la planète Mars :

« Sur la nature des taches sombres, on peut faire un nombre infini d'hypothèses plus ou moins arbitraires. Pourtant, nous n'en voyons que deux qui puissent se soutenir par une analyse suffisante, et, sur ces deux hypothèses, il n'y en a qu'une qui donne une explication plausible de tous les faits observés.

« La première, qui assimilerait les taches de Mars à celles de la Lune, fait supposer la surface de la planète entièrement solide : la variété des tons proviendrait de celle des matériaux constitutifs de cette surface. Une telle hypothèse, quoique non entièrement impossible, ne réussit pas à expliquer les faits observés, à moins qu'on ne la complique d'autres hypothèses subsidiaires plus ou moins bizarres. L'existence des neiges polaires, dont la probabilité confine à la certitude, celle des brumes et des nuages, prouvent que, dans l'atmosphère de Mars, il y a une circulation météorique, que des vapeurs s'élèvent en certaines régions et se condensent en d'autres. On ne comprendrait pas que cette circulation se fît exclusivement en haut, sans que la surface de la planète y prît part.

Si les vapeurs de Mars se condensent en cristaux en certains lieux, en d'autres elles doivent se condenser sous forme liquide. Ces condensations liquides, à moins de supposer que la surface de la planète soit exactement une surface équipotentielle, doivent se réunir dans les lieux les plus bas et donner naissance ou à des mers, ou à des lacs plus ou moins étendus. Les voies par lesquelles ces condensations liquides se rendent à leurs réservoirs ne peuvent être que des ruis-

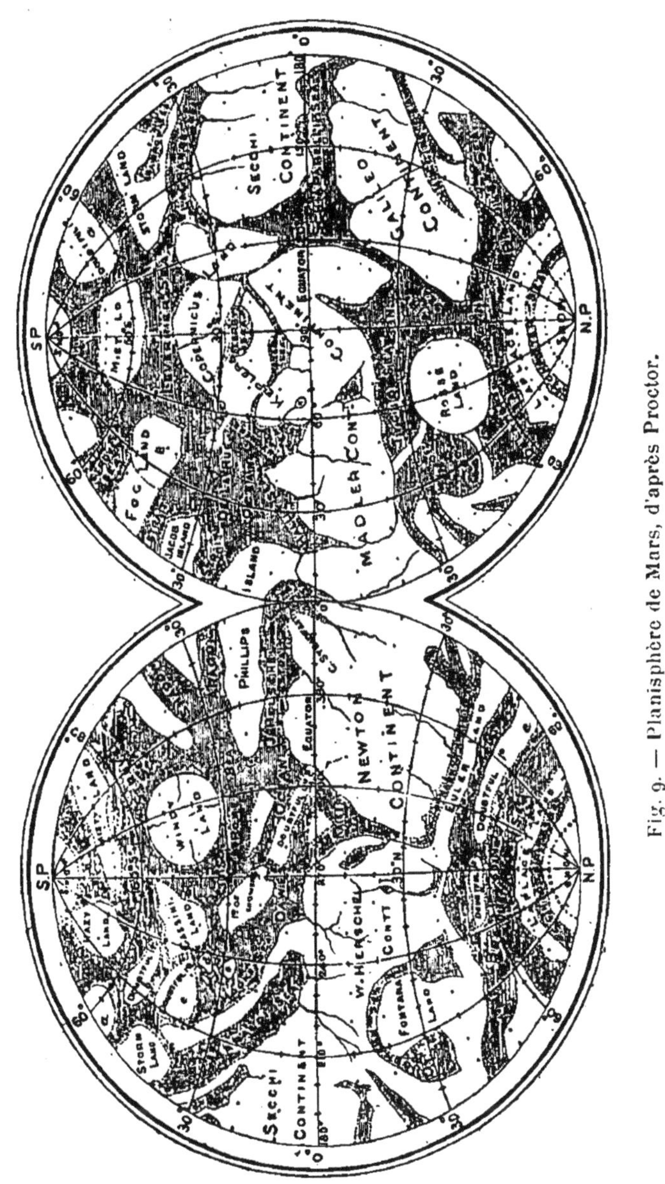

Fig. 9. — Planisphère de Mars, d'après Proctor.

seaux ou des fleuves de cours régulier ou intermittent.

Tout ce système, il est vrai, pourrait être caché ou souterrain, comme la circulation de l'eau dans les déserts de l'Afrique ; ou encore les lacs en question pourraient être très petits et invisibles d'ici, et en définitive le mécanisme de la circulation des vapeurs atmosphériques pourrait être inobservable. Tout est possible, mais les suppositions deviennent inutiles du moment que, sur la planète, on voit des apparences précisément semblables à celles que présenterait à un observateur placé sur Mars la circulation des vapeurs de l'atmosphère terrestre. »

Les taches fixes de Jupiter. — L'épaisseur énorme de l'atmosphère de Jupiter rend évidemment très diffi-

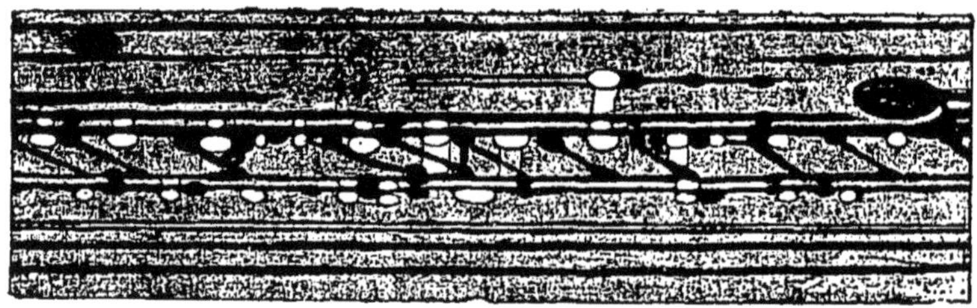

Fig. 10. — Carte générale de Jupiter avec la *tache rouge.*

cile l'observation des taches continentales. Il est cependant permis de considérer comme fixes certaines taches qui, malgré les éclipses fréquentes que les nuages leur infligent, réapparaissent cependant dans les mêmes situations relatives et avec les mêmes caractères, auxquels il est possible de les reconnaître sans hésitation. Dans le nombre doit être tout spécialement signalé l'accident désigné par les astronomes sous le nom de *Tache rouge* (fig. 10.)

. La tache rouge de Jupiter, d'un rouge brique pâle se détachant avec une auréole claire sur un fond blanc lumineux de la zone qui l'environne, se trouve au-dessus de l'équateur, à peu près vers le 30ᵉ degré de latitude australe. Emporté par le mouvement de rotation de la planète, elle revient sur le méridien central à des intervalles réguliers de 9ʰ 55ᵐ 34ˢ. Elle est ovale, ses deux extrémités orientale et occidentale se terminent en pointe ; son grand axe a une longueur d'environ 46,000 kilomètres ; son petit axe mesure 14,000 kilomètres.

Cette tache, observée depuis 1878, est fort étudiée et donne lieu à de nombreuses hypothèses. Elle est par moments extrêmement faible ; M. Ricco a même noté sa disparition en mai 1883, mais il la revit le matin du 24 août 1883. Le 10 septembre suivant, d'après la même observation, il y avait, à la place de la tache rouge, une région blanche, claire, qui est la même qui auparavant entourait la tache. « Au centre du disque, un peu en haut, c'est-à-dire au sud, il y a la dite région blanche, où se trouvait la tache rouge qui, au-dessous, est contournée elliptiquement par la grande bande de la couleur des briques ; au-dessous de cette bande, il y a une zone grisâtre qui contient plusieurs corps arrondis, ou nuages différents, dont ce matin les contours ne se voyaient que par moments et pas même complètement. Au-dessous de cette zone, il y en a une autre blanche, très brillante, *plus brillante que les autres ;* jusqu'en juin dernier, la zone plus claire était celle où se trouvait la tache rouge. »

Malgré la très grande difficulté des observations il semble qu'on soit autorisé à penser que plusieurs des satellites de Jupiter possèdent eux-mêmes des taches fixes. C'est ainsi que, traitant des variations périodiques d'éclat du quatrième satellite, Maraldi l'attribue aux retours successifs d'une même tache observée sur son disque. En 1855, Secchi a observé des taches remarquables à la surface du troisième satellite.

Les taches fixes de Saturne. — La ressemblance de Saturne avec Jupiter se continue presque dans la possession de taches fixes. Il y a quelques années, M. Stanley Williams a signalé des accidents de ce genre dans la région équatoriale de la planète : il s'agit d'une tache blanche sensiblement circulaire précédée d'une petite tache noire allongée et accompagnée de plusieurs autres moins importantes.

Le premier résultat de ces observations fut d'établir qu'une tache qui était passée au méridien central le 17 mai 1891, à $9^h 20^m$, était identique avec celle observée au même point le 30 mai à $9^h 51^m$. Ces deux données indiquaient pour la durée de la rotation de Saturne un chiffre voisin de $10^h 22^m$. Mais la suite des identifications de taches conduisit au chiffre de $10^h 15^m$. Quoi qu'il en soit, le groupe de la tache blanche et de la tache noire a été maintes fois observée, ainsi que beaucoup d'autres dont la position a été relevée.

M. Stanley Williams conclut de ses observations que Saturne est comme une réduction de Jupiter, au point de vue de la constitution physique, et il pense que les observateurs munis d'instruments suffisants et surtout doués d'une grande puissance pourront suivre ces taches comme on suit celles de Jupiter.

M. Terby a observé, le 12 avril 1892, le satellite

Titan au moment de sa sortie du disque de Saturne
après sa traversée du disque planétaire (1), et il a
remarqué que le petit globe est resté visible, sous
forme d'un point sombre d'une petitesse extrême,
jusque sur le limbe, de façon à passer sans transition
de cet état à celui de satellite brillant à l'extérieur de
Saturne.

D'après le savant astronome belge, le seul phénomène transitoire qui se soit manifesté a été l'apparition,
à côté et au nord du point sombre, d'une faible lueur
se détachant sur le limbe de la planète et restant juxtaposée au point sombre. Cette lueur correspondait à la
partie du satellite qui s'était projetée d'abord légèrement et en gris sur la bande brillante de Saturne. Aussi
la meilleure interprétation de ce phénomène consisté-
t-elle à admettre que *le point sombre est une tache
de Titan*, occupant en grande partie les régions méri-
dionales de ce dernier : sur le bord de la planète, moins
éclatant que le centre, la portion brillante de la surface
de Titan se montre lumineuse comme le disque d'un
satellite de Jupiter sur le bord de Jupiter ; mais, ici, la
tache méridionale à laquelle est due le point noir est
assez considérable pour rester visible jusqu'à la sortie
complète.

Remarque générale. — En somme, la conclusion de
toutes les remarques que nous venons de résumer, c'est
que beaucoup des membres du système solaire possèdent autour d'un noyau solide une atmosphère plus ou
moins épaisse et que le noyau solide, au lieu d'être

____

(1) *Bull Acad. roy. de Belgique*, 3ᵉ série, t. XXIII, p. 494, 1892.

semblable à lui-même dans tous ses points, présente des différences locales qui se traduisent par l'apparition de taches fixes.

La signification de ces taches, comme celle des inégalités atmosphériques, se conclut par comparaison directe de la connaissance que nous avons d'accidents analogues à la surface de la Terre ; aussi les qualifie-t-on de continents et de mers, au moins provisoirement. Des faits nouveaux nous confirmeront prochainement dans cette manière de voir.

DEUXIÈME PARTIE

COMPARAISON GÉOLOGIQUE DES MEMBRES DU SYSTÈME SOLAIRE

Dans ce qui précède nous nous sommes tenus à un point de vue véritablement extérieur, considérant provisoirement les astres comme les corps immuables dont la description peut être faite indépendamment de toute autre considération. Mais il convient de remarquer que ces mêmes astres sont à l'heure actuelle le théâtre de phénomènes en cours de manifestation dont les résultats modifient peu à peu les caractères acquis, en même temps qu'ils expliquent le mécanisme qui les a antérieurement procurés. Aussi nous faut-il recommencer la comparaison déjà faite, mais cette fois au point de vue dynamique et non plus statique ou plus exactement au point de vue *géologique*, la météorologie n'étant d'ailleurs qu'un détail de la géologie.

CHAPITRE PREMIER

Il a été impossible, en constatant l'existence d'atmosphères dans certaines planètes de ne pas faire allusion aux mouvements dont ces revêtements gazeux sont le théâtre incessant. Nous allons y revenir en précisant dans certains cas ce qui concerne une véritable circulation plus ou moins comparable à celle que présente l'atmosphère terrestre.

Commençons par le Soleil.

Les phénomènes circulatoires dans le Soleil. — C'est d'une manière bien inespérée que les observations spectroscopiques ont jeté le plus grand jour sur les phénomènes de circulation dont la masse gazeuse du Soleil est le siège. « L'image des spectrographes, dit M. Deslandres, est celle de la chromosphère, dont les parties brillantes sont, en général, les parties basses ; mais il ne faudrait pas croire, et j'insiste sur ce point, que l'image puisse être formée par les parties les plus basses, directement en contact avec la facule, et qui pourraient, dans ces conditions, avoir la forme exacte de la facule. En fait, toutes les parties de la chromosphère coopèrent à la formation de l'image, mais la plus grande partie de l'impression est fournie par l'ensemble des parties basses, dont l'épaisseur est encore très notable et est, certes, supérieure à une seconde d'arc, d'après les épreuves des spectrographes par section, qui donnent l'épaisseur exacte de la chromosphère. »

Ici M. Deslandres fait observer que les gaz sont généralement plus transparents que les solides et les liquides et que leur image est formée non seulement par les points de la surface extérieure, mais encore par tous les points intérieurs. Pour bien juger l'absorption dans la chromosphère, il faut se reporter au bord même du Soleil, où les diverses couches sont séparées et montrent leur lumière spéciale formée par une raie de largeur en général décroissant avec la hauteur.

Pour le calcium en particulier, la raie a nettement la forme en fer de lance; elle est, à la base, très large, reste large encore jusqu'à une hauteur notable, et s'amincit au sommet. Or, d'après la loi de Kirchoff, chaque couche absorbe les radiations qu'elle est capable d'émettre et tend à substituer son intensité particulière à l'intensité de la radiation qui la traverse. Par suite, pour les couches basses, la partie centrale de la raie qui est émise par toutes les couches supérieures subit une absorption forte et les autres parties de la raie une absorption d'autant moindre qu'elles sont plus éloignées du centre. Seuls, les bords extrêmes de la raie sont transmis sans perte. Dans ces conditions, on comprend que les couches les plus basses, immédiatement en contact avec le disque, bien qu'étant les plus intenses, ne puissent fournir à elles seules l'impression finale, et que l'image donnée par les spectrographes sont bien réellement l'image de la chromosphère entière.

Cependant l'analyse précédente s'applique non seulement aux vapeurs brillantes du calcium, mais à toutes les autres vapeurs du Soleil, en particulier à celles qui produisent les raies noires. Ces dernières vapeurs tendent en chaque point à substituer leur intensité propre à l'intensité du spectre continu qu'elles absorbent. Les images données par l'isolement de ces raies noires représentent donc, à part les variations des spectres continus du disque et de la couronne, les images des vapeurs elles mêmes.

Ceci posé, il convient de remarquer que, parmi ces vapeurs, les unes donnent au bord des raies brillantes, mais extrêmement courtes et visibles seulement au commencement et à la fin de la totalité dans les éclipses; l'isolement des raies noires correspondantes sur le disque donne donc l'image de parties très basses de la chromosphère; c'est seulement pour ces images spéciales qu'on peut dire, dans une certaine mesure, qu'elles représentent le disque et les facules, et en effet elles montrent nettes l'ombre et la pénombre des taches qui sont souvent cachées dans les épreuves des raies brillantes du calcium.

D'un autre côté, quelques vapeurs des raies noires donnent au bord des raies brillantes plus longues et encore intenses; lorsque ces dernières ont la forme en fer de lance, les images obtenues sur le disque doivent se rapprocher plutôt des images du calcium.

D'autres raies brillantes du bord sont, du reste, encore plus longues, quoique souvent aussi plus faibles, et offrent la même largeur à la base et au sommet. Si on admet que les vapeurs correspondantes tiennent à la photosphère, ou, comme le suppose M. Lockyer, sont confinées dans les couches supérieures, on voit, d'après l'analyse précédente et la loi de Kirchoff, que les images sur le disque pourront provenir de parties plus élevées de la chromosphère et, par conséquent, différer des images précédemment décrites.

On voit, en résumé, que les images spéciales des raies brillantes renversées et des raies noires sur le disque se rapportent aux facules de la photosphère, d'une manière indirecte seulement, par la relation intime de ces dernières avec les couches supérieures ; en réalité, elles représentent les couches diverses de vapeurs composant la chromosphère et l'atmosphère solaires, dont l'éclat, la forme et les mouvements peuvent aussi être étudiés dans la demi-sphère entière tournée vers la Terre.

Selon la remarque de M. Faye (1), il est impossible de ne pas être frappé de l'analogie qui existe, au point de vue mécanique seulement, entre le Soleil et la Terre. La chaleur interne de la Terre ne joue plus aujourd'hui aucun rôle : tout se règle sur la chaleur reçue du Soleil. Néanmoins nous avons aussi un foyer, une chaudière et un condenseur, c'est-à-dire tout ce qu'il faut pour constituer une machine thermique. Le foyer et la chaudière, c'est le sol et la surface des mers qui reçoivent et qui absorbent la chaleur du Soleil. L'eau des mers fournit la vapeur ; l'atmosphère fournit le gaz. Le condenseur, c'est aussi le froid de l'espace céleste ; il règne tout autour du

____

(1) *Sur l'Origine du Monde.*

globe. Aujourd'hui il y a de plus un second condensateur : c'est le froid des pôles. « Pour en faire abstraction, dit l'auteur, et faire ressortir l'analogie du mécanisme solaire avec le mécanisme terrestre, reportons-nous à l'époque carbonifère des géologues où les pôles jouissaient d'une température fort peu différente de celle des zones tropicales. Alors la vapeur formée en bas montait verticalement tout autour de la Terre et allait se condenser à des niveaux différents, celui des nuages ordinaires formés de vésicules aqueuses, celui des cirrhus formés d'aiguilles solides de glace. Nulle part on ne voyait le ciel bleu ni les astres qui s'y peignent en perspective. De toute cette enveloppe de cirrhus pleuvait une neige cristallisée fondant un peu plus bas et tombant sur le sol sous forme de pluie. Il devait en résulter une altération sensible dans la rotation des hautes régions de l'atmosphère. Mais les courants résultants étaient alors, comme ils le sont encore sur le Soleil, parallèles à l'équateur. Les tourbillons, c'est-à-dire les cyclones, marchaient de l'est à l'ouest sans dévier vers les pôles. La constitution météorologique était simple : ciel couvert uniformément, isothermes et courants supérieurs chargés suivant les parallèles terrestres.

« Plus tard, une certaine modification s'est produite : les contrées polaires sont devenues des condenseurs additionnels, tandis que le foyer et la chaudière se sont rétrécis dans les zones torrides. Dès lors le fonctionnement de la machine terrestre a changé, mais toujours par les mêmes principes. Outre les courants parallèles à l'équateur de l'époque précédente, nous avons maintenant de vastes courants à peu près

Fig. 11. — Taches solaires.

horizontaux, déterminés par les deux condenseurs polaires. Les courants résultants, combinés avec la rotation d'ensemble, ont pris une allure bien différente. C'est la figure des courants supérieurs actuels au sein desquels naissent des tourbillons analogues aux taches du Soleil (fig. 11), c'est-à-dire les cyclones et les typhons, les tornados et les trombes.

« Près du point de départ, ajoute l'auteur, ils se meuvent à peu près dans le sens de l'équateur, comme à la première époque géologique, mais en déviant insensiblement vers l'un et l'autre pôle. Bientôt, cette déviation s'accentue. Au delà de 30° de latitude boréale ou australe, ils marchent vers l'est et le pôle à la fois, ce qui leur donne, sur les deux hémisphères, des formes paraboliques dont la symétrie par rapport à l'équateur est tout aussi frappante qu'à l'époque précédente. »

Les cyclones qui naissent dans les fleuves aériens en suivent les courants. C'est ainsi qu'en Europe, nous recevons les tempêtes qui ont déjà sévi en Amérique. Ces tempêtes traversent les mers suivant des trajectoires si régulières que les bureaux du *New-York Herald* sont en état d'en tracer la marche d'après les observations recueillies sur le territoire de l'Union, et de nous les annoncer par le télégraphe plusieurs jours à l'avance. L'importance de ces admirables annonces est telle que les nations du vieux monde, au lieu d'en laisser le soin au rédacteur d'un journal, auraient dû organiser depuis longtemps, aux États-Unis et dans les îles de l'Atlantique, des établissements météorologiques internationaux chargés d'étudier ces trajectoires et de nous télégraphier, plus exactement encore que le *Herald* américain, si c'est possible, l'arrivée de ces immenses et dangereux tourbillons.

Comme sur le Soleil, tout ce qui se passe sur notre hémisphère nord se répète symétriquement sur l'hémisphère sud. Les trajectoires des tempêtes dans l'océan Indien, ou dans le Pacifique austral sont des espèces de paraboles symétriques des nôtres : nos cyclones tournent de droite à gauche ; ceux du sud tournent de gauche à droite. Même figure du reste, même puissance mécanique, même tendance à grandir, à se segmenter, même possibilité de les annoncer d'avance d'un point à l'autre de leur parcours ordinaire. Est-il besoin d'ajouter qu'ils sont descendants sur la Terre comme sur le Soleil ?

« J'ai fait cette comparaison, dit M. Faye, pour répondre d'avance à cette question : A quoi bon étudier les phénomènes lointains du Soleil ? Vous le voyez, c'est l'étude du Soleil qui nous fait comprendre la météorologie terrestre. Avant cette étude, la météorologie dynamique était butée contre une idée fausse : on était persuadé que les tourbillons terrestres, les cyclones, les typhons, les trombes, étaient des phénomènes purement déterminés par des particularités locales, qu'ils naissaient au ras du sol et qu'ils montaient de là vers les nuages. Les années s'écoulaient sans que cette science enrayée pût faire un seul pas en avant. Ce pas décisif, elle l'a franchi aujourd'hui, grâce à la théorie du Soleil. »

Les glaces polaires de Vénus. — Vénus présente des taches blanches et lumineuses observées depuis près de deux siècles par d'habiles astronomes sur des parties diamétralement opposées du limbe et qui, dit M. Trouvelot qui en a reconnu le véritable caractère, « surpassent en éclat et en importance tout ce que nous avons jamais vu sur cette planète ».

Ces taches ont la forme d'un petit segment de cercle et varient d'éclat et de grandeur ; quelquefois elles ne sont qu'une ligne lumineuse sur le limbe. Parfois l'une des taches disparaît, parfois ce sont les deux qui sont invisibles ; mais elles continuent d'exister ; seulement la nuit de l'astre ou certaines de ses positions empêchent les observateurs de distinguer le phénomène.

La permanence des taches, leur place en des points diamétralement opposés du limbe de Vénus, et ce fait qu'elles oscillent autour d'une position moyenne, pour revenir au point de départ, après un certain laps de temps, ont amené naturellement M. Trouvelot à les reconnaître pour de véritables *taches polaires*, tout à fait analogues à celles de Mars et à celles de notre globe. Les taches polaires de Vénus diffèrent de celles de Mars, en ce qu'elles ne changent pas de dimensions avec les saisons.

Lorsque Vénus, allant vers sa conjonction inférieure, s'approche de notre globe, « ses taches polaires, dit M. Trouvelot, gagnent en éclat et en visibilité. Peu à peu on les voit s'allumer et, prenant un aspect de plus en plus agreste, elles apparaissent bientôt couvertes et hérissées de pics et d'aiguilles qui parfois réfléchissent la lumière solaire avec une telle intensité, que le bord intérieur de ces taches apparaît tout constellé d'étoiles, qui sont alignées comme les grains d'un chapelet ».

L'éclat éblouissant de ces pics, qui laisse bien loin en arrière celui des taches polaires de Mars, indique un pouvoir réfléchissant extraordinaire, qui n'existe pas sur les taches de cette dernière planète. Ces points lumineux, ces étoiles alignées qui rappellent les images solaires réfléchies par des cristaux éloignés, par ces pics et ces banquises qui constituent les glaces éternelles des régions froides et désolées de notre globe, deviennent toute une révélation.

« Le fait, cent fois constaté par nous, ajoute l'auteur, que les taches polaires de Vénus sont plus brillantes sur leur bord intérieur et que ce bord est souvent constellé d'étoiles, semble indiquer une certaine analologie de structure avec les taches polaires de la Terre. L'idée que la bordure des taches polaires de Vénus offre beaucoup d'analogie avec les banquises puissantes des régions polaires de notre globe, prend une certaine consistance, si nous disons que les taches polaires de Vénus sont à un niveau beaucoup plus élevé que celui des parties qui leur sont contiguës, qu'elles dominent à une grande hauteur, comme cela semble ressortir pleinement des observations de la pénombre quand la phase devient très étroite. En 1878, nous avons observé ce dernier phénomène avec beaucoup de soin. En effet, du 1er au 30 janvier, nous avons vu la pénombre, si accentuée sur la partie du terminateur située entre les taches polaires, s'arrêter court contre la bordure de ces taches, et l'envahir de plus en plus, tandis qu'elles restèrent pendant tout ce temps aussi nettes et aussi brillantes, même jusqu'à leur extrémité, que les parties de la Lune formant les cornes de ses croissants. Ce n'est que le 3 février, dix-sept jours avant la conjonction inférieure, que la pénombre commença à envahir la tache polaire Sud. »

Les phénomènes circulatoires sur Mars. — Les études déjà mentionnées sur l'atmosphère de Mars

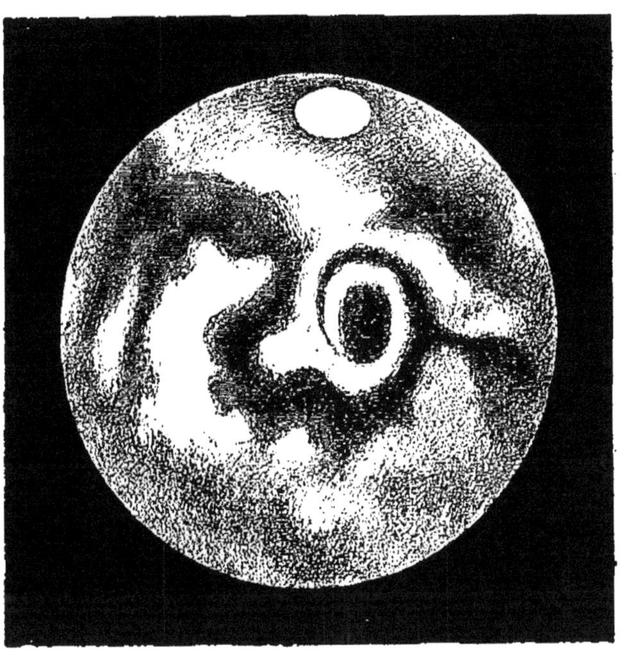

Fig. 12. — Tempête sur Mars d'après Secchi.

y ont révélé des phénomènes de tous points comparables, malgré une caractéristique nettement accusée, à ceux dont l'ensemble constitue notre météorologie. Suivant la remarque de M. John Phillips, savant géologue anglais, l'échange considérable d'humidité qui, vu les conditions générales de la rotation de l'astre, se fait périodiquement entre les deux hémisphères, surtout entre les deux pôles, doit donner lieu à des ouragans d'une impétuosité jamais atteinte par les tempêtes terrestres.

On peut ajouter qu'en 1822, Secchi s'est demandé s'il n'avait pas assisté en réalité à une perturbation de ce genre de l'atmosphère martiale. Le 18 octobre, le célèbre observateur représenta la planète comme l'indique la fig. 12. On remarque dans ce dessin une zone

Fig. 13. — Le pôle sud de mars le 10 avril 1890, d'après une
photographie pure du mont Wilson.

foncée présentant de nombreuses sinuosités. Son extrémité se recourbe, se termine en pointe et entoure une tache sombre qui en reste isolée presque complètement par un anneau lumineux. Secchi dit, en parlant de cette tache arrondie : « *Vi si vede una machia scura di color diverso dal solito che non ho mai veduta, e pare circondata da un avello o ciclone spirale... La credei una gran burrasca in Marte.* » D'après les savantes critiques de M. Terby, ces apparences si singulières s'expliqueraient en partie par une altération de la forme circulaire d'une tache parfaitement fixe, le *solis lacus* de M. Schiaparelli. Seulement, ces altérations ne paraissent pouvoir être rapportées qu'à une inter-

position de nuages charriés rapidement dans l'atmosphère martienne. A ce titre, l'observation de Secchi
méritait ici une mention spéciale, et on doit désirer
vivement quelle ne reste pas isolée.

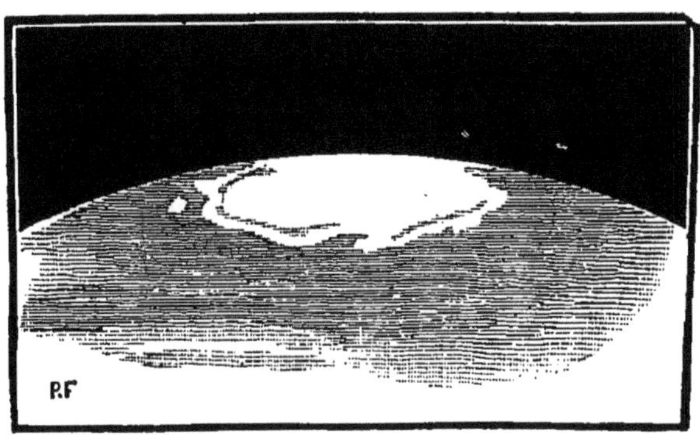

Fig. 14. — Le pôle sud de mars le 9 avril 1890, avant la chute
de neige qui a produit la disposition de la fig. 13.

Des photographies prises au mont Wilson en Californie, sept le neuf avril 1890, et sept autres le lendemain, de la même face de la planète Mars, ont montré
une différence fort intéressante. Dans les photographies prises le second jour (fig. 13), la tache blanche qui
marque le pôle sud est beaucoup plus vaste que dans
les photographies du premier jour (fig. 14). Cette tache
blanche qui a une signification bien connue, puisqu'elle
varie avec les saisons de la planète, diminuant en été,
s'accroissant en hiver, indique de la neige ; c'était
une chute de neige toute récente que les secondes
photographies venaient d'enregistrer. M. Pickering
auteur des photographies, pense que le phénomène
devait s'étendre également sur l'hémisphère opposé
à la Terre. Quant à l'étendue visible, elle était de
2,500 milles carrés, environ la surface des États-Unis.

La plus ou moins grande abondance des neiges aux pôles de Mars avait été constatée dès 1781 par William Herschel. Le pôle nord ne pouvait cette année-là être observé, mais en mars, juin et juillet, la tache blanche australe paraissait s'étendre jusqu'au 60ᵉ degré de latitude ; elle était six fois plus large en diamètre qu'au mois de septembre et octobre.

En 1798, Schrœtter constata également que les neiges du pôle sud diminuèrent considérablement du mois de juillet à la fin d'octobre.

Observations analogues en 1830 par Beer et Mœdler qui déterminent le rayon de la tache et indiquent son minimum au 5 octobre. Les mêmes observateurs firent en 1837 la première comparaison entre les neiges boréales et les neiges australes.

« Du 12 janvier au 22 mars, disent-ils, la tache blanche du pôle boréal a été visible à un degré de clarté que nous ne nous rappelons pas avoir jamais vu dans celle du pôle austral ; en même temps, elle était considérablement plus grande que l'australe de 1830, et elle était si brillante que l'on aurait pu croire que la planète était, à cet endroit-là, couverte par une autre planète. »

Les neiges polaires de Mars ont été observées par beaucoup d'autres astronomes, et toujours de mieux en mieux. MM. Kaiser, Lockyer, Linsser, Hall et Schiaparelli ont pu fixer la position de la neige polaire australe réduite à sa plus petite dimension : la distance au pôle géographique est alors de 5°,4 ; la longitude, 30°, cent sept jours après le solstice d'été.

En 1879-80 et en 1881-82, M. Schiaparelli étudia des ramifications partant du pôle boréal et disposées en couronne entre 30° et 40° de distance polaire.

Du 26 janvier 1881 au 25 janvier 1882, on ne constate point de calotte de neige continue au pôle, mais huit rameaux qui se raccourcissent en augmentant de blancheur pour se concentrer vers le pôle, et, le 26 janvier, le pôle était occupé par une calotte blanche de 45° de diamètre environ, résultat évident de l'agglomération de ces rameaux. Cette calotte régulière s'est produite cinq mois avant le solstice d'été et a diminué lentement, en approchant de l'été.

M. Pickering (1), de l'observatoire de Cambridge (États-Unis), observa, le 12 juillet 1892, une branche centrale, en forme d'Y, située juste au sud de la *Nochis regio* de la carte de Schiaparelli.

Cette branche centrale faisait partie d'une ligne sombre reliant la grande crevasse de la calotte neigeuse australe avec la mer du Nord. Cette mer se trouve dans la partie boréale de la *Syrtis Magna* et paraît beaucoup plus sombre qu'aucune des régions avoisinantes.

Immédiatement après la formation de cet objet, une série de changements frappants se sont produits dans la forme et la couleur des régions entourant la mer du Nord. Les changements apparents d'une nuit à l'autre étaient très marqués, et la série tout entière s'est accomplie dans l'espace d'une quinzaine de jours seulement.

Il est intéressant de noter ici que, faisant rationnellement une application de la Géologie comparée, Adhémar cherchait dans la disposition des calottes de glace dans Mars un contrôle à sa théorie, d'ailleurs abandon-

_____

(1) *L'Astronomie*, mai 1894 (13ᵉ année, n° 5).

née maintenant, de la « périodicité des grands déluges ». On trouvera à la page 239 de son volume une intéressante dissertation à cet égard.

Les phénomènes circulatoires sur Jupiter. — L'examen de la planète Jupiter, en y révélant les bandes nuageuses dont la circulation constitue un trait si remarquable de ce monde lointain, a fourni des documents à une véritable météorologie jovienne. Les taches nébuleuses ont manifesté un mouvement propre dont la différence avec le mouvement de rotation a été attribué à l'existence de contre-alizés analogues aux vents supérieurs qui règnent au-dessus des alizés proprement dits dans notre propre atmosphère.

Déjà Cassini avait été frappé de la rotation plus rapide des taches, à mesure qu'elles sont plus rapprochées de l'équateur. « Au commencement de l'année 1692, dit-il, il parut des taches qui étaient près de l'équateur de Jupiter, dont la période n'était que de 9 heures 50 minutes, et généralement toutes les taches qui passèrent plus près du centre de Jupiter parurent avoir un mouvement plus prompt que celles qui en étaient plus éloignées. Ces taches, qui avaient un mouvement plus prompt que les autres, étaient aussi plus près de son équinoxial, qui est parallèle aux bandes (V. la fig. 15); ainsi, suivant l'analogie des bandes de Jupiter avec nos mers, on pourrait comparer le mouvement de ces taches à celui des courants qui sont plus grands près de l'équateur de la Terre que dans tout autre endroit. »

L'existence des vents alizés a été admise successivement par Fontenelle et par William Herschel pour expliquer la formation des bandes. « Le principal effet de ces vents, remarque A. Guillemin, est en effet de réunir les vapeurs équatoriales en bandes parallèles. De plus, ils entraînent les taches ou nuages acci-

Fig. 15. — Jupiter, d'après Williamson.

dentels avec des vitesses variables. De là les diverses valeurs obtenues pour la durée de la rotation. Arago, en rapportant cette opinion, fait une réserve sur la direction de ces vents qui, d'après lui, souffleraient dans une direction opposée à celle des alizés terrestres, puisque ces derniers, tendant vers l'ouest, ralentiraient le mouvement de rotation au lieu de l'accélérer. Pour résoudre cette difficulté, il suffit d'admettre que ce sont les alizés supérieurs ou contre-alizés qui déterminent le mouvement propre des taches. »

Des observations faites par M. Barnard le 8 septembre 1890, et les 25 septembre et 11 novembre 1893 établissent que le premier satellite de Jupiter présente de véritables calottes polaires grisâtres, comme celles de la planète et une bande équatoriale brillante et blanche. Le 11 novembre, observé à l'aide d'un grossissement de 1,000 diamètres, et dans des conditions atmosphériques parfaites, « il présentait un aspect magnifique : il ressortait en relief comme un petit globe. Les calottes polaires étaient très marquées et tout à fait sombres, tandis que la bande brillante était très évidente ». M. Barnard ajoute que « la conclusion que le satellite tourne aussi sur un axe presque perpendiculaire à ses orbites, comme Jupiter lui-même, est donc incontestable. »

CHAPITRE II

LES PHÉNOMÈNES ÉRUPTIFS CHEZ LES DIFFÉRENTS MEMBRES DU SYSTÈME SOLAIRE

C'est un exact pendant à la circulation incessante dont les atmosphères et les océans sont le siège, que celle qui se traduit au travers de l'écorce terrestre par les poussées centrifuges de matériaux émanant des profondeurs. Ces poussées peuvent être réunies sous le nom général de phénomènes éruptifs. Elles sont d'ailleurs de deux catégories extrêmement différentes : les unes concernant des substances très fluides, gaz et dissolutions aqueuses, les autres des roches fondues à très haute température, contenant à l'état d'occlusion des corps volatils et avant tout de l'eau. A la première série appartiennent les substances concentrées dans nos filons métallifères et dans les gisements analogues ; les autres ont leurs types dans les roches volcaniques et dans les roches éruptives qu'on en sépare de moins en moins avec les progrès de la science.

Caractère général des phénomènes éruptifs sur la Terre. — Sur la Terre une foule d'observations, appuyées, dans plus d'un cas, sur des résultats d'expé=

rience, ont éclairé.le mécanisme mis en œuvre dans les
deux types d'éruptions et qui est fort différent pour
chacun d'eux. C'est ainsi que les phénomènes filoniens,
imités dans un grand nombre d'expériences instituées
suivant les méthodes de Gay Lussac et de Senarmont (1)
et saisis sur le fait en voie de production actuelle dans
le bassin de plus d'une source thermale, ne présentent
plus d'incertitudes que dans les détails. Des vapeurs
émanées des régions les plus internes et trouvant dans
des fissures une issue vers des régions plus périphériques, constituent des espèces minérales par voie de
concrétion, soit simplement parce que des variations
de pression et de température procurent l'état solide à
des substances d'abord fluidifiées, soit à la faveur de
rencontre avec d'autres émanations d'où résultent des
doubles décompositions.

Gay Lussac a procuré la première sanction expérimentale géologiquement satisfaisante, à la théorie chimique des filons anciens, en réalisant la synthèse du
fer oligiste cristallisé par la réaction mutuelle de la
vapeur d'eau et de la vapeur de perchlorure de fer.
C'est au cours de sa visite au Vésuve que l'illustre
chimiste, frappé de la coexistence, dans les fissures des
laves, de l'oligiste cristallisé et des vapeurs chlorhy-
driques et aqueuses, conçut le dispositif qui lui réussit
si bien : un tube de porcelaine chauffé au rouge représente la crevasse filonienne (les fissures des laves,
malgré la nature volcanique du gisement, sont au
propre des crevasses filoniennes), et, comme dans
celles-ci, les vapeurs d'eau et de chlorure de fer se ren-

---

(1) On peut voir à cet égard mon ouvrage intitulé *les Méthodes
de synthèse en Minéralogie*, 1 vol in-8, 1891. Paris.

contrent et réagissent mutuellement. Un grand nombre de variantes ont été apportées à cette expérience, et il en est résulté la synthèse de nombreuses espèces filoniennes.

J'ai montré, comme complément, qu'un certain nombre de ces espèces résultent en définitive de deux phases successives dans les phénomènes de concrétion, et il est d'autant plus légitime de mentionner ces résultats qu'ils ont été inspirés avant tout par des considérations qui sont du domaine de la Géologie comparée. On peut les résumer en disant que l'expérience avait pour but de voir ce que produirait la condensation convenablement réalisée des vapeurs dont le mélange paraît constituer les protubérances solaires (1).

Ceci posé, les filons de matériaux oxydés, dont le type sera, si on le veut, les filons de fer magnétique, me paraissent pouvoir résulter de l'oxydation ultérieure de minéraux fort analogues dès l'abord à ceux qui constituent l'étoffe même de pierres tombées du ciel. J'ai publié à cet égard beaucoup d'expériences dont il me suffira de rappeler l'esprit général : peut-être est-il assez bien condensé dans la synthèse du platine magnéti-polaire, exploité par exemple dans l'Oural.

Je rappellerai que plusieurs expérimentateurs et tout d'abord Henri Sainte-Claire Deville et Debray (2), ont obtenu par fusion des alliages de fer et de platine renfermant les deux composants dans la proportion voulue et possédant les caractères physiques dont il

─────

(1) Mon mémoire est inséré dans *le Recueil des Savants étrangers*, t. XVII, n° 5.

(2) Deville et Debray, *Comptes rendus*, t. LIV, p. 1139; 1862.

s'agit. Mais on conçoit avec quel intérêt je devais tenter la même synthèse, en opérant par condensation de vapeurs, c'est-à-dire par le même procédé qui m'avait fourni déjà le pyroxène magnésien, le péridot et tous les alliages météoritiques de fer et de nickel. Il ne faut pas perdre de vue, à cet égard, que le platine est disposé dans les roches qui le renferment comme les minéraux métalliques dans les Météorites, c'est-à-dire en granules ramuleux dans les interstices des éléments lithoïdes. Or l'exceptionnelle infusibilité du platine rend tout particulièrement difficile de comprendre une semblable association par voie de fusion : si l'on fondait la roche, il est évident que les silicates seraient liquéfiés avant tout commencement de ramollissement des granules métalliques, et si le tout était enfin fondu, le refroidissement donnerait d'abord des sphérules de métal autour desquelles se solidifieraient les substances pierreuses, ce qui est manifestement l'inverse de ce que présente la nature.

La question était donc de savoir si, le chlorure de platine et le chlorure de fer étant simultanément réduits par l'hydrogène à une température extrêmement inférieure à celle de la fusion de ces métaux, ceux-ci contracteraient ensemble une combinaison du genre de l'*Eisenplatin*. Déjà Boussingault, il y a de longues années, a préparé par une méthode analogue une matière renfermant du platine et du fer (1) ; mais celle-ci, noire, pulvérulente et pyrophorique, n'a aucun rapport avec le minéral naturel, et ce précédent aurait pu faire à priori douter du succès de l'entreprise.

(1) Boussingault, *Annales de Chimie et de Physique*, 2ᵉ série, t LIII, p. 441.

Les choses étant disposées à peu près comme pour la préparation synthétique de la tænite, de la kamacite et des autres alliages météoritiques (1), j'ai soumis un mélange de 5 parties de bichlorure de platine et de 1 partie de protochlorure de fer à l'hydrogène pur et sec dans un tube de porcelaine, simplement chauffé au rouge par un feu de charbon de bois. Quand tout dégagement d'acide chlorhydrique eut cessé, on laissa l'appareil refroidir lentement, et l'on en retira une substance métallique, tuberculeuse, ayant l'éclat et la couleur du platine, cohérente et se brisant en fragments irréguliers : de toutes parts, au microscope, on y voit des facettes cristallines, octaédriques ou cubiques, de très faibles dimensions.

Loin d'être pyrophorique, comme le produit de Boussingault, cette substance résiste, sans altération aucune, soit à l'acide chlorhydrique, soit à l'acide azotique bouillants. En même temps elle est faiblement, mais très nettement magnétique, et, ce qui achève sa ressemblance avec l'*Eisenplatin*, certains de ses grains présentent des pôles, dont les uns sont attirés et les autres repoussés par la même extrémité du barreau aimanté.

Dans des expériences où le courant de gaz réducteur avait été trop rapide, il s'est fait en quelques parties du tube une séparation des chlorures qui sont inégalement volatils : tels points contenaient du platine sensiblement dépourvu de fer, et tels autres de petits grains noirs de fer à peu près pur. C'est la reproduction d'un fait naturel : maintes pépites de

____

(1) Stanislas Meunier, *Savants étrangers*, t. XXVII, n° 5.

platine ne contiennent pas de métal magnétique, et les oxydations ultérieures concomitantes à la serpentinisation ont transformé le fer natif en fer oxydulé.

Il est d'ailleurs bien facile de produire l'alliage de fer et de platine sous la forme de squelette métallique, cimentant ensemble des grains pierreux, péridotiques ou autres, exactement comme on obtient les alliages de fer nickelé avec la situation qu'ils ont dans les Météorites ; par conséquent, les traits essentiels du gisement du platine au sein des roches magnésiennes sont imités, en même temps que l'ensemble des caractères physiques et chimiques de cette très intéressante espèce minérale.

Quant à ces oxydations ultérieures dont je viens de parler, elles se rattachent à la deuxième phase du phénomène filonien, et celle-ci prend son caractère maximum de netteté si les chlorures réagissant admettent des métaux oxydables, par exemple le fer et le chrome simultanément. On arrive alors en deux temps distincts à réaliser la synthèse du fer chromé sans fusion et dans des conditions évidemment voisines de celles qui ont été réalisées dans la nature.

Si, dans un tube de porcelaine chauffé au rouge, on soumet à l'hydrogène pur et sec un mélange convenable de protochlorure de fer et de sesquichlorure de chrome, on obtient, outre quelques produits accessoires, une matière métallique dont l'aspect est fort remarquable. Elle est d'un blanc d'argent très brillant nettement magnétique et résiste aux acides, qui la débarrassent sans l'attaquer de toutes ses impuretés. Produit dans une nacelle de porcelaine, l'alliage dont il s'agit et qui est mêlé souvent d'oxyde vert de chrome et d'une fine poussière de fer métallique, se présente en masses tuberculeuses très irrégulières, éminemment cristallines. Une partie de la paroi interne du tube est tapissée d'une feuille continue de la même matière, prenant, dans les régions où elle est le plus mince, la forme en dentelle d'une dendrite métallique.

On n'éprouve naturellement aucune difficulté pour déterminer la concrétion de l'alliage entre des grains pierreux et dans leurs fissures ; le métal prend alors une allure analogue à celle des fers nickelés des Météorites pierreuses. Dans des conditions convenables, il constitue en même temps, au contact des fragments lithoïdes, une sorte de rosée dont chaque gouttelette est un petit octaèdre qui, dans une coupe mince de l'ensemble, pourrait sembler au microscope devoir être antérieur à la roche environnante.

Une fois qu'on a produit l'alliage de fer et de chrome, il suffit de le soumettre, dans un tube de porcelaine chauffé au rouge, à l'action de la vapeur d'eau pour l'oxyder d'une manière complète. Le produit est tout à fait noir, mais laisse sur le biscuit une trace brunâtre. On y voit nettement la présence d'un peu de fer oxydulé attirable et soluble dans l'acide chlorhydrique bouillant. Après ce traitement, il consiste en fer chromé pur, ne montrant que de rares vestiges de formes cristallines, mais ayant toutes les propriétés du minéral naturel, jouissant d'une densité de 4,48 et donnant à l'analyse, après l'attaque par le mélange de carbonate et d'azotate de potasse :

Protoxyde de fer.	32,41
Sesquioxyde de chrome	68,06
	100,47

En oxydant les échantillons précédemment décrits de grains de péridot cimentés par l'alliage, on constitue la chromite en association avec les minéraux qu'elle accompagne dans les dunites et ailleurs.

Sans doute, c'est la première fois que la synthèse artificielle du fer chromé est obtenue par un semblable procédé ; mais je suis convaincu que la nature n'a pas opéré autrement pour produire les grains et les amas de chromite contenus dans les roches serpentineuses. Voici, selon moi, la série des phases traversées successivement par ces roches :

A l'origine, des vapeurs, dont la constitution m'a naguère occupé, ont donné naissance, par leur réaction mutuelle, à une sorte de givre formé de cristaux plus ou moins confus, de minéraux pyroxéniques et péridotiques. Ces grains, dans un deuxième temps, ont été reliés ensemble par des concrétions de substances variées, au premier rang desquelles figurent le fer natif, des alliages de fer et de nickel, et des alliages de fer et de chrome.

Poussées ensuite, par l'effort de réactions mécaniques, vers la surface aquifère du globe, les roches dont il s'agit, sauf de très rares exceptions, ont subi d'abord une combustion de tous leurs éléments métalliques : le fer natif est devenu du fer oxydulé ; les alliages de fer nickelé se sont scindés en fer oxydulé et en oxyde de nickel soluble, incorporé plus tard à des hydrosilicates, comme en Nouvelle-Calédonie ; les alliages de fer et de chrome, de leur côté, ont donné le fer chromé, conformément aux expériences précédentes.

Plus tard, enfin, le pyroxène et le péridot, cédant à

l'énergie chimique des eaux d'infiltration, se sont transformés plus ou moins complètement en serpentine.

L'étude des gisements métallifères a prouvé qu'à côté des filons produits par des réactions réciproques de corps empruntant leur véhicule à des gaz et à des vapeurs, d'autres résultent de précipitations opérées dans de l'eau soumise à la fois à la chaleur et à la pression. Sénarmont, dès 1851, réalisa ces conditions dans un dispositif expérimental qui a été d'une fécondité incomparable.

Ce savant, placé au vrai point de vue des naturalistes, s'astreignit à ne faire réagir que des matériaux ayant pu réellement collaborer à la constitution des gîtes métallifères de la nature, c'est-à-dire l'eau, l'acide carbonique, les carbonates, l'acide sulfhydrique, les sulfures alcalins, etc., qui sont de l'ordre des substances contenues dans les eaux souterraines. Sa méthode consiste essentiellement à produire les réactions dans un milieu liquide et dans des vases hermétiquement clos, qu'on peut chauffer à haute température.

L'auteur mettait en présence les divers agents chimiques dans des tubes de verre à demi remplis d'eau et scellés à la lampe après qu'on y avait fait le vide. Si ces agents sont de nature à se décomposer immédiatement, on les place d'abord dans des tubes séparés, et un retournement les mélange en temps opportun. On peut aussi enfermer l'une des dissolutions dans une ampoule très mince avec une bulle d'air : la dilatation de cet air brise l'ampoule quand la chaleur est devenue assez forte.

Des tubes en verre épais, suffisamment étroits, supportent des pressions considérables. On peut les rendre capables de résister à des efforts énormes en les plaçant dans un canon de fusil fermé et lui-même presque rempli d'eau. La tension de la vapeur du dehors et du dedans s'équilibre alors sur les deux parois, extérieure et intérieure, du tube de verre. Sénarmont déposait les tubes couchés sur le dôme des fours à gaz de l'usine d'Ivry.

Ces divers détails expérimentaux ont été modifiés et fort perfectionnés, mais la méthode a conservé intégralement son caractère, et l'intérêt principal qui nous le fait mentionner en ce moment, c'est de faire apparaître les phénomènes filoniens comme des produits de véritable circulation dont l'épaisseur de la croûte terrestre est le théâtre. Les expériences dans l'eau surchauffée, en reproduisant la plupart des minéraux des filons et des roches cristallines, confirme en l'étendant la conclusion déjà tirée dans quelques cas de la découverte de plusieurs de ces minéraux dans le bassin de diverses sources thermales où ils ont manifestement une origine récente.

On verra plus loin qu'au point de vue général de nos études, les circulations verticales de matériaux, outre les résultats géologiques et minéralogiques qu'elles procurent, contribuent d'une manière très active à la perte progressive de la chaleur interne et collaborent par conséquent à l'un des faits les plus dominants de l'évolution des astres.

Ainsi que nous le disions tout à l'heure, la seconde forme des phénomènes éruptifs, c'est celle qui a son maximum de netteté dans les éruptions volcaniques et à laquelle on peut rattacher la sortie des filons rocheux ou *dykes*. Ici encore nous avons à constater une fonction générale constituant un même effet que les précédents et collaborant avant tout à la circulation verticale de l'eau dans l'épaisseur de la croûte terrestre.

Une foule de raisons conduisent en effet à penser que c'est la force élastique subitement engendrée de vapeur d'eau fortement surchauffée qui constitue le moteur des éruptions.

Un premier fait qui le montre, c'est la liaison très certaine qui existe entre les tremblements de terre et les éruptions volcaniques, car les volcans sont en effet avant tout des sources d'eau.

Et l'eau, qui se signale par son énorme quantité dans toute éruption, constitue aussi la force motrice du phénomène volcanique; c'est elle qui, par sa force élastique, détermine la projection, à plusieurs kilomètres de hauteur, des roches pulvérisées auxquelles on donne d'ordinaire le nom impropre de cendres.

Des lopins de roches volcaniques, dont la densité est plus du triple de celle de l'eau, ont été lancés si haut qu'ils se sont solidifiés dans l'atmosphère et y ont pris en tournant sur eux-mêmes la forme de larme ou de bombe.

C'est encore l'eau qui fait sortir la lave du cratère, non pas parce qu'elle la pousse, mais parce qu'elle se dégage, molécule à molécule pour ainsi dire, d'un mélange où le dissolvant était la lave et où la matière dissoute était l'eau. De sorte que cette lave, dans l'intérieur des volcans, représente, très exactement et malgré l'imprévu de la comparaison, du vin de Champagne dans une bouteille non débouchée; la lave, c'est le vin ; l'eau, c'est l'acide carbonique qui y est en dissolution ; si l'on fait sauter le bouchon, si le cratère se débouche, l'acide carbonique — la vapeur d'eau — entraîne avec lui le dissolvant qui le retenait, et c'est par une expansion de la partie gazeuse que la substance liquide est amenée jusqu'au bord de l'orifice et est projetée à l'extérieur.

Un fait qui nous permet d'affirmer que la vapeur d'eau intervient d'une manière décisive dans les manifestations séismiques, c'est que, quand on écoute convenablement ce qui se passe sous le sol pendant les tremblements de terre, on entend des bruissements tout pareils à ceux que produisent les générateurs de vapeur, et c'est ce qu'a fait ressortir le savant italien de Rosi qui, le premier, a imaginé d'employer le téléphone à l'étude de ces phénomènes d'endogéologie.

Du reste, les explosions de chaudières à vapeur suffisent pour nous montrer quelle peut être la puissance développée par la vapeur d'eau, et d'autant plus qu'elles ne sont rien comme énergie, comme intensité, comme température et comme volume, comparées aux mécanismes qui peuvent exister dans les profondeurs terrestres.

Mais cette explication du tremblement de terre qui serait dû à la force élastique de la vapeur d'eau souterraine suppose deux choses également nécessaires : qu'il y a dans les profondeurs du globe un énergique foyer de chaleur, et que l'eau peut pénétrer au contact de ce foyer.

Pour le premier point, l'observation nous a appris depuis longtemps, d'une façon précise, que, plus on s'enfonce dans le sol, plus la température qu'on rencontre est élevée. On sait même que l'accroissement est d'environ un degré pour 3o mètres de profondeur ; de façon que s'il persiste seulement jusqu'à 6o kilomètres, la température à cette profondeur doit être de 2,0oo degrés. Or, à cette température, aucune substance connue ne peut présenter l'état solide ; elle est liquide ou gazeuse, et il en résulte que le globe terrestre consiste en une masse, non pas solide, mais fluide, liquide ou gazeuse, enveloppée d'une couche pierreuse qui ne peut pas avoir plus de 6o kilomètres d'épaisseur. Elle est aussi mince, toute proportion gardée, que la coquille par rapport à l'œuf de la poule.

Ceci posé, il n'y a plus qu'à concevoir que de l'eau puisse pénétrer dans l'épaisseur de cette croûte à une distance où la température sera suffisante, pour que nous ayons résolu la question séismique et que nous soyons édifiés sur les tremblements de terre.

Mais le problème est bien plus difficile qu'il ne paraît, et je ne puis oublier que j'ai assisté pendant plus de vingt ans aux efforts de savants du plus grand mérite cherchant un procédé qui pourrait expliquer comment de l'eau fournie par la surface extérieure — il n'y a pas d'autres réservoirs à notre disposition — pourrait pénétrer dans les abîmes où la température est si considérable que l'eau n'y peut rester un seul instant.

On a essayé toutes sortes d'hypothèses : aucune ne peut résister à la discussion. Je crois cependant avoir, dans cette direction, fait une remarque qui facilite singulièrement la solution cherchée, et plus j'y réfléchis, car il y a déjà plus de dix ans que j'ai émis l'hypothèse que je vais résumer, plus il me semble qu'elle cadre avec toutes les exigences du problème.

L'eau des océans est bue par le sol ; les roches que l'on exploite contiennent de l'humidité, et l'eau de carrière se rencontre même dans les plus compactes, dans les granits, où elle représente une fraction très notable du poids de ces roches. Cette eau n'existe cependant pas partout dans l'épaisseur du globe terrestre, et il est très clair, d'après les faits rappelés plus haut, sur la distribution des températures souterraines, que des roches suffisamment profondes sont dépourvues d'eau de carrière. La croûte terrestre solide peut donc être considérée comme constituée par deux zones concentriques dont la supérieure est pourvue d'eau de carrière, tandis que l'autre est trop chaude pour en contenir.

Mais la Terre, avons-nous dit, se refroidit constamment et sans compensation : le fait est constaté. Ce refroidissement est prodigieusement lent, par rapport à la durée de la vie et des institutions humaines, mais il n'en est pas moins d'une réalité certaine. Rapporté à l'ensemble des conditions qui constituent la physiologie de la Terre, il est extrêmement notable, de façon que l'on peut dire d'une façon rigoureuse que nous habitons la surface d'un gros thermomètre soumis à un refroidissement continu. L'enveloppe du thermomètre se contracte un peu, et le liquide qui y est contenu se contracte relativement beaucoup. Ce fait se complique de cet autre, que le thermomètre dont nous habitons la surface est sans tige, réduit à son réservoir et que son enveloppe est tellement mince par rapport à son diamètre, qu'il est certain que, si le liquide vient à diminuer de volume à l'intérieur, les parties de l'écorce voisines des points où le liquide se retire, privées de leur support primitif, tendent à se déplacer en le suivant.

En outre, comme la flexibilité de l'écorce n'est pas indéfinie, les affaissements doivent parfois avoir pour résultat des soulèvements, d'où les phénomènes auxquels Elie de Beaumat a donné le nom de *bossellements généraux*. Ceux-ci ne peuvent pas se produire indéfiniment sans que l'enveloppe ainsi tiraillée et appelée vers le centre en certains points, repoussée suivant la verticale dans d'autres, ne finisse par se rompre. C'est ainsi que s'explique la présence de tous côtés, dans l'écorce terrestre, des fissures appelées *failles,* qui s'accompagnent de rejets ou dénivellations du sol.

Les parois d'une même cassure, glissant plus ou moins l'une sur l'autre, doivent nécessairement se faire éprouver des actions mécaniques très intenses ; on sait en effet qu'elles s'y polissent, s'y strient ; souvent aussi, elles s'émiettent, se pulvérisent, si bien que dans l'intervalle de la cassure on trouve des blocs qui proviennent de ses marges elles-mêmes, ou plus exactement des parties les plus hautes de ces marges.

Il n'y a pas de filon ou de faille qui ne contienne ce que l'on appelle des *brèches ;* une variété de ce genre de filons porte le nom de filon en cocarde. Or supposons que ce phénomène d'ouverture de faille et de pulvérisation des parois intéresse à la fois les deux régions de la croûte dont nous avons constaté l'existence, la région extérieure formée de matériaux pourvue d'eau de carrière et la région plus interne formée de matériaux tout à fait anhydres : il arrivera nécessairement que des blocs appartenant à la région la plus externe tomberont dans la région inférieure.

De sorte que la matière solide, c'est-à-dire les roches, sert de véhicule au liquide, et l'eau pénètre sans difficulté dans les laboratoires extrêmement chauds des profondeurs terrestres.

Tel est, je crois, le secret de cette introduction de l'eau dans les zones profondes et, par conséquent, de cette acquisition, dans les régions de l'écorce, du foyer d'où émane une action d'une énergie des plus puissantes.

Il convient d'ajouter ici une remarque très importante : les effets de la contraction horizontale pour un même refroidissement dans l'épaisseur de la croûte doivent avoir une valeur en rapport avec la distance au centre ; ces actions donnent lieu nécessairement à une résultante verticale dirigée de haut en bas et qui s'ajoute à la pesanteur et au vide relatif interne pour appeler dans les profondeurs les matériaux comprimés. Il peut dans ces conditions se constituer comme des coins limités par des cassures voisines et à biseau supérieur qui glissent vers le bas comme des « noyaux de cerises » pressés entre les doigts. Il suffit d'un déplacement peu considérable pour que la partie pourvue d'eau de ces coins atteigne la zone de déshydratation.

En tous cas, lorsque l'eau contenue dans les roches arrive ainsi, grâce à la chute des roches qu'elle imprègne, dans les régions profondes qui sont à une très haute température, elle est instantanément volatilisée si même elle n'est pas dissociée, et la transformation d'état prend le caractère explosif. Il se produit alors une force mécanique gigantesque, et on peut croire que chaque secousse coïncide avec la chute, dans les failles profondes, d'un de ces blocs pourvus d'eau. On voit donc que les tremblements de terre apparaissent comme l'une des conséquences de l'ouverture de certaines failles.

Ces failles dont l'écorce terrestre est coupée après leur première ouverture sont plus ou moins longtemps *en travail;* elles se propagent petit à petit, car la contraction se fait de même. Pendant que les failles se dessinent, il se fait des égrènements le long de leurs parois, et à chacun peut correspondre la chute de blocs déterminant une secousse.

Cette théorie trouve dans l'observation des faits un grand nombre de confirmations. Elle explique la soudaineté de la secousse séismique, la répétition des secousses sur le même point, puisqu'il n'y a pas de raison apparente pour qu'il ne tombe pas des centaines de blocs dans la même faille de la roche fissurée présentant une consistance convenable. La théorie explique encore que les secousses puissent être séparées par des intervalles extrêmement irréguliers, une seconde, plusieurs jours, plusieurs années ; elle explique aussi comment certains pays sont des pays à tremblements de terre, tandis que d'autres n'en souffrent pour ainsi dire pas. Les premiers sont les pays faillés, ceux dont le sol est fissuré et travaille. Le littoral méditerranéen est dans ce cas. En Grèce, de récentes études faites le long du canal de Corinthe ont relevé un sol véritablement haché de failles. Enfin la théorie dont il s'agit explique d'une manière très nette un fait que les autres hypothèses laissent tout à fait de côté : la propagation lente du phénomène, suivant une ligne bien définie.

Nous avons vu il y a quelques années une série de tremblements de terre qui ont commencé aux îles du Cap-Vert, pour se continuer en Andalousie, puis en Italie, en Grèce, en Asie Mineure et enfin dans l'Inde. En lisant les récits successifs de ces manifestations, il semble qu'on assiste à l'ouverture d'un craquèlement qui se continuerait, comme dans une porcelaine usée, accompagnée de la chute de poussières appelées par la gravité dans les profondeurs, ces poussières d'ailleurs pouvant ici avoir des centaines de mètres de côté.

On a vu la ruine des hauts fourneaux tout entiers causée par la chute dans le creuset d'une simple brique mouillée : on conçoit dès lors quelle peut être la force développée par la volatilisation de l'eau contenue dans un bloc de roche de un kilomètre cube par exemple, et combien ses effets doivent être gigantesques.

A la suite du tremblement de terre de Zante, M. le professeur Issel a noté des circonstances qu'on dirait destinées à confirmer ma manière de voir. Il cite l'audition très nette, avant les grandes secousses, de bruits souterrains et sourds, tout à fait pareils à ceux que produiraient de gros blocs tombant sur un sol mou, et c'est après ce bruit que les trépidations se font sentir.

Les Phénomènes éruptifs dans le Soleil. — Des observations très variées permettent d'affirmer que les phénomènes éruptifs ne sont pas exclusivement propres à l'économie de la Terre. Sous leurs diverses formes, ils se révèlent par leurs effets dans des milieux cosmiques tout autres. Dans le Soleil, on assiste aux gigantesques poussées centrifuges auxquelles les *protubérances* doivent leur existence ; la Lune offre des accidents évidemment congénères de nos cratères volcaniques ; les Météorites enfin possèdent des caractères intimes qu'elles n'ont pu acquérir que par l'exercice d'actions de tous points comparables aux phénomènes filoniens.

Les protubérances solaires appartenant au type dit éruptif, d'une énergie et d'une activité considérables, ont ordinairement leur siège dans le voisinage des taches et parmi les facules qui les accompagnent.

Des matières incandescentes sont projetées des profondeurs de l'astre à des hauteurs souvent considérables. Voici comment M. Trouvelot, qui du 1ᵉʳ juin au 30 novembre 1892 a observé une quarantaine d'éruptions solaires, décrit une des plus violentes, celle du 11 juillet (V. plus loin la fig. 16) : « Je ne fus pas témoin du phénomène. Car, au moment où je l'aperçus, l'éruption avait déjà commencé. A $12^h 19^m$, temps moyen de Paris, je reconnaissais à 151° du limbe une éruption violente de matières incandescentes qui s'élevaient à des hauteurs considérables et déplaçaient la raie C à une grande distance, aussi bien sur le côté le plus réfrangible du spectre que sur son côté le moins réfrangible. » Cette raie, avec ses bords profondément déchiquetés, n'était plus guère reconnaissable et ressemblait à un lambeau informe. L'éclat des éjections était si extraordinaire et les substances dont elles étaient composées si diverses, qu'un très grand nombre de raies étaient renversées et brillaient d'un vif éclat sur toute la longueur du spectre. Le fait est qu'elles étaient si nombreuses, et qu'elles

s'éteignaient, se rallumaient et semblaient changer
de place avec une si grande rapidité, qu'il était impossible de les localiser. A cet instant, le jet principal du groupe atteignait la hauteur de 197,340 kilomètres (276″), et il s'élevait avec une telle rapidité, que
cinq minutes plus tard, à 12ʰ24ᵐ, sa hauteur était
de 427,844 kilomètres (597″,6), sa vitesse ascendante
moyenne ayant dépassé 715 kilomètres par seconde ·!
A 12ʰ27ᵐ, la hauteur n'était plus que de 351,394 kilomètres, la diminution s'étant accomplie avec une vitesse moyenne de 669 mètres par seconde. A 12ʰ30, on
ne voyait plus rien de ce brillant phénomène. » Fait
particulier, cette éruption se produisit en dehors de la
région des taches et des facules.

Les plus violentes de ces éruptions, de même que
celle du 11 juillet, ne durent guère plus de quelques
minutes. Une autre conclusion, tirée par M. Trouvelot de milliers d'observations, est que les éruptions
solaires se font rarement tout d'une pièce ; elles pro-
cèdent par périodes alternatives de poussées et de
repos. Et, alors que tout signe extérieur d'éruptions
a disparu d'un centre d'action, « il y a ordinairement lieu de s'attendre à d'autres éruptions. » Les
matières incandescentes amenées par les éruptions
des profondeurs à la surface, de natures diverses,
nous sont parfois inconnues. Enfin, toujours d'après
M. Trouvelot, les grandes éruptions solaires exercent
une certaine influence sur notre globe, où elles se
manifestent par des perturbations de l'aiguille aimantée et quelquefois par des aurores polaires (1).

(1) *Comptes rendus de l'Académie des Sciences*, 1893.

Nous avons déjà eu l'occasion de préciser les conditions de ces éruptions solaires. Il convient seulement, pour le moment, de rappeler comment M. Faye les a rattachées, comme contre-coup, au même phénomène général que les cyclones et que les tourbillons de notre atmosphère et de nos cours d'eau.

On a vu, en effet, que la photosphère solaire est sillonnée de courants parallèles à l'équateur dont la vitesse va en décroissant vers les pôles. Dans de telles conditions, l'apparition de mouvements giratoires est inévitable, et nous avons vu, dans une autre partie, le mécanisme qui les régit. Mais il faut maintenant aller plus loin. Le fluide entraîné dans les profondeurs par le tourbillon ne peut s'accumuler indéfiniment dans les régions inférieures. Dans nos cours d'eau, l'eau qui a plongé sur les parois de l'entonnoir a pu entraîner avec elle des corps légers, comme du bois et des glaçons; ceux-ci, dès qu'ils ont échappé au mouvement giratoire, remontent précipitamment vers la surface. Dans notre atmosphère, les tourbillons entraînent aussi l'air d'en haut; mais celui-ci se comprime de plus en plus et, quand il sort tumultueusement du pied de la trombe, après avoir travaillé sur le sol ou sur la mer, il est à peu près aussi dense que l'air ambiant et ne travaille guère, sauf le cas des *tourbillons secs*, c'est-à-dire n'entraînant pas avec eux des cristaux de glace ou des vésicules nuageuses à l'état de confusion. Sur le Soleil, selon les propres expressions de M. Faye (1), les choses se passent autrement. C'est l'hydrogène de la chromosphère que les tourbillons engloutissent; or

____

(1) *De l'Origine du Monde*, p. 234.

l'hydrogène est le plus léger de tous les gaz ; il a beau être comprimé à son arrivée dans les couches profondes, il n'en reste pas plus léger que le milieu ambiant chargé de vapeurs métalliques , il tend donc à remonter. Il remonte effectivement tout autour des tourbillons, d'une manière tumultueuse ; il soulève

Fig. 16. — Les phénomènes éruptifs du Soleil comparés à ceux de la terre. A gauche, l'éruption du Vésuve d'octobre 1882, d'après Poulett Scrope ; à droite, l'éruption du Soleil du 10 juillet 1892.

un peu en passant les nuages de la photosphère, traverse la chromosphère en vertu de sa vitesse acquise et de sa surchauffe et finalement jaillit dans le vide presque parfait qui règne autour du Soleil. Là il se dilate sous les formes les plus capricieuses et retombe finalement dans la chromosphère, dont le niveau reste à peu près constant.

Il paraît intéressant de compléter ces observations

par le rapprochement dans une même figure (fig. 16) d'une protubérance solaire et du panache formé des matériaux projetés par une éruption volcanique terrestre. En oubliant les dimensions, on est frappé d'une allure générale analogue, qui tient à la communauté de quelques-unes des conditions des phénomèmes.

Se développe-t-il des éruptions plus ou moins analogues sur d'autres étoiles que le Soleil ? Toutes les analogies portent à penser que, malgré l'imperfection d'observations faites à de semblables distances, les étoiles se comportent d'une façon comparable.

C'est ce qui paraît spécialement probable pour les étoiles temporaires. L'existence d'un gaz chaud qui les enveloppe, la soudaineté de l'explosion de leur lumière, la diminution rapide de leur éclat, ont conduit Huggins à penser qu'une étoile variable s'est trouvée subitement enveloppée de flammes de l'hydrogène incandescent. « Il pourrait se faire que cet astre, dit le savant anglais parlant de l'étoile τ de la Couronne, ait été le siège de quelque grande convulsion avec dégagement énorme de gaz mis en liberté. Ce gaz enflammé émettait la lumière caractérisée par le spectre à raies brillantes ; le spectre de l'autre portion de la lumière stellaire pouvait indiquer que cette terrible déflagration gazeuse avait surchauffé et rendu plus vivement incandescente la matière de la photosphère. Lorsque l'hydrogène libre eut été épuisé, la flamme s'abattit graduellement, la photosphère devint moins lumineuse, et l'étoile revint à son premier éclat (1). »

(1) *Analyse spectrale des corps célestes.*

Les phénomènes éruptifs sur les planètes. — Sur les planètes, les phénomènes éruptifs ne sont pas faciles à voir, et il y a lieu de se demander si une explosion volcanique, même aussi intense que celle du Krakatau, aurait été bien sensible pour un observateur placé sur Mars ou sur Vénus. Cependant on a cru pouvoir conclure, de l'observation par Schrœter d'un point lumineux sur le disque de Mercure, l'existence sur cette planète de volcans en ignition. « C'est là, dit Guillemin, une conjecture bien hasardée, quoiqu'une observation semblable ait été faite, en 1868, par Huggins. Il faudrait supposer un cratère de formidable étendue pour que la lumière de ses feux fût visible sur un disque aussi petit. L'explication du phénomène n'en reste pas moins un problème. On a vu là un effet de diffraction : mais alors on ne comprend pas que le point lumineux ait eu, dans les deux cas, une position excentrique sur le disque ; on comprend moins encore le déplacement constaté par Schrœter du point lumineux relativement au bord apparent du disque de Mercure. »

On sait que, récemment encore, des points très brillants ayant été vus sur Mars, on s'est demandé s'ils n'avaient point pour cause de gigantesques éruptions volcaniques. Des vulgarisateurs, plus humoristiques qu'exacts, n'ont pas craint d'appeler l'attention du public sur « un monde en combustion ». Mais les observateurs ont été unanimement d'avis que les effets observés tenaient à la réflexion de la lumière solaire par quelques points spécialement éclatants, et très vraisemblablement par de très hauts pics montagneux couverts d'un manteau de neige.

Les phénomènes éruptifs sur la Lune. — Si les autres planètes sont aussi stériles à cet égard, tout le monde sait que la Lune, au contraire, nous présente un disque sur lequel l'action volcanique paraît s'être manifestée avec une intensité tout à fait prépondérante.

« C'est sur la Lune, a dit M. Faye, que les géologues pourraient étudier les actions plutoniques dans toute leur pureté. » Les cirques volcaniques y sont plus profonds que sur la Terre, et cela tient sans doute à la faible valeur de la pesanteur sur notre satellite et à l'expansion, dès lors très puissante, des corps gazeux qui ont déterminé ces explosions. Les mêmes causes ont déterminé sur la Lune le nombre considérable et l'étendue des cavités cratériformes dont elle est couverte. On a compté jusqu'à 50,000 de ces cratères, et il doit en exister certainement une grande quantité dont le diamètre est trop petit pour que nous puissions les apercevoir.

La montagne de Copernic, qui atteint 3,400 mètres, c'est-à-dire environ la hauteur de l'Etna, a été étudiée avec soin par le P. Secchi. Elle offre une double enceinte annulaire de montagnes ; l'extérieure, qui est la plus basse, se présente avec un diamètre de 87 kilomètres, et l'intérieure, à bords plus élevés, a un diamètre de 69 kilomètres ; c'est sur cette enceinte que se trouve le pic élevé de 3,400 mètres. Le fond ou l'intérieur du cratère a 36 kilomètres ; il présente lui-même une triple enceinte de roches brisées, et un grand nombre de gros fragments amoncelés au pied de l'escarpement semblent avoir été détachés des montagnes environnantes. Le cratère présente deux grandes échancrures ou plutôt des crevasses aux extrémités du diamètre nord-sud.

Les cirques de la Lune ont une grande analogie avec les cirques et les montagnes volcaniques de l'Auvergne et d'autres régions du globe terrestre. Ainsi, la montagne de Copernic a pu être comparée par le P. Secchi aux cratères volcaniques des environs de Rome, et Henri Lecoq (1) y voit l'analogue des montagnes trachytiques du Puy-de-Dôme. De même, suivant la remarque de ce géologue, le grand cratère d'Aristillus est entouré, dans toute sa partie sud extérieure, de plusieurs séries d'obélisques plus élevés que les roches Tuillière et Sanadoire du Mont-Dore, dont les masses énormes ont de la ressemblance avec les pics démantelés du volcan lunaire. Une montagne qui peut être de la même nature lithologique que les bords du cirque, puis une autre plus petite à côté, occupent la plaine unie du fond du cratère. La hauteur de ces deux montagnes est à peu près celle dont les deux puys de Dôme, le grand et le petit, s'élèvent au-dessus de la plaine environnante. L'aspect de ces grandes roches du cirque d'Aristillus rappelle la belle vallée de Chaudefour au Mont-Dore.

Certains cirques de l'Auvergne peuvent, pour la dimension, rivaliser avec les petits cratères de la Lune ; ainsi le cirque du Cantal a 10 kilomètres, et plusieurs de ceux qui existent sur la Lune ne sont pas plus grands. Enfin quelques-unes des montagnes de la même province peuvent également donner une idée, réduite, il est vrai, des cratères conjoints si nombreux

____

(1) *La Lune et l'Auvergne.*

sur la Lune. C'est ainsi que le puy de Montchié, situé au sud du puy de Dôme, offre quatre cratères réunis mais non confondus ; les cirques de Riccius, Babb-Levy, Lindemann et Zagut sont également rapprochés et confluents par leur base. Les cratères Cyrille et Catharina de la Lune sont accouplés comme ceux de Jumes et de Coquille en Auvergne. Les deux cratères Azophi et Abenezra, situés à l'extrémité des rayons nord-est de Tycho, sont complètement accolés et semblent eux-mêmes avoir reformé un troisième cratère, disposition qui rappelle ceux du puy de Verrière, vers l'extrémité nord de la chaîne des monts Dore. Ces faits sont très fréquents autour de Tycho, où les cavités sont en outre entremêlées de saillies et de crêtes qu'on pourrait considérer comme le produit d'éruptions : un grand nombre des affleurements des porphyres quartzifères de l'Auvergne ressemblent à ces saillies et quelquefois se bifurquent comme elles.

En terminant l'intéressante notice à laquelle sont empruntés les faits qui précèdent, Lecoq signale encore d'autres rapprochements remarquables entre la surface de la Lune et diverses régions de la Terre : « M. Charles Sainte-Claire-Deville, dit-il, trouverait certainement de l'analogie entre les cirques et les pitons de la Lune et ceux qu'il a si nettement tracés sur sa belle carte de la Guadeloupe. Quand on examine l'admirable plan de l'Etna dessiné par M. P. de Waltershausen, on se croit transporté aux environs du grand cratère Tycho, sur la Lune. Une foule de détails et de petits accidents lunaires se retrouvent sur la fidèle image du grand volcan de Sicile. Les volcans de Bolivia en Amérique, et les restes de l'ancien lac qui occupent le cirque allongé autour duquel ils ont surgi, ont aussi leurs analogies sur la Lune. L'Islande peut être comparée à plusieurs groupes de ses petits cratères. Santorin et les îles voisines ont encore la forme d'un de ses grands soulèvements. Le cirque des îles Barren, avec leur piton en activité, semble avoir été copié sur notre satellite. L'île de Palma, aux Canaries, est un véritable cratère lunaire.

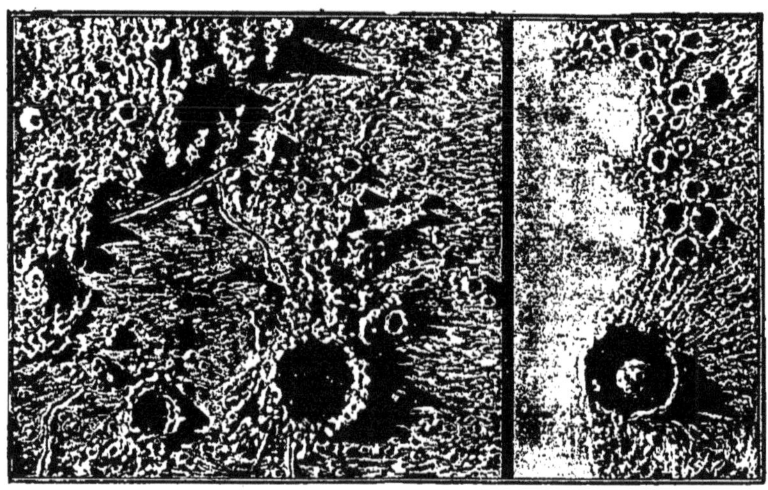

Fig. 17. — Les phénomènes éruptifs de la Lune et de la Terre. A gauche, une région lunaire ; à droite, les Champs Phlégréens.

La Grande Caldera de Ténériffe, son pic gigantesque et les pustules volcaniques qui l'entourent semblent aussi appartenir aux régions les plus bouleversées de la Lune... Ces ressemblances des volcans lunaires avec ceux de la Terre ont été plusieurs fois le sujet de nos entretiens avec le célèbre Léopold de Buch, en face de nos lacs et de nos centres d'Auvergne. C'est avec raison que le P. Secchi comparait quelques cirques volcaniques de la Lune à ceux de l'Italie (fig. 17) : on ne peut rien voir de plus frappant et de plus magnifique que ce vaste cirque d'Albano et de Rocca di Papa, dans la campagne de Rome. Son diamètre est d'environ 12 kilomètres ; au milieu se trouve un autre cirque dont le diamètre est d'environ 3 kilomètres et sur le bord duquel est bâtie la ville de Rocca di Papa. Les pics de Monte-Calvo et de Nevicra gisent dans ce cratère intérieur, tandis que les lacs d'Arno et de Nervi et l'ancien lac desséché d'Aricia sont autant de dépressions à bords escarpés et placées dans les dépendances du grand cirque de 12 kilomètres. C'est en quelque sorte la photographie d'une région lunaire. »

Dès qu'on jette à la lunette un coup d'œil sur la surface de la Lune, on reste étonné du nombre des cônes volcaniques qui s'y pressent de toutes parts et qu'on n'évalue pas à moins de 50,000. C'est un trait fort différent de l'économie présentée par la Terre et qui pourrait porter à penser qu'il y a entre les deux globes une différence essentielle. Plus loin nous aurons à examiner cette question et à montrer que cette différence n'est pas aussi absolue qu'elle le paraît, et, pour asseoir cette démonstration, il sera bien utile de préciser les conditions dans lesquelles les éruptions volcaniques ont pu avoir lieu sur la Lune.

Aussi m'a-t-il paru très utile de faire dans cette direction quelques expériences dont les résultats peuvent avoir une portée qu'il est nécessaire de bien juger sans en exagérer ni en méconnaître la signification. Guidé par les idées générales qui dominent toute la Géologie comparée, je pense que les cratères de la Lune datent d'une époque où la surface tout entière de l'astre était loin d'avoir sa rigidité actuelle et présentait au contraire une certaine plasticité qui s'est perdue au cours du refroidissement séculaire. Aussi l'imitation de ces conditions peut-elle être obténue en soumettant à l'ébullition une pâte aqueuse de consistance convenable.

Déjà on a fait des essais de ce genre, mais je ne sache pas que les résultats auxquels je suis arrivé aient déjà été produits (1) : cela vient, je pense, de la nature de la pâte employée et à laquelle je ne suis arrivé qu'après l'essai de compositions plus ou moins compliquées. Ce qui réussit, c'est tout simplement le plâtre à mouler, délayé dans une quantité d'eau variable et qui présente le grand avantage, après avoir procuré les imitations désirées, de les conserver indéfiniment. Une pâte fluide, placée dans un plat de fer battu sur un fourneau à gaz, entre en ébullition en même temps que le travail de la *prise* s'accomplit dans son sein. La vapeur engendrée dans son épais-

____

(1) Dès 1825, Poulett Scrope, dans son célèbre ouvrage sur *les Volcans*, décrivait l'expérience suivante : « Si l'on emplit une poêle à frire ordinaire d'un pouce ou deux de plâtre mêlé avec de l'eau dans laquelle on a fait fondre un peu de glu (pour l'empêcher de prendre trop vite) jusqu'à consistance de pâte et qu'on la place sur le feu de façon à faire bouillir l'eau avec assez de violence, les bulles qui crèvent constamment à la surface, en se succédant rapidement aux mêmes points, finissent, lorsque tout le fluide est évaporé, par laisser de nombreuses cavités circulaires avec un petit rebord de matière tout alentour; ces cavités ressemblent tellement à celles de la Lune, qu'il est difficile de ne pas être convaincu que notre satellite a dû subir une opération analogue, quelque différente qu'en soit l'échelle. » Bien plus récemment, en 1882, M. Bergeron d'une part et M. Stewart Harrisson de l'autre ont fait des expériences dans la même direction. Le premier injectait un courant d'air au travers d'un bain d'alliage fusible en voie de consolidation. Le second étalait du plâtre sur une couche de citrate de magnésie granulée qui dégageait de l'acide carbonique (V. *la Nature* du 29 juillet 1891).

seur ne tarde pas à se constituer des canaux spéciaux
et se dégage par de certains points correspondant à
de vrais cratères. Les éruptions ont un caractère d'in-
termittence très remarquable et qui, involontairement,
rappelle les geysers. Quand un certain degré de consistance se trouve acquis et la sortie des vapeurs
gênée en proportion, on voit chaque bulle soulever

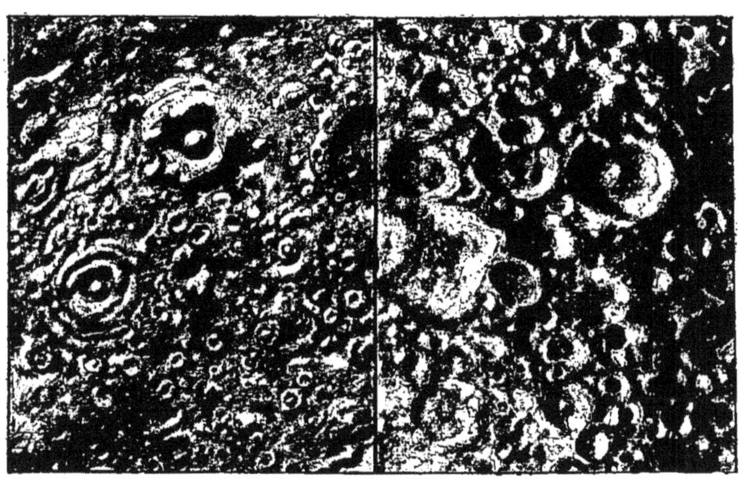

Fig. 18.— Imitation artificielle des accidents de la surface lunaire : à gauche,
résultat de l'expérience d'après un échantillon conservé au Muséum ; à
droite, photographie de la Lune, d'après M. Warren de la Rue.

un bourrelet circulaire, au centre duquel se fait un
mamelon au moment même du dégagement de la
bulle : si on éteint brusquement le gaz à ce moment,
l'ébullition s'arrête immédiatement, et le résultat se
prend peu à peu en plâtre dur. J'en ai fait photogra-
phier des exemples ; l'un d'eux, mis ici en parallèle avec
une photographie directe de la surface lunaire (fig. 18),
permet d'apprécier, en oubliant les dimensions relatives, l'intimité des ressemblances. Elle est trop par-

faite pour qu'elle ne tienne pas à quelque analogie dans les conditions de la genèse.

Des spécimens que je conserve à mon laboratoire font voir entre les divers points de la surface plâtreuse des contrastes tout pareils à ceux qui ont fait diviser le disque de notre satellite en régions continentales ou montagneuses et en mer. Ils résultent des différences locales dans l'allure des dégagements de vapeurs.

Je ne me dissimule aucunement qu'il peut paraître fort ridicule, à première vue, de comparer un globe comme la Lune à l'effet d'une expérience produite dans un plat à cuire des œufs ; je pense pourtant qu'en examinant le fac-similé artificiel, on trouvera qu'il peut utilement intervenir dans nos considérations ultérieures.

Comme confirmation de ces conclusions, je rappellerai ici les remarques suivantes de deux savants célèbres, John Herschel et Poulett Scrope :

« La généralité des cratères de la Lune, dit John Herschel (1), offre une singulière uniformité. Ils sont merveilleusement nombreux, occupant la plus grande partie de la surface visible de la Lune, et sont presque tous d'une forme exactement circulaire, paraissant raccourcis en ellipses vers les bords. Les plus considérables ont, pour la plupart, un fond plat du centre duquel s'élève une petite colline conique fort raide. En un mot, ils présentent, dans sa plus haute perfection, le vrai type volcanique, comme on peut le voir dans le cratère du Vésuve ou dans une carte de la région volcanique des Champs Phlégréens

____

(1) *Panorama des Mondes*, pp 202 et suiv.

(V. plus haut la fig. 17) ou du Puy-de-Dôme. Dans quelques-uns des principaux, des marques de stratification volcanique, provenant des dépôts successifs de matières éjaculées, peuvent très bien se distinguer à l'aide de puissants télescopes. Dans le réflecteur de lord Ross, le fond plat d'Albatiquius (10° S. et 5° E.) paraît tout semé de blocs invisibles avec des instruments inférieurs, tandis que l'extérieur d'Aristillus (30° N. et 3° E.) est tout sillonné de profondes tranchées (comme les volcans de Java décrits par Junghuhn) rayonnant vers le centre. »

Suivant les judicieuses remarques de Poulett Scrope, les cratères lunaires, comparés à ceux de la Terre, sont bien plus nombreux, proportionnellement à l'étendue de sa surface ; leur distribution est plus régulière, leur intérieur plus profond, leur diamètre plus considérable et leurs talus moins élevés. Ils ressemblent surtout aux cratères putéiformes et aux grands cratères-lacs, qui sont exceptionnels parmi les volcans terrestres. « D'après cette analogie, ajoute le géologue anglais, je crois que ce trait particulier provient de ce que les explosions de vapeur qui les ont produits ont éclaté à travers une surface de matière molle et semi-liquide, en bulles successives dont la rupture a formé tout alentour un rebord concentrique composé de couches répétées de cette matière, comme on l'a remarqué à propos des cratères semblables des Champs Phlégréens et de la Nouvelle-Zélande, formés de cette façon sur une plage assez basse. »

Les phénomènes éruptifs chez les Météorites. — Les filons sont des accidents de trop faible dimension, et leur gisement est trop ordinairement souterrain pour qu'on puisse espérer d'en observer sur d'autres astres que la Terre. Il se trouve pourtant que les Météorites nous en présentent des reproductions extraterrestres, et nous n'avons pas à souligner leur intérêt tout spécial à cet égard.

Certaines Météorites sont des masses constituées par un réseau métallique renfermant dans ses mailles des particules pierreuses plus ou moins volumineuses. Tel est le célèbre fer de Pallas, les masses recueillies à la surface du désert d'Atacama, celles de Brahin, de Lodran, etc.

Au point de vue minéralogique, ces Météorites consistent généralement en matériaux de nature péridotique et pyroxénique, enveloppés de couches grossièrement concentriques d'alliages de fer et de nickel. Au point de vue géologique, elles présentent au plus haut degré les caractères de structure que l'on retrouve sur la Terre dans maints produits concrétionnés.

L'origine de ces Météorites est vraiment *filonienne*. Les lithosidérites concrétionnées doivent en conséquence être distinguées, quant à leur mode de formation, des lithosidérites injectées, dont la brèche de Deesa est l'exemple le plus complet.

Si l'on examine une section polie du fer d'Atacama préalablement traitée par un acide, de façon à montrer les figures de Widmannstætten, l'idée vient immédiatement, à la vue des couches métalliques qui enveloppent les fragments pierreux et dont la nature minéralogique est en rapport si constant avec la situation relative dans l'ensemble de la masse, que l'on se trouve en présence d'un de ces filons concrétionnés en *cocarde*, si fréquents, par exemple, dans les mines plombifères du Harz.

La comparaison de la structure d'une brèche de ce genre avec celle du fer d'Atacama est pleine d'enseignement (V. la fig. 19).

Les fragments pierreux, formés d'une gangue schisteuse, ont les mêmes dimensions, les mêmes formes et les mêmes distances relatives que les débris de

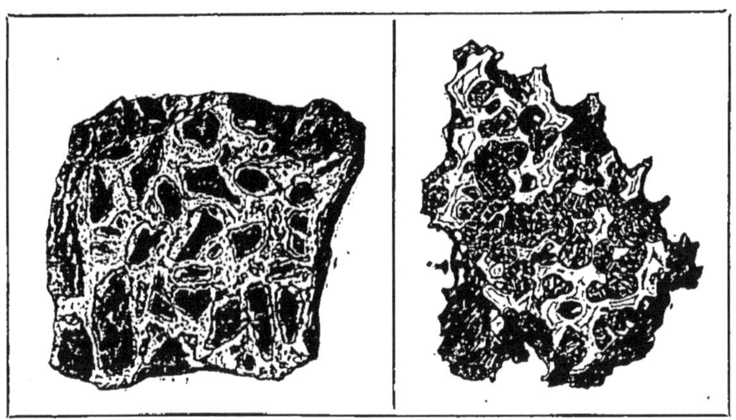

Fig. 19. — Comparaison des phénomènes filoniens sur la Terre et dans les Météorites. A gauche, filon dit « en cocarde » du Harz; à droite, le fer météoritique dit « de Pallas. » 1/2 grandeur naturelle. Échantillons du Muséum.

dunite renfermés dans la Météorite. Autour d'eux se voit d'abord un dépôt de quartz hyalin blanc formant une couche d'épaisseur très variable, mais qui paraît ne jamais faire défaut, absolument comme le fer homogène de la brèche cosmique. Puis sur le quartz se montre la galène, qui tient rigoureusement la place du fer à tænite.

Plus l'on compare ces deux échantillons, de provenances si distantes, plus il est difficile de ne pas voir en eux les résultats d'actions identiques exercées seulement sur des matières diverses et sans doute aussi par des agents différents.

Il faut attribuer de même la formation du fer de Brahin à l'exercice de l'action filonienne dans une faille incomplètement remplie par les fragments pierreux.

La masse de Brahin contient une masse olivinoïde dont, au point de vue de la stratigraphie météoritique, la provenance est tout d'abord difficile à déterminer. Je n'ai connaissance d'aucune masse d'origine cosmique qui en soit entièrement formée, et l'idée vient que ce pourrait être, à la rigueur, un minéral filonien lui-même et concassé de façon à être devenu le centre de concrétions métalliques postérieures. On voit, entre autres, des exemples terrestres de cette disposition dans les *fragments irréguliers* de barytine bien cristalline englobés à l'intérieur de certains filons de galène. Mais jusqu'ici aucun fait ne vient directement confirmer cette supposition.

Cette olivine se retrouve avec des caractères tout à fait identiques dans des Météorites, cependant fort différentes, dans celles qui sont formées de la roche appelée *logronite* et parmi lesquelles il faut citer la pierre tombée en Espagne à Logrono, le 4 juillet 1842, ainsi que les célèbres masses recueillies en 1863 dans la Sierra de Chaco, au Chili.

La pallasite est également une roche filonienne que nous pouvons comparer pour la structure et le mode de formation aux filons en cocarde des gisements terrestres.

Les divers éléments de la logronite, autre roche filonienne, n'ont certainement pas une origine commune.

Elle a des caractères trop complexes pour s'être formée d'un seul jet. Il est indiqué de voir dans la masse actuelle une brèche dont le fer ramuleux constitue le ciment.

Les grains allongés de la substance métallique offrent, par l'expérience de Widmannstætten, une structure tout à fait comparable à celle qui existe dans la partie métallique des brèches filoniennes d'Atacama et de Brahin, outre que, comme dans celles-ci, on observe que la substance métallique s'est introduite en filaments fort déliés dans les fissures des cristaux empâtés.

Pour les grosses grenailles, elles semblent des fragments arrachés à des masses plus volumineuses dans le conglomérat météoritique où le fer ramuleux les aurait empâtées en même temps que les fragments pierreux.

La présence similaire dans la logronite de fragments irréguliers de natures diverses, ne peut s'expliquer que par la conglomération de débris arrachés à des masses distinctes, ayant entre elles des rapports stratigraphiques. De plus, les notions relatives au métamorphisme météoritique permettent d'apprécier, au moins dans une certaine mesure, les actions qui se sont fait sentir sur ces fragments pierreux.

Une étude très attentive de la zone noire qui enveloppe beaucoup de ces débris, m'a conduit à y voir le résultat de deux réactions toutes différentes. D'abord, autour de certains grains pierreux, elle est formée par la modification métamorphique des minéraux composant ces grains. Puis, autour de tous les grains, même de ceux qui présentent, d'une manière plus ou moins complète, le métamorphisme en question, elle est due, sans aucun doute, à un apport de substances dont l'arrivée est probablement contemporaine de la concrétion du fer et parmi lesquelles figurent le fer oxydulé et la pyrrhotine.

La formation de la logronite a manifestement été accompagnée de pressions très considérables, car certains grains pierreux ont été brisés, puis leurs fragments, un peu écartés les uns des autres, ont été ressoudés par l'émanation métallique.

Il y a une grande analogie de structure entre la logronite et certaines masses terrestres, telles que le grès à cuivre et à argent natifs de Coro-Coro, en Bolivie.

La logronite lie par les particularités de sa structure les Météorites purement clastiques aux brèches concrétionnées. Elle est essentiellement bréchoïde, et sa portion métallique, comme le fer des météorites d'Atacamá et de Brahin, présente les caractères d'une concrétion. Il résulte de là que la composition lithologique de la logronite est beaucoup plus complexe que sa composition minéralogique. Nous devons croire que la masse, primitivement à l'état de débris, les uns pierreux, les autres métalliques, a été soumise à des émanations métallifères dont le produit, sous forme de réseau fin, a soudé ensemble les fragments jusque-là indépendants. Les vides si remarquables existant parfois entre les noyaux de fer et leur matière pierreuse sont reproduits artificiellement dans les expériences de cimentation métallique de la poussière de péridot.

La Météorite de Lodran est un véritable *grès* à ciment métallique. En effet, au microscope, dans une lame mince, on reconnaît manifestement que les minéraux silicatés sont des fragments irréguliers présentant quelquefois, mais exceptionnellement, des facettes propres aux mesures goniométriques. Ils ne sont point ordinairement anguleux, ils sont très souvent arrondis, et le métal en suit le contour sans solution de continuité. On peut reconnaître qu'ils proviennent d'une roche antérieure où le péridot et la bronzite étaient normalement associés, car certains grains présentent ces deux minéraux intimement soudés entre eux.

La masse de Lodran, tout exceptionnelle qu'elle soit parmi les Météorites, a cependant des analogues en lithologie. Parmi les roches terrestres, plusieurs, telles que le grès cupro-argentifère de Coro-Coro, en Bolivie, et le grès galénifère de Commern, dans la Prusse rhénane, ont avec cette Météorite une si intime ressemblance de structure, qu'il ne paraît pas possible de leur supposer un mode de formation radicalement différent. Dans ces deux cas, évidemment, l'arrivée du ciment métallique a été postérieure à l'accumulation du sable, et il en résulte la première notion certaine de vrai *sable météoritique*. Si l'on suppose que celui-ci, au lieu d'être cimenté par le fer nickelé, fût resté libre, son arrivée dans l'atmosphère eût donné lieu à l'une de ces chutes de poussières fréquemment enregistrées à la suite de l'explosion de bolides. Quant au mode de formation de ce sable, il peut être attribué à des froissements de roches et ne suppose pas nécessairement l'intervention de l'eau.

Accumulé en certains points, le sable est alors devenu le siège de la concrétion métallique. C'est bien ainsi que les choses se sont passées à Coro-Coro et à Commern, mais il est clair que la concrétion a pu se faire suivant des procédés fort différents dans ces localités distinctes. A Commern, le dépôt de galène est nettement filonien ; en Bolivie, il s'est peut-être développé des réactions électro-chimiques. Dans le gisement originel de la Météorite de Lodran, il y a eu bien vraisemblablement réduction des chlorures métalliques par l'hydrogène.

J'ai donné le nom de *métamorphisme météoritique* à la modification que la chaleur fait éprouver à certains types de roches météoritiques, qui se transforment ainsi en d'autres types considérés jusque-là comme complètement distincts.

La composition de la tadjérite est très sensiblement celle des roches grises si différentes d'aspect, désignées sous les noms d'aumalite et de lucéite, exactement comme la composition du marbre d'Antrim est identique à celle de la craie. Or prenons un fragment d'aumalite ou de lucéite, et dans un creuset de platine, en nous mettant autant que possible à l'abri du contact de l'air, portons-le à la température du rouge vif. Après un quart d'heure d'expérience, la roche sera complètement méconnaissable : ce ne sera plus de la lucéite, ce sera de la tadjérite (1). Toujours, comme dans l'expérience de Hall, la craie se change en marbre sous l'influence de la chaleur et de la pression.

La tadjérite est donc une *roche métamorphique*.

Le fer bréchiforme de Deesa nous fournit à cet égard

______

(1) Compte rendu, t. LXXI, p. 178, 27 nov. 1870.

un fait des plus intéressants et qui est directement du ressort des manifestations éruptives. Il contient dans sa pâte métallique des fragments de tadjérite. Nous en avons conclu qu'il a été en relations stratigraphiques avec celle-ci. Sa pâte métallique offre la composition de la caillite, dont elle ne diffère que par la structure qui n'est pas régulière, ce qui rend ce fer incapable de

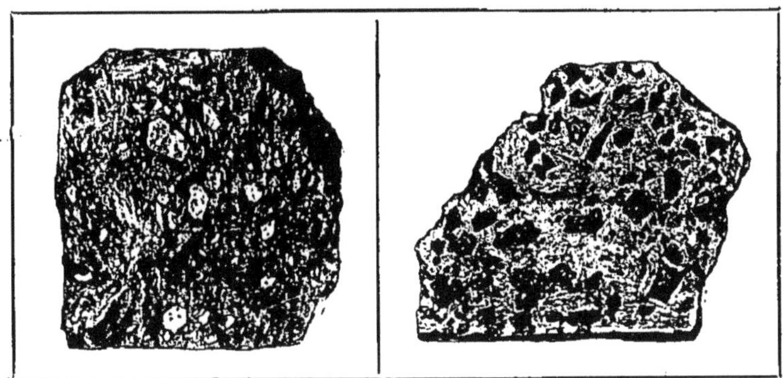

Fig. 20. — Comparaison des phénomènes éruptifs sur la Terre et chez les Météorites. A gauche, filon de basalte avec fragments de craie métamorphysée en marbre d'Antrim ; à droite, filon de fer météorique avec fragments d'aumalite métamorphysée en tadjérite (Météorite de la Sierra de Deesa). 1/2 grandeur naturelle. Échantillons du Muséum.

donner, par les acides, les figures de Widmanstætten. Le fer de Deesa est par conséquent tout à fait comparable au fer de Caille qui, ayant été soumis à la fusion, a perdu sa structure tout en conservant sa composition. On peut le regarder comme formé par du fer de Caille qui, à l'état de fusion, a empâté des fragments de tadjérite. Cette conséquence suppose dans le gisement originaire des Météorites des actions entièrement analogues à celles qui sur la Terre ont accompagné la formation des filons de basalte.

L'induction paraît plus légitime encore du moment que l'on sait que la tadjérite n'est pas une roche *normale* et qu'elle dérive d'une autre roche préexistante, l'aumalite, comme le marbre d'Antrim dérive de la craie. C'est cette analogie intime que la figure 20 est destinée à faire ressortir.

Il est donc naturel de penser que, si la roche de Deesa renferme des fragments de tadjérite, c'est que le fer fondu qui entre dans sa composition a transformé, étant très chaud, les fragments d'aumalite ou de lucéite avec lesquels il s'est trouvé en relations stratigraphiques.

La lucéite et l'aumalite, une fois transformées en tadjérite, deviennent identiques entre elles. On trouve entre elles des passages minéralogiques tellement insensibles qu'il est impossible de ne pas voir en elles deux formes d'une même roche, comme c'est le cas pour le granit et le gneiss.

La transformation métamorphique de l'aumalite en tadjérite n'est pas un fait isolé. Nous pourrions citer plusieurs autres exemples parmi lesquels nous nous bornerons à citer la chantonnite.

C'est une roche grise marbrée de bandes noires contournées et irrégulières. Beaucoup de chimistes, en tête desquels il faut citer Vauquelin, ont cherché à déterminer la nature de ces régions sombres comparées aux parties claires ; mais leurs résultats sont loin d'être nets, ce qui s'explique parce que la substance noire ne diffère de la substance grise que par son arrangement moléculaire (1).

---

(1) Comptes rendus, etc., t. LXXII, p. 339.

Si l'on chauffe dans un creuset un petit fragment d'aumalite et que, sans dépasser le rouge naissant, on l'y maintienne un quart d'heure environ, on constate, après refroidissement, qu'il a revêtu tous les caractères distinctifs de la chantonnite, au point qu'on ne saurait plus l'en distinguer.

On voit donc comment les marbrures se distinguent nettement des lignes noires ou surfaces de frottement, qui, bien que devant leur coloration à la même cause, sont cependant, avant tout, le résultat d'actions mécaniques étrangères aux marbrures.

Je me crois autorisé à conclure de mes études que le fer de Sainte-Catherine a conservé la trace de quatre phénomènes distincts qui ont accompagné sa formation et qui se sont succédé dans l'ordre suivant:

1° Le fer métallique a été concassé, et ses fragments se sont entassés de façon à laisser entre eux des vides plus ou moins considérables.

2° De l'hydrogène sulfuré, analogue à celui des volcans terrestres, s'est frayé un passage dans les interstices de la masse métallique, sans doute portée à une haute température, et en a corrodé les éléments, qui ont donné naissance soit à du sulfure seul, soit à un mélange de pyrrhotine et de graphite. Une partie de ces substances est restée à la place même où elle se produisait; une autre a dû être entraînée par le courant gazeux de façon à s'accumuler irrégulièrement dans certains recoins où des remous de gaz donnaient lieu à un repos relatif.

3° Un phénomène mécanique, analogue à celui qui avait réduit, au début, le fer en fragments, est venu broyer de nouveau toute la masse. Le sulfure a été par endroits réduit à l'état de brèche à petits éléments, et de nouvelles fissures se sont ouvertes dans le fer, se continuant, sans déviation, dans les substances de remplissage.

4º Enfin il est arrivé de nouveau de la matière graphiteuse qui a rempli les fissures de seconde formation et est venue cimenter les éléments des brèches sulfureuses. Le mode d'arrivée de cette matière paraît se rattacher aux mêmes actions que les précédentes, mais on peut penser qu'il correspond à la sulfuration des portions métalliques situées originairement à une plus grande profondeur et qu'il est dû au transport des poussières les plus ténues arrachées à ces portions par le courant d'acide sulfhydrique.

Si l'on admet la réalité de cet ordre de succession dans les phénomènes dont les traces sont si évidentes dans la substance des fers dont il s'agit, la conséquence à laquelle on ne peut échapper est de considérer le fer de Sainte-Catherine comme représentant un filon d'un genre tout à fait nouveau parmi les Météorites.

En résumé, on vient de voir qu'on connaît déjà plusieurs échantillons de roches cosmiques qu'il faut, d'après leurs caractères, ranger parmi les filons.

Ainsi la masse chilienne de Deesa constitue un *filon éruptif* dont la substance principale, le fer, a été injectée au travers d'assises pierreuses qui, par le contact du métal fondu, ont revêtu les caractères métamorphiques. Le fer d'Atacama est un *filon concrétionné* où divers alliages de fer et de nickel sont successivement venus incruster des fragments irréguliers de la roche appelée dunite et qui appartient aussi bien à la géologie de la Terre qu'à celle des Météorites. La célèbre Météorite dite de Pallas est analogue au fer précédent, mais les portions lithoïdes y sont formées de péridot cristallisé. Les échantillons recueillis dans la Sierra de Chaco proviennent aussi d'une *brèche de filons* où les matières pierreuses et métalliques variées ont été cimentées par une quantité relativement faible de fer filonien, etc.

Le fer de Sainte-Catherine ne rentre dans aucune de ces catégories. C'est, d'après ce qu'on vient de voir, un filon dont la substance filonienne est le sulfure et dont la gangue est le fer. Celui-ci y joue le même rôle que la dunite dans la masse d'Atacama ou les fragments schisteux des filons de galène en *cocardes* du Harz. Mais on peut lui trouver des analogies terrestres dont la comparaison avec lui est beaucoup plus instructive. Je fais allusion surtout à un bel échantillon provenant de Sicile et qui fait partie des collections du Muséum. C'est une brèche jaspique, comme on en rencontre dans beaucoup de filons. Le jaspe, rouge ici, jaune là, s'y voit en fragments, tantôt anguleux, tantôt arrondis, le plus souvent ayant ces deux caractères contraires sur des faces différentes. Ces fragments sont cimentés par du quartz et par de la calcite, et la position relative de ces divers minéraux est telle, que pour l'exprimer il n'y a pas de changement essentiel à faire à la description donnée plus haut du fer brésilien, pourvu qu'on y remplace le mot *fer* par le mot *jaspe*, le mot *sulfure* par le mot *quartz*, et le mot *graphite* par le mot *calcite*. L'échantillon sicilien a en effet conservé les traces certaines d'au moins quatre phénomènes consécutifs qui correspondent à ceux qui ont été énumérés tout à l'heure.

1° Concassement d'une masse de jaspe d'abord continue, correspondant au concassement primitif du fer nickelé.

2° Arrivée d'eaux thermales qui, circulant dans les interstices du jaspe, paraissent avoir déposé sous forme de quartz concrétionné la silice qu'elles avaient dissoute. Ce phénomène est l'analogue de la corrosion du fer par l'acide sulfhydrique avec dépôt de sulfure et de graphite.

3° Écrasement du filon, avec production de fines fissures traversant en même temps le jaspe et le quartz et offrant parfois une disposition rectangulaire analogue à celle des fines fissures de la Météorite. Elles présentent également, comme ces dernières, une forme *en fuseau*, c'est-à-dire plus de largeur dans la région moyenne qu'aux extrémités, qui s'atténuent progressivement jusqu'à zéro.

4° Enfin incrustation des fissures par la calcite, mêlée parfois de quartz. La calcite a complété en même temps le remplissage des interstices existant entre les fragments jaspiques, exactement comme a fait la matière noire dans la Météorite.

Une conformité si complète paraît indiquer l'analogie la plus entière dans les conditions de formation de la masse cosmique et des filons terrestres de jaspe fragmentaire. Il en résulte une nouvelle preuve de l'existence d'un milieu météoritique tout à fait comparable au point de vue géologique et abstraction faite de la nature chimique des substances qui le composent avec l'écorce terrestre elle-même.

CHAPITRE III

On sait que les montagnes terrestres résultent de réactions internes se traduisant tantôt par des poussées de roches éruptives au travers des masses superficielles, qui sont déplacées. tantôt par des ridements de la surface, soumise à des pressions horizontales consécutives à la contraction séculaire du noyau intérieur, tantôt enfin à la collaboration de ces deux causes.

Constater des montagnes sur les astres; c'est donc y reconnaître les phénomènes profonds dont il s'agit et préparer la comparaison définitive que nous avons en vue.

Les montagnes de la Lune. — Ceci posé, nous rappellerons d'abord que les chaînes de montagnes de la Lune sont souvent gigantesques ; les pics de Daerfels et de Leibniz atteignent 7,824 mètres, c'est-à-dire la même hauteur que le Jawahir dans l'Himalaya. Dans cette chaîne terrestre, trois pics seulement dépassent la hauteur des montagnes lunaires qu'on vient de nommer, et le plus élevé de tous, le pic Everest, arrive à 8,837 mètres. Or il suffit de rappeler que cette dernière montagne n'est que la 1440ᵉ partie du diamètre de la Terre, tandis que le pic de Leibniz est la 470ᵉ partie du diamètre de la Lune, pour montrer la différence dans l'intensité des actions bouleversantes.

M. Montain a tenté d'établir que les lois de distribution des chaînes montagneuses suivant la symétrie pentagonale s'étendraient aux montagnes de la Lune et à celles de Mars (1). Sans aller jusqu'à affirmer cette symétrie spéciale, il faut remarquer avec Lecoq la tendance que présentent les accidents de notre satellite à affecter la direction nord-sud. « Cette orientation, ajoute le géologue de Clermont, est d'autant plus curieuse que sur la Terre de nombreuses chaînes de montagnes suivent aussi, à peu de chose près, la direction des méridiens. C'est ce que l'on voit sur une grande partie du Plateau central pour les lignes de fractures, les grandes vallées et les séries de cratères. » Une remarque analogue s'applique aux contrées qui partent du pied des cratères. La grande majorité suit principalement les directions nord-sud, comme les crêtes porphyriques de l'Auvergne.

Il faut ajouter, pour compléter l'énumération des phénomènes observés sur la Lune, que, d'après Schrœtter, on y distingue les traces de plusieurs couches horizontales analogues à nos nappes basaltiques, couches qui sont superposées dans les grands cirques comme Clavius, Agripa, Schneiner, Arzachel et surtout Copernic. De même John Herschel est parvenu à apercevoir çà et là des divisions semblables à celles qui sur la Terre marquent des dépôts successifs et superposés de matières volcaniques.

---

(1) *Comptes rendus*, t. LVI, pp. 483 et 807.

M. Chacornac a tenté de restaurer l'histoire géologique de la Lune. Pour bien comprendre le tableau qu'il en a tracé, il faut rappeler la distinction à établir entre les deux sortes de sol qui caractérisent la surface de notre satellite. La première sorte constitue ce qu'on a nommé, dès le début des études lunaires, le *sol continental*. C'est le sol des régions montagneuses qui recouvrent presque toute la partie australe de l'hémisphère visible. La seconde sorte constitue les *mers*, dont la couleur sombre et la surface nivelée leur donnent, suivant l'expression de John Herschel, toutes les apparences des plaines d'alluvion.

Ceci posé, voici comment, suivant M. Chacornac, les phénomènes se sont succédé à la surface de la Lune (1). A l'origine, l'écorce solide du satellite était peu résistante ; et, comme elle n'avait pas encore été bouleversée par des secousses, elle devait présenter dans tous ses points à peu près la même homogénéité et la même épaisseur. La force expansive des gaz, agissant alors perpendiculairement aux couches superficielles et suivant les lignes de moindre résistance, dut briser l'enveloppe et produire des soulèvements de forme circulaire. C'est sans doute à cette période qu'il faut rapporter la formation des immenses circonvolutions dont l'intérieur est aujourd'hui occupé par les plaines appelées mers. Succédant à cette période primitive, une sorte de diluvium général ou d'épanchement boueux aurait enseveli sous une masse brune plus des deux tiers de la surface visible de la Lune, rempli le fond de tous les grands cratères, et, d'une extrémité à l'autre,

____

(1) *Note sur les apparences de la surface lunaire.*

se serait étalé sensiblement sur un même niveau.
D'autres soulèvements se produisirent ensuite ;

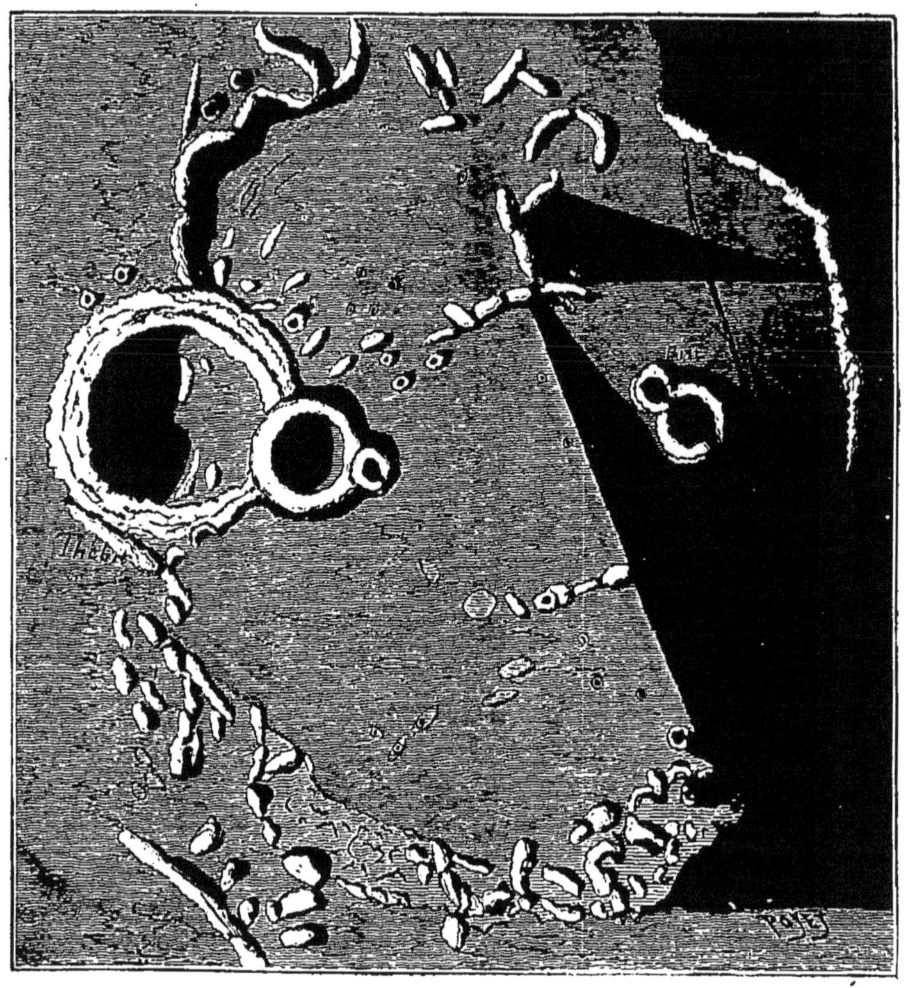

Fig. 21.— Exemples de soulèvements rectilignes dans la Lune ; le « Mur droit. »

mais, survenus à une époque où la croûte du globe
lunaire avait acquis une plus grande épaisseur, ou
encore provenait de forces élastiques moins considé-

rables, ils donnèrent lieu aux plus grands cirques, déjà bien inférieurs aux formations primitives : telle paraît être l'origine des cirques de Phickardt, de Grimaldi, de Clavius. A leur suite apparurent une foule de cirques de dimensions moyennes, dont les enceintes couvrirent le sol tout entier de la Lune, et qui se produisirent au sein même des circonvolutions primitives.

Un trait bien caractéristique des accidents orographiques de la Lune et qui les rapproche, comme nous venons de le dire, des reliefs de la surface terrestre, c'est d'observer dans certains cas de véritables alignements se prolongeant avec une direction homogène sur des distances qui peuvent être très grandes. C'est ce qui a lieu par exemple pour les *rainures* ou *selenoclases*, fissures du sol dont les caractères et l'origine nous occuperont plus loin et qui continuent quelquefois sur des kilomètres et des dizaines de kilomètres, sans se laisser dévier par les montagnes et les inégalités de tout ordre ; se recoupant parfois les unes les autres et affectant une allure générale qui, comme le montre la figure, n'est pas sans analogie avec celles des champs de failles de maintes régions terrestres.

D'autres accidents lunaires présentent manifestement des alignements.

Par exemple, M. Gaudibert a fait une description très frappante du *Straight-Wall* (la muraille droite) : « C'est une formation unique sur la partie visible de notre satellite. Sa forme tranche violemment non seulement sur celle des objets environnants, mais encore sur celle de tous les objets qu'on est accoutumé à voir sur la Lune (fig. 21).

Notre globe lui-même n'offre rien de semblable. C'est une immense faille, un gigantesque affaissement d'une portion du sol lunaire, avec une différence de niveau moyen d'environ 3oo mètres sur une longueur de près de 100 kilomètres presque en ligne droite. L'affaissement ne s'est pas produit sur toute cette longueur parallèlement à la crête du *Mur droit*. L'ombre fait voir qu'il existe une pente allant du sud au nord. »

Les détails de la crête du *Straight-Wall* ne sont pas faciles à apercevoir ; cependant, à l'aide d'un puissant télescope, M. Gaudibert distingua, le 5 février 1884, sur toute la longueur de cette crête, des pointes très fines projetant des ombres correspondantes.

M. Eduardo Fontsere, de Barcelone, observant la région lunaire comprise entre les cratères de Riccioli et de Lohrmann, a pu voir une ombre plus ou moins large dont la cause paraît être un affaissement du sol de notre satellite, s'étendant du rempart oriental de Lohrmann jusqu'au rempart occidental de Riccioli.

« De quelques-unes des plus hautes montagnes lunaires, dit Poulett Scrope (1), divergent, dans toutes les directions, de nombreuses lignes rayonnantes, réfléchissant une vive lumière et élevées comme des chaussées au-dessus des profondeurs plus ou moins plongées dans l'ombre. Ce sont probablement soit des torrents de laves qui ont coulé à de très grandes distances des centres d'éruption, soit des dykes qui se sont élevées en terrasses verticales du fond des fissures rayonnantes, caractères d'éruption propres à certaines laves trachytiques et phonolithiques. Par exemple,

_____

(1) *Les Volcans*, Paris, 1864, p. 231.

le volcan de Pichincha est, d'après Humboldt, une longue et haute terrasse conduisant à un cratère plus haut encore, ce qui est le caractère précis de plusieurs montagnes lunaires. La rampe de phonolithe, qui s'étend au nord du grand centre d'éruption de Mézenc, en Auvergne, en est un autre exemple. Quelques-uns de ces grands dykes ou courants, provenant des plus

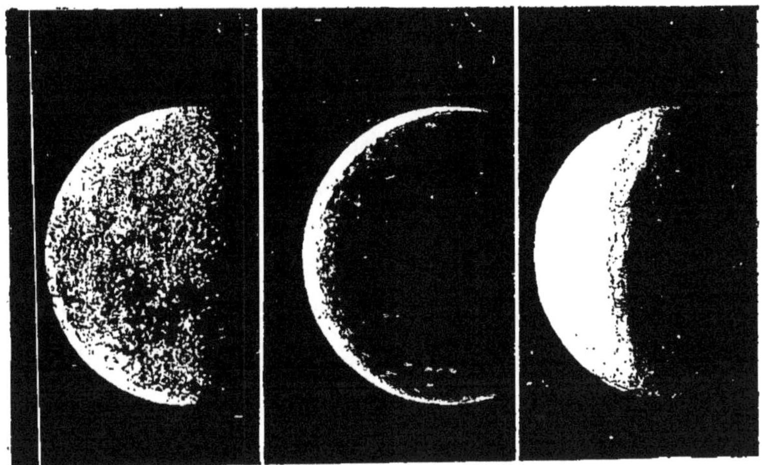

Fig. 22. — Indentations des croissants planétaires dues à la présence des montagnes. A gauche, la Lune ; au milieu, Mercure ; à droite, Vénus.

hautes montagnes, parcourent de vastes régions, traversant les plus considérables de ces creux si sombres qui, ressemblant à des océans desséchés, forment un des traits caractéristiques de notre satellite.

Les montagnes de Mercure. — Sur quelques planètes la notion de montagnes résulte d'observations toutes différentes. Ainsi on a remarqué à diverses reprises, sur le croissant de Mercure (fig. 22), des indentations, et des échancrures qu'on est en droit de rattacher, à la suite de Schrœter, aux inégalités du sol de la planète. L'astronome de Lilienthal a dessiné, le 31 mars 1800, deux protubérances qui se voyaient près de la corne du croissant. S'il s'agissait là de montagnes et que la proportion du dessin fût rigoureuse, c'est $\frac{1}{100}$, $\frac{1}{50}$ de diamètre qui donnerait leur altitude. Mais les mesures exactes n'ont sans doute pas été prises. En tous cas, Mercure aurait des montagnes et même des montagnes fort élevées. En effet, la hauteur de la montagne capable de produire, par l'ombre projetée, une troncature aussi étendue que celle qu'il a observée à la corne australe a été évaluée par Schrœter à la 250e partie du diamètre de la planète, ce qui ferait un peu plus de 19 kilomètres. C'est une élévation considérable, si l'on songe que le mont Everest, dans l'Himalaya, l'une des plus hautes montagnes de notre globe, n'atteint pas 9 kilomètres, ce qui n'est guère que la 1400e partie du diamètre de la Terre.

Les montagnes de Mars. — Certaines taches brillantes ont été souvent observées sur la planète Mars par M. Schiaparelli, qui leur attribue une grande importance dans la constitution physique de Mars ; ces taches, beaucoup plus brillantes vers les bords que vers le centre de la planète, offrent un caractère permanent. Des taches analogues ont été observées par M. Terby. M. Campbell a fait à l'observatoire Lick, en 1888, 1890 et 1892, des études se rapportant aux mêmes phénomènes. Les 5 et 6 juillet, cet observateur a vu des taches projetées au delà du terminateur de Mars et présentant à peu près l'aspect des montagnes et cirques lunaires vus de profil au bord de la Lune. Le 6 juillet, MM. Schaberle, Keeler et Holden observèrent le même aspect. M. Holden vit à $8^h 3^m$ une tache prépondérante qui se recourba vers le haut à $8^h 45^m$, pour en rencontrer une autre plus petite $2''$ environ plus au sud. Les points étaient élevés et, au-dessus du terminateur théorique, les plus brillants d'entre eux se recourbaient vers le nord, dans une position parallèle au terminateur, et l'extrémité boréale de cette courbe était séparée de la partie non illuminée du disque par une ligne noire. M. Perrotin, M. Hussey, M. Pickering ont également observé les projections au delà du terminateur. M. Pickering les attribue à des nuages. Pour M. Campbell, ce sont « des chaînes de montagnes situées sur le terminateur et probablement couvertes de neiges dans certains cas. »

On peut admettre qu'il existe des montagnes sur Mars et qu'elles peuvent être visibles dans les grands instruments. La distance de la planète à la Terre, le 11 juillet 1892, était d'environ 63,000,000 de kilomètres. Nous pouvions nous servir de grossissements variant de 350 à 520 diamètres. Les distances correspondant à ces rapprochements sont respectivement de 180,000 et 121,000 kilomètres. La Lune est éloignée de nous de plus de deux fois 180,000 kilomètres, et de plus de trois fois 121,000 kilomètres, et cependant nous pouvons observer *à l'œil nu* des projections brillantes sur le terminateur lunaire, projections causées par les chaînes de montagnes ou les cirques de notre satellite. Lorsque les montagnes entourant le golfe des Iris sont sur ce terminateur, on se demande ce que peut être cette surélévation brillante que l'on distingue à l'œil nu. On n'a du reste qu'à examiner des photographies de la Lune, à tous les âges de la lunaison, pour voir à quel point les montagnes en relief le long du bord éclairé peuvent devenir évidentes. Ces projections ne peuvent jamais se voir à l'œil nu sur la circonférence du disque lunaire. Si donc nous pouvons observer des proéminences sur le terminateur lunaire à une distance de 386,000 kilomètres *sans la vision télescopique*, on ne peut nier que nous puissions apercevoir des phénomènes semblables sur le terminateur de Mars, lorsque sa distance équivalente au grossissement télescopique est inférieure à la moitié de la distance de notre satellite.

Ces montagnes auraient une hauteur d'un peu plus de 3,000 mètres. L'hypothèse des chaînes de montagnes explique bien, comme le remarque M. Campbell, le caractère plus ou moins permanent des projections. On peut supposer que les montagnes, faute d'être assez élevées, ne sont visibles sur le terminateur que dans le cas où les neiges les rendent incomparablement plus brillantes que les régions voisines.

Pour l'étude de Mars, comme pour celle de la Lune, les photographies sont d'un puissant secours. M. Holden en obtint à l'observatoire Lick, en 1890 et 1892, qui présentent diverses intensités de lumière.

« Lorsque Mars est voisine de l'opposition, remarque M. Campbell, les photographies nous montrent que son contour est bien plus clair que ses régions centrales, mais l'éclat est loin d'être uniforme. Lorsque des régions sombres se trouvent au bord du disque, le limbe est seulement légèrement illuminé en ces endroits. Lorsque au contraire ce sont des régions claires, les parties du limbe deviennent tout aussi brillantes que les calottes polaires.

« Lorsque Mars se trouve loin de ses oppositions, de sorte que le terminateur est évident et que la planète paraît gibbeuse, le limbe est brillant comme dans les cas précédents, mais le terminateur ne l'est pas, se montrant très irrégulier de contour, et plus rapproché du centre qu'il ne devrait l'être théoriquement, ainsi qu'il arrive dans les photographies lunaires.

« Les photographies montrent les principaux détails de la planète très distinctement.

«... Les photographies montrent d'une manière concluante que le *limbe est rendu lumineux par les détails mêmes de la planète,* les plus brillantes régions donnent *les bords les plus brillants.* On retrouve le même effet sur la Lune; le limbe est plus brillant que l'intérieur, parce que les régions montagneuses réfléchissent mieux la lumière que les surfaces planes ; au *limbe,* les montagnes forment le fond réfléchissant visible tout entier, les plaines unies et plates disparaissant par l'obliquité. Je crois que nous devons chercher une explication analogue pour Mars... »

Des alignements ont été signalés sur Mars, et c'est ainsi qu'en examinant la carte dressée par M. Schiaparelli on arrive à reconnaître, comme l'a signalé M. Holt (de Dublin), que plusieurs *canaux* se prolongent de part et d'autres de certaines mers (fig. 23).

C'est ainsi que l'énorme canal du Pyriphlegeton a au sud son prolongement exact du lac du Soleil dans le canal d'Ambroisie. De même le canal Triton, qui se présente dans le nord-est suivant l'axe de la mer Cimmérique, est continué exactement au sud-ouest par le canal Ascanius ; Hadès est la suite de Laestrygon interrompue seulement par le Trivium Charontis, et il se continue au nord de la Propontide, presque tout près du pôle. Les canaux Nectar et Eumenides montrent comme les deux parties d'un même canal séparées seulement par le lac du Soleil ; Acheron, Erebus et Cerberus sont dans le même cas par rapport au Trivium Charontis, etc., etc. On voit même des points de croisements de ces canaux qui donnent l'idée d'*étoilements*

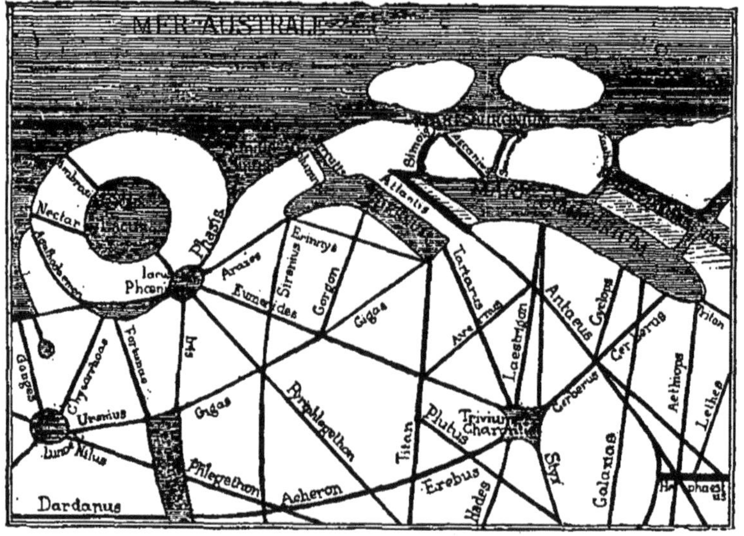

Fig. 23. — Exemples d'alignement et de conjugaison des canaux sur la planète Mars.

associés à des failles et reproduisant exactement une disposition qui se représente, quoique en bien plus petit, dans les *champs de fractures* de la surface terrestre.

De notre coté, nous ne pouvons qu'être très frappé du parallélisme de certains canaux qui milite encore en faveur de la même opinion. Ainsi les canaux Araxes, Gigas, Avernus, Cerbère, sans être absolument équidistants, ont cependant une allure générale qui donne l'idée d'une parenté d'origine. La même remarque s'appliquerait à l'ensemble des canaux Phlegeton, Eumenides, Erinnys, Pactolus, etc., et l'idée de fractures conjuguées comme la contraction spontanée en produit, s'impose pour ainsi dire d'elle-même à l'esprit.

La conclusion qu'on peut tirer de l'analogie constatée entre les canaux de Mars et les fractures terrestres invite à leur attribuer une cause et une origine commune. C'est à ce titre qu'il semble indiqué de mentionner ici des expériences qui m'ont procuré la reproduction synthétique de réseaux de fissures tout à fait comparables par leur allure générale aux accidents dont il s'agit.

Le procédé que j'ai mis en œuvre m'a été inspiré par les expériences d'Alphonse Favre, et par celles de Beguyer de Chancourtois, qui ont employé la puissance de contraction du caoutchouc étiré pour déformer et fissurer des matières non contractiles étalées à sa surface. Il ne fait cependant double emploi ni avec les uns ni avec les autres et donne des résultats nouveaux.

Sur une bande de caoutchouc de quelques millimètres d'épaisseur, étirée de façon que sa longueur devienne 1,75 de ce qu'elle était d'abord, on dépose une couche de stéarine fondue et très chaude de 1 millimètre environ d'épaisseur ; après solidification de celle-ci, on permet au caoutchouc de se retirer et l'on voit bientôt se dessiner des cassures dans des directions parfaitement déterminées. Quand la longueur de la bande est devenue 1,25 de ce qu'elle était avant toute extension, la stéarine est réduite en petits

polyèdres pseudo-réguliers tout à fait comparables à
ceux qui constituent tant de couches terrestres et qui
rappellent le réseau martial.

Les forces qui déterminent ces systèmes de fissures
sont de deux ordres principaux, tout à fait antagonistes : la contraction du caoutchouc·dans le sens de la

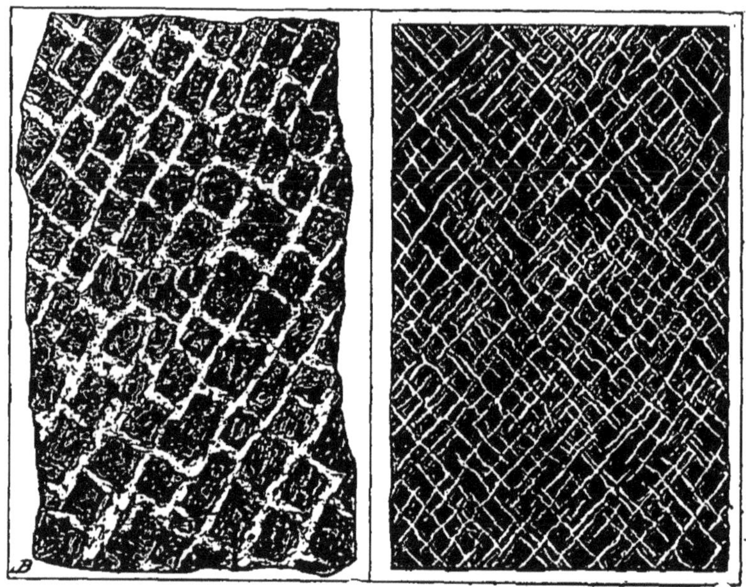

Fig. 24. — Imitation artificielle des géoclases conjuguées. A gauche, schiste
cloisonné de Saint-Sauveur (Hautes-Pyrénées); à droite, résultat de l'expérience synthétique.

longueur et sa dilatation dans le sens de sa largeur. La
contraction donne deux systèmes de cassures ; la dilatation en produit un troisième (1).

Un grand intérêt de ces réseaux artificiels, c'est de
reproduire avec la dernière rigueur ceux qu'on observe

(1) V. les *Comptes rendus* de l'Académie des sciences, t. CXVIII,
p. 1290, 4 juin 1894.

si souvent dans les couches terrestres, débitées alors en rhomboïdes pseudo-réguliers. On en voit de semblables dans la houille, dans les schistes, dans les mâclines, dans les quartzites, dans les calcaires, etc., et la collection du Muséum en renferme d'innombrables spécimens.

Dans la figure 24, nous avons mis côte à côte une roche de ce genre provenant de Saint-Sauveur, dans les Hautes-Pyrénées, et le produit de l'expérience décrite tout à l'heure. On voit que malgré la différence des dimensions, l'allure est la même dans les deux cas ; les angles sous lesquels se recoupent les deux systèmes de fissures sont exactement les mêmes. Il en résulte certainement que les forces d'où dérivent les fissures naturelles sont comparables de tous points à celles qui sont mises en œuvre dans les expériences.

TROISIÈME PARTIE

L'ÉVOLUTION SIDÉRALE

Les faits qui ont été résumés dans les pages précédentes conduisent à deux conclusions tout à fait remarquables.

D'abord, malgré des différences individuelles qui sautent aux yeux, les astres composant le système solaire manifestent une unité d'allures et de constitution intime qui peut leur faire attribuer à priori une unité d'origine.

En second lieu, leurs différences réciproques considérées successivement à des points de vue très divers peuvent se ranger en séries d'après les degrés plus ou moins intenses, et on y reconnaît alors des états qui pourraient être successivement acquis par l'un quelconque de ces astres pris comme exemple, à la condition qu'une cause convenable agît sur lui de plus en plus longtemps.

Pour imiter une célèbre comparaison d'Herschel : de même que dans une forêt de chênes on sait, en examinant un certain nombre d'arbres, ce qu'était dans le passé tel arbre en particulier, et ce qu'il deviendra, de même on peut, par une simple comparaison entre les planètes, connaître les phases qu'un globe a traversées et celles qu'il lui reste à parcourir.

CHAPITRE PREMIER

L'UNITÉ D'ORIGINE DU SYSTÈME SOLAIRE

Si, pour un moment, nous imaginons que, partant du Soleil, nous explorons successivement les régions de l'espace occupées par le système planétaire, nous rencontrerons d'abord la série des planètes dites inférieures (Mercure, Vénus, la Terre et Mars), construites sensiblement sur le même modèle, l'observation y montrant, comme on l'a vu précédemment, autour d'un globe solide (partie continentale), une couche liquide (partie marine) et une enveloppe gazéiforme (partie atmosphérique).

Laissant de côté, provisoirement, les astéroïdes, qui sont également solides, nous trouvons ensuite les planètes supérieures et tout d'abord Jupiter et Saturne, qui se comportent à l'observation spectroscopique comme étant constituées au moins et en très grande partie par des matériaux fluides à la façon des liquides.

Arrivent enfin les deux planètes les plus éloignées de tout l'ensemble, Uranus et Neptune, qui, encore faiblement lumineuses par elles-mêmes, se présentent à l'analyse prismatique comme des masses gazeuses.

Évidemment on ne peut qu'être frappé de l'analogie de cette succession avec la succession des assises offertes par la coupe géologique théorique du globe terrestre considéré à part : le Soleil répond au noyau encore à l'état d'ignition que renferme notre planète, Neptune et Uranus répondent à son atmosphère, Saturne et Jupiter aux masses liquides des océans ; le reste, c'est-à-dire les astéroïdes, Mars, la Terre, Vénus et Mercure, aux roches formant la croûte solide.

Malgré le caractère imprévu de cette comparaison, il sera facile de montrer qu'elle a sa source dans la nature même des choses.

Pour assister par la pensée à la formation du système solaire, il faut imaginer, à l'exemple du grand Laplace, qu'une région de l'espace suffisamment éloignée de tous les centres d'attraction qui constituent les étoiles soit remplie d'une substance d'une ténuité infinie dont les particules, animées de vitesse inégale, pourraient se disperser à la longue, si leurs attractions mutuelles ne les tenaient agglomérées. Sous l'influence de ces attractions, la matière cosmique se ramasse dans un espace de plus en plus petit, et, à mesure qu'elle se condense, une partie du mouvement qui l'anime se convertit en chaleur ; la masse entière s'échauffe donc et même assez pour devenir faiblement lumineuse.

La condensation, continuant toujours, devient prépondérante au centre de la nébuleuse. En même temps il se produit, au sein de la masse, des tourbillonnements que l'on peut assimiler à de véritables trombes intestines. Il existe dans le ciel à l'heure actuelle une série de nébuleuses dont la structure paraît déterminée par la cause qui nous occupe.

L'existence manifeste de forces tourbillonnaires dans les nébuleuses, où elles exercent une influence analogue à celle dont le système solaire est le résultat, a été rapprochée par Gaston Planté de certains résultats procurés par des expériences où l'électricité intervient.

Il s'agit du mouvement giratoire en spirale que prend au sein d'un liquide, sous l'influence d'un aimant, un nuage de matière métallique arrachée à une électrode par le flux électrique.

L'apparence obtenue est exactement celle des nébuleuses spirales décrites d'abord par lord Rosse et dont les unes ont la courbure de leurs branches dirigée dans le sens du mouvement des aiguilles d'une montre comme la nébuleuse des chiens de chasse, et les autres dans le sens opposé comme celle de la chevelure de Bérénice.

Malgré cette ressemblance incontestable, on trouvera peut être que l'illustre auteur allait un peu vite en ajoutant : « En présence d'une analogie si frappante, n'est-on pas autorisé à penser que le noyau de ces nébuleuses peut être constitué par un véritable foyer d'électricité ; que leur forme en spirale doit être probablement déterminé, par la présence de corps célestes fortement magnétiques placés dans le voisinage et que le sens de la courbure des spires doit dépendre de la nature du pôle magnétique tourné vers la nébuleuse ? »

« Il y aurait donc lieu, ajoute-t-il, de chercher,

parmi les étoiles déjà connues autour de ces nébuleuses, quelles sont celles qui, par leur position, peuvent exercer cette influence magnétique, ou d'explorer la voûte céleste sur l'axe autour duquel semblent tourner les spirales en deçà et au delà du plan suivant lequel elles se développent pour découvrir des corps célestes capables de déterminer leur forme ou leur mouvement giratoire. De plus, si un autre astre était reconnu comme satisfaisant à ces conditions, il conviendrait d'examiner, sur la ligne passant par le centre de la nébuleuse et l'astre lui-même, s'il n'y aurait point, en regard de l'autre pôle magnétique de cet astre, une seconde nébuleuse spirale, dont les courbes, traversées en sens inverse des courants magnétiques de ce pôle, apparaîtraient néanmoins à l'observateur dirigées dans le même sens que celles de la première, et l'ensemble de ces trois corps constituerait ainsi un système stellaire symétrique. La matière cosmique est répandue avec une si grande profusion dans l'espace, que cette hypothèse n'a rien d'inadmissible... » Elle ne paraît cependant pas nécessaire, et il semble facile de concevoir que les actions rotatives admises par Laplace et imitées par Plateau peuvent suffire à expliquer les apparences offertes par les nébuleuses spirales.

Quoi qu'il en soit, et pour en revenir à la nébuleuse originelle de notre système, les mouvements giratoires s'y coordonnent peu à peu, et la masse tourbillonne sur elle-même avec un ensemble qui peut l'amener à prendre un mouvement de rotation comparable à celui d'une « toupie qui dort.

A ce moment, la forme générale de la nébuleuse est

aplatie, et son mouvement de rotation s'accomplit autour de son diamètre le plus court.

Plongée dans l'espace froid, elle perd à chaque instant de sa chaleur d'origine ; à chaque instant aussi elle se contracte en obéissant aux forces intérieures qui la sollicitent.

Cet incessant retrait produit un double effet : d'une part, le mouvement de rotation s'accélère ; de l'autre, la nébuleuse s'aplatit de plus en plus. Nous l'avions assimilée à une sphère ; il devient plus exact de la comparer à une lentille.

Le retrait continuant et la vitesse augmentant, une rupture se détermine circulairement tout le long de l'équateur, d'où se détache un vaste anneau de vapeurs ardentes qui peu à peu se renfle, se ramasse, se pelotonne. Cette pelote, qui décrit une orbite embrassant la nébuleuse, sera la planète Neptune (V. la fig. 25).

La nébuleuse poursuit son retrait ; le mouvement s'accélère encore ; un nouvel anneau se détache, qui se rompt comme le premier et, en s'agglomérant, donne le rudiment de la planète Uranus.

De nouveaux retraits, de nouveaux accroissements de vitesse, de nouveaux anneaux, de nouvelles ruptures donnent successivement Saturne, Jupiter, l'astre d'où dérive vraisemblablement, comme nous le dirons, les planètes télescopiques, puis Mars, puis la Terre, puis Vénus, enfin Mercure. Il ne reste plus qu'une masse sphérique qui constitue notre Soleil.

Telle est, brièvement résumée, la théorie de Laplace, à laquelle un physicien belge, Plateau, a su procurer une sorte de confirmation expérimentale. Voici comment :

On prépare un mélange d'eau et d'alcool ayant précisément la densité de l'huile d'olive ; puis on introduit au milieu de ce mélange une grosse goutte de cette huile, qui, étant soustraite à l'action de la pesanteur

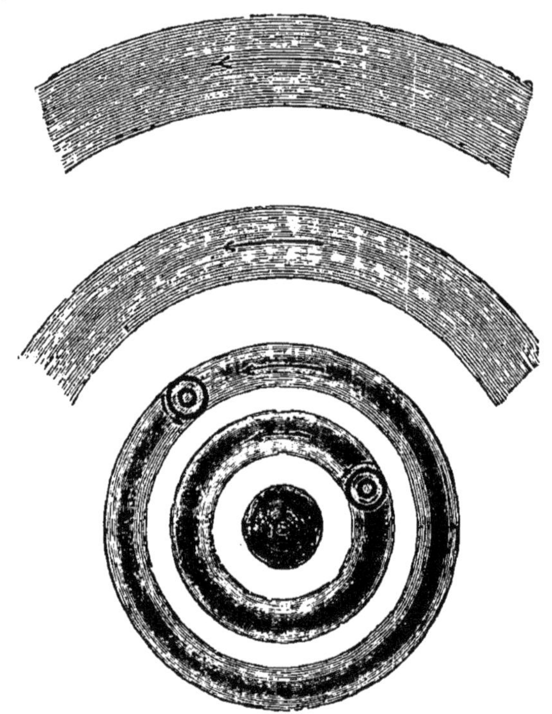

Fig. 25. — Formation d'anneaux dans la nébuleuse originelle
du système solaire.

en vertu du principe d'Archimède, prend la forme d'une sphère parfaite.

Cette sphère est immobile ; mais, si, comme nous l'avons déjà dit, on fait passer par son diamètre vertical un axe doué d'un mouvement de rotation, on lui voit prendre peu à peu le mouvement de cet axe. En même temps elle s'aplatit progressivement suivant la ligne des pôles et se renfle par conséquent dans sa région équatoriale.

La force centrifuge augmentant quand on accélère la rotation de l'axe, on voit l'équateur se gonfler de plus en plus ; à un certain moment, un anneau se sépare qui continue à tourner autour du globule central et reproduit l'état de choses si singulier dont la planète Saturne nous offre le spectacle.

Si on accélère encore la rotation, l'anneau s'agrandit et bientôt se brise ; sa matière, cédant aux forces capillaires, se réunit en un petit sphéroïde, et cette planète microscopique se met à graviter autour de la miniature du Soleil d'où elle est sortie.

Cette élégante expérience nous met en présence, pour ainsi dire, de petits systèmes planétaires artificiels. Toutefois elle laisse de côté une particularité très importante de la nébuleuse : c'est l'hétérogénéité de celle-ci. Des vapeurs très inégalement denses y étaient mélangées qui subissaient peu à peu un véritable triage, et l'on peut même ajouter que le caractère de ce triage a dû varier avec le temps. Il en résulte d'abord que les planètes les plus extérieures sont formées des particules les plus légères (elles sont comme les témoins des couches les plus rares), et que les planètes les plus inférieures sont produites aux dépens de couches de plus en plus lourdes ; elles sont des témoins de ces couches. Il en résulte en second lieu qu'avec une vitesse de rotation suffisante, l'ordre pur et simple des densités croissantes vers le centre de chaque globe pourra être fortement modifié par l'intervention de la force centrifuge. Celle-ci en effet agit pour repousser les corps en raison même de leur densité, et chaque molécule se constituant dans l'épaisseur de l'écorce planétaire par le jeu combiné des forces chimiques variables à chaque instant avec la température va se classer dans une zone déterminée par la différence des actions qu'elle éprouve de la pesanteur et de la force centrifuge.

J'ai fait à cet égard de nombreuses expériences où intervient une vitesse de rotation de l'ordre de celle qu'on met en œuvre dans l'expérience de Plateau. Elles ont donné des résultats dont quelques-uns seront plus loin à leur place quand nous parlerons de la constitution des *coques planétaires*.

Ces diverses remarques s'appliquent au même titre aux triages dans la nébuleuse et à ceux dont chaque planète, une fois séparée de la masse générale, devient le théâtre. Ces phénomènes, en effet, sont tout à fait les mêmes que ceux qui viennent d'être décrits, et la formation des satellites, ou planètes de planètes, prouve que la comparaison est exacte.

De plus, la séparation de couches distinctes de densités diverses, évidente dans la nébuleuse originelle, perceptible dans le résidu actuel de cette nébuleuse, c'est-à-dire dans le Soleil, donne lieu dans les planètes (au moins dans les planètes inférieures) à la superposition de l'atmosphère, de l'océan et de l'enveloppe solide.

On voit donc bien que l'analogie de structure du système solaire et d'une planète convenablement choisie, telle que la Terre, n'est pas un effet de hasard ; elle tient à l'essence même des choses, et c'est pour cela qu'elle jette du jour sur l'origine des mondes.

On a fait à la théorie cosmogonique de Laplace plusieurs objections ; ces objections toutefois ne doivent pas faire rejeter le système, mais seulement conduire à le modifier dans certains détails. Laplace croyait que le sens de rotation des planètes et de leurs satellites est le même pour tous, et la supposition des anneaux se détachant successivement de la nébuleuse primitive au fur et à mesure de sa contraction semble rendre cette condition tout à fait nécessaire. Or on sait maintenant que cette uniformité n'existe pas, les satellites d'Uranus et ceux de Neptune étant animés de mouvements rétrogrades. Il faudrait aussi, dans la théorie de Laplace, que les satellites exécutassent leur révolution en plus de temps que la planète qu'ils accompagnent n'en met à tourner sur elle-même ; or les satellites de Mars paraissent ne pas obéir à cette loi.

C'est pour répondre à ces objections que M. Faye a publié les résultats de recherches dont il convient d'exposer ici les parties essentielles.

Supposons, avec le savant auteur, que, sous l'action d'une certaine cause dont nous parlerons tout à l'heure, les spires d'une nébuleuse tourbillonnante se soient régularisées et transformées en anneaux nébuleux concentriques, animés d'un mouvement de rotation commun. Il existe en effet dans le ciel des objets de ce genre, par exemple la nébuleuse annulaire de la Lyre.

S'ils sont rares, c'est qu'en général ils ne possèdent pas par eux-mêmes une grande stabilité. Ce n'est qu'une forme de transition. En effet, en vertu des différences de vitesse linéaire qui y règnent et de l'attraction mutuelle de leurs parties, la moindre cause y

amènera des tourbillonnements qui, forcés de suivre à
peu près la même route, avec des vitesses un peu différentes, se rejoindront et se confondront en une masse
nébuleuse unique où s'absorbera peu à peu toute la
matière de l'anneau. Cette masse nébuleuse, animée
d'une giration de même sens que celle de l'anneau,
donnera à son tour naissance à une planète entourée
de satellites circulant dans le même sens et dans le
même plan.

La figure que l'on vient de voir (V. plus haut la
fig. 25) fait mieux comprendre ces formations successives. On y remarque une série d'anneaux nébuleux.
Dans quelques-uns d'entre eux se manifeste déjà la
condensation tourbillonnaire, qui aboutira à un ensemble de planètes.

En même temps l'énorme quantité de matériaux
qui, au sein de la nébuleuse primitive, n'étaient pas
engagés dans les anneaux, iront peu à peu se réunir au
centre, très lentement d'abord, plus tard très vite; ils
donneront naissance à un globe central, le Soleil tournant sur lui-même dans le même sens et dans le même
plan que les planètes.

Voyons donc comment un lent mouvement tourbillonnaire plus ou moins confus aura pu se régula-
riser au point de donner naissance à ces anneaux circulaires, concentriques et situés tous sur un même plan.

Il faut et il suffit pour cela que la nébuleuse solaire
ait été primitivement sphérique et homogène. Dans
un pareil amas de matière, la pesanteur interne, résultant des forces attractives de toutes les molécules, varie
en raison directe de la distance au centre. Les particules
ou les petits corps qui se meuvent dans un tel milieu,

dont la rareté est immanquable, décrivent nécessairement des ellipses ou des cercles autour du centre, dans le *même temps*, quelle que soit leur distance à ce centre. Dès lors, l'existence d'anneaux tournant tout d'une pièce, d'un même mouvement de rotation, est parfaitement compatible avec ce genre de pesanteur, et, si ce mouvement tourbillonnaire a préexisté, quelques-unes de ces spires, assez peu différentes de cercles, auront dû peu à peu, par la faible résistance du milieu, se convertir spontanément dans l'ensemble d'anneaux précédemment décrits.

Faisons un pas de plus. En vertu de l'attraction, ces anneaux tendent généralement à se défaire et à former une masse sphérique nébuleuse qui finit par ramasser tous les matériaux de l'anneau. Or ces nébuleuses secondaires se trouvent nécessairement animées d'une rotation de même sens que celle des anneaux. Il s'y passera donc des phénomènes en tout semblables à ceux de la nébuleuse primitive, c'est-à-dire qu'elles se résoudront en anneaux concentriques, puis en un globe central. A leur tour, ces anneaux se condenseront en d'autres globes très petits, satellites circulant autour de chaque planète, toujours dans le même sens, tandis que la planète tournera sur elle-même précisément dans ce sens et dans le plan de ces anneaux secondaires.

C'est ainsi que les choses ont dû se passer. Par une circonstance bien heureuse, quelques anneaux du petit système secondaire de Saturne ont échappé à la destruction et n'ont pas formé de satellites. On peut attribuer leur maintien à la puissance extrême de ces anneaux et à leur rapide giration.

Nous aurions terminé l'explication du monde solaire, si ce système ne présentait une particularité frappante qui semble être en contradiction complète avec ce qui précède. Sur les huit grandes planètes circulant autour du Soleil, six ont des satellites et forment ainsi des mondes secondaires, véritables miniatures du monde solaire qui les comprend. D'après ce qui précède, toutes les rotations, toutes les circulations devraient être de même sens et, qui plus est, directes. Or, dans les deux mondes secondaires les plus éloignés, ceux d'Uranus et de Neptune, les rotations et les circulations des satellites sont de sens opposé, c'est-à-dire rétrogrades.

« Faut-il croire, ajoute M. Faye, que la théorie que je viens d'exposer soit fausse ? Non, mais elle est incomplète. Nous touchons ici à un point des plus intéressants dans l'histoire des sciences. Newton et Laplace croyaient que toutes les rotations, toutes les circulations, devaient être de même sens. Laplace est allé plus loin : il a appliqué à cette question le calcul des probabilités. En tablant sur les planètes et les satellites connus de son temps, son analyse montra que, si l'on venait à découvrir un nouveau satellite ou une nouvelle planète, il y aurait des milliards à parier contre un que la circulation de ce satellite ou la rotation de cette planète serait directe comme toutes les autres. Et il ajoute que cette probabilité est bien supérieure à celle des événements historiques que nous acceptons avec la plus entière confiance. L'étude des satellites d'Uranus et la découverte du système de Neptune n'ont pas tardé à réduire à néant cette probabilité et la célèbre cosmogonie de Laplace. En effet, celle-ci fait dériver toutes les planètes du Soleil par un procédé ingénieux, mais qui ne peut donner que des rotations de planètes et des circulations de satellites de même sens d'un bout à l'autre du système solaire, tandis qu'elles sont en réalité directes dans la première moitié et rétrogrades dans la seconde.

« Complétons actuellement notre théorie. Dans la nébuleuse primitive, homogène et sphérique, où la présence d'anneaux circulant autour du centre ne devait rien changer à la loi de la pesanteur interne, nous avons vu que cette pesanteur variait en raison directe de la distance au centre. Mais, plus tard, le Soleil s'est formé par la réunion de tous les matériaux non engagés dans ces anneaux ; il a fait le vide autour de lui. Alors la loi de la pesanteur à l'intérieur du système ainsi modifié a été toute différente. Sous l'action de la masse prépondérante du Soleil (celle des anneaux n'en étant pas la sept centième partie), la pesanteur interne a varié, non en raison directe de la distance, mais en raison inverse du carré de la distance au centre, et tel est aujourd'hui l'état des choses.

« Dans ce dernier cas, le mode de rotation d'un anneau de matière diffuse change du tout au tout. Hâtons-nous de dire que ce changement n'empêche pas l'anneau de subsister. Saturne en est le témoignage.

« Mais, tandis que, sous l'empire de la première loi de la pesanteur, les vitesses linéaires de circulation dans ces anneaux croissent en raison de la distance, sous l'empire de la deuxième ces vitesses décroissent au contraire en raison de la racine carrée de cette même distance.

« La figure 26 montre, du premier coup d'œil, l'op-

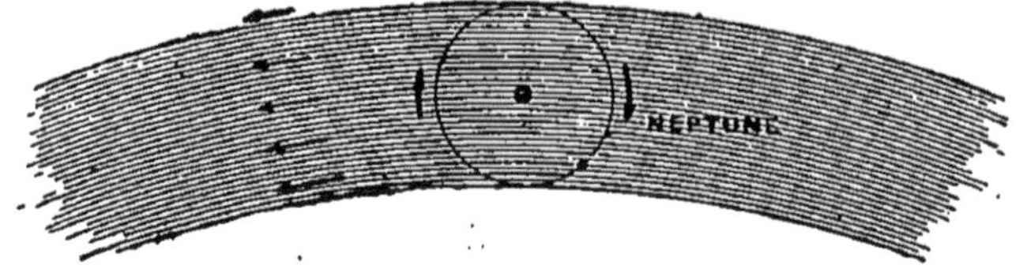

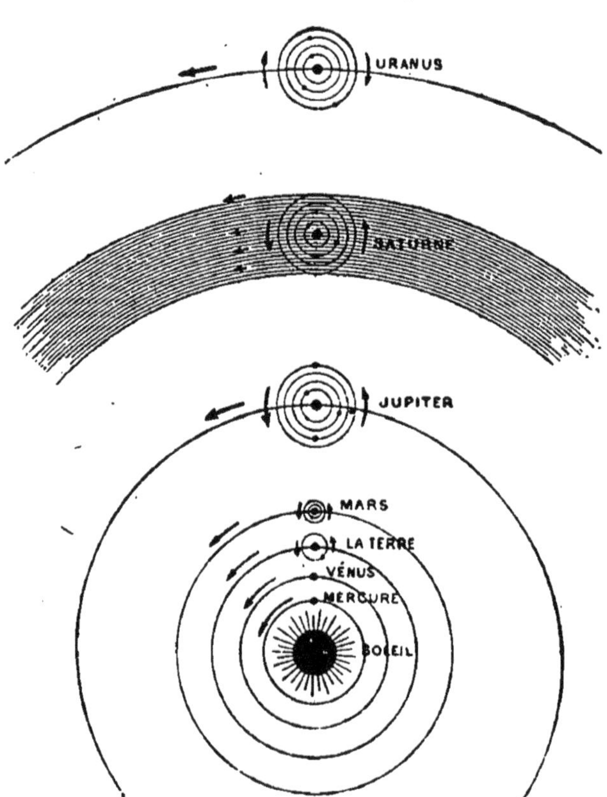

Fig. 26. — Séparation du système solaire en deux zones concentriques caractérisées par le sens de la rotation des satellites,
d'après M. Faye.

position des conséquences de ces deux modes de circulation. Pour le premier, lorsque l'anneau dégénérera en un système secondaire, c'est-à-dire en une nébuleuse avec ses anneaux intérieurs, et finalement en une planète avec ses satellites, la rotation de la planète et la circulation des satellites seront de même sens que le mouvement de l'anneau générateur, c'est-à-dire en sens direct. Pour le deuxième mode, le système secondaire ainsi formé sera rétrograde.

« Que conclure de là ? C'est évidemment que les planètes comprises dans la région centrale, la région la plus étroite de la nébuleuse, depuis Mercure jusqu'à Saturne, se sont formées sous l'empire de la première loi, lorsque le Soleil n'existait pas encore ou n'avait pas acquis une masse prépondérante, et que les planètes comprises dans la région extérieure, de beaucoup la plus large, se sont formées lorsque le Soleil existait déjà.

« Nous voici finalement arrivés à une conséquence d'un haut intérêt : la Terre est beaucoup plus ancienne que le Soleil. S'il en était autrement ; si, comme le voulait Laplace, sa formation avait été bien postérieure à celle du Soleil, tout serait changé dans l'aspect du ciel : les astres se lèveraient à l'ouest et se coucheraient à l'est ; la Lune serait animée d'un mouvement rétrograde comme les satellites d'Uranus et de Neptune. Ajoutons qu'elle était alors plus éloignée du centre qu'aujourd'hui ; car, lorsque les matériaux placés hors de l'orbite terrestre en ont franchi la sphère pour se réunir à l'intérieur et former le Soleil, lorsque l'attraction de celui-ci est devenue prépondérante, les circulations de toutes les planètes ultérieures à l'orbite d'Uranus s'est accélérée. Ces planètes se sont rapprochées du Soleil en même temps que leurs satellites s'éloignaient un peu d'elles. Finalement l'état actuel s'est trouvé réalisé avec la stabilité qui le caractérise, lorsque la masse du Soleil, devenue énorme, n'a plus rien eu à soutirer de la nébuleuse primitive et a achevé de faire le vide autour de lui. »

CHAPITRE II

Si l'on a bien compris les faits exposés précédemment, on doit sentir que les différents astres soumis à la même cause générale de modification : la déperdition de leur chaleur d'origine vers les espaces glacés, doivent parcourir parallèlement les mêmes états successifs. Il en résulte la notion de leur âge relativement les uns aux autres et la possibilité d'appliquer à leur observation la comparaison d'Herschel, rapportée plus haut, avec les divers arbres d'une même forêt.

Toutefois une première remarque est ici indispensable.

Il importe en effet de remarquer que l'*âge réel* des globes se compose à la fois de l'âge absolu, c'est-à-dire du temps écoulé depuis leur séparation de la nébuleuse génératrice et de l'âge relatif qui dépend surtout du volume et des variations de la constitution chimique, causes évidemment déterminantes de la plus ou moins grande vitesse du refroidissement.

On appréciera tout ce que ce point de vue renferme de fécond par un coup d'œil rapide jeté successivement sur les séries principales d'astres placés dans le ciel à portée de notre observation directe.

État nébuleux. — Nous commencerons par les nébuleuses, évidemment analogues à bien des égards à la
matière même dont sont sorties le Soleil et les planètes
constituant son système, dont nous sommes.

A cet égard, il y a une distinction radicale à faire
entre deux catégories de nébuleuses, les unes étant
des amas d'étoiles que leur distance de nous confond
ensemble pour notre œil, les autres consistant en matière gazeuse diffuse, analogue à celle dont Laplace
admet l'existence avant la séparation des planètes.

C'est seulement de ces dernières que nous voulons
ici dire quelques mots. On doit leur connaissance aux
études spectroscopiques, et le premier exemple bien
défini qu'on en ait eu a été procuré par l'examen, réalisé
en 1864 par Huggins, d'une nébuleuse située dans la
constellation du Dragon. Le spectre s'en montra
formé uniquement de trois raies brillantes isolées,
d'où il faut conclure que l'astre ne peut être un amas
d'étoiles distinctes, mais une véritable nébulosité, une
agglomération de matière gazeuse, lumineuse ou
incandescente. La plus brillante des trois raies coïncidait avec la plus forte des raies particulières à
l'azote : « Il peut se faire toutefois, dit Huggins, que
la présence de cette raie indique une forme de matière
plus élémentaire que l'azote et que nos moyens d'analyse n'ont pas encore fait connaître (1). » La plus faible
des raies du spectre de la nébuleuse coïncide avec la
raie verte de l'hydrogène ; enfin la raie intermédiaire
ne coïncide avec aucune raie connue et se rapproche
seulement beaucoup de l'une de celles du baryum.

(1) On rapprochera certainement cette remarque de Huggins de
la découverte récente de l'argon.

Huggins mentionne, outre les trois raies brillantes, une bande colorée, formant un spectre continu extrêmement faible et presque sans largeur, comme s'il provenait d'un point lumineux situé vers le centre de la nébulosité. Cette nébuleuse du Dragon possède, en effet, un noyau petit mais très brillant. L'observateur anglais y voit un indice que probablement la matière formant ce noyau n'est pas à l'état de gaz, comme celle dont il est environné, mais qu'elle est sous la forme d'un brouillard de particules solides ou liquides incandescentes.

Parmi les soixante-dix nébuleuses spectroscopiquement étudiées par Huggins, un tiers environ a présenté une constitution analogue à celle de la nébuleuse du Dragon, et l'on peut citer, comme particulièrement nette, la petite nébuleuse du Verseau qui, dans le télescope de lord Rosse, apparaissait sous la forme d'un globe coupé par un anneau vu par sa tranche, ainsi qu'on voit Saturne à l'une de ses phases ; puis une autre nébuleuse de structure semblable, mais où l'anneau, vu de face, entoure le globe lumineux. Une nébuleuse en forme de spirale a donné quatre raies brillantes. La nébuleuse du Renard, le célèbre Battant de cloche et la nébuleuse annulaire de la Lyre ont des spectres formés d'une raie brillante unique, qui est la plus forte des trois raies de la nébuleuse du Dragon.

Ressemblant aux nébuleuses précédentes par sa teinte générale, la grande nébuleuse d'Orion a également fourni un spectre composé de quatre raies brillantes et qui révèle sa nature gazeuse. Ces raies sont bien définies, et leurs intervalles sont tout à fait obscurs ; la plus brillante et la moins réfrangible coïncide avec l'une des composantes de la double raie de l'azote ;

la seconde est peut-être une ligne de fer, et les deux autres sont en coïncidence exacte avec les lignes F et G de l'hydrogène.

Depuis l'époque des recherches de Huggins, on a poursuivi les mêmes études. On sait maintenant que cette belle nébuleuse d'Orion, dont la forme générale n'est pas nettement définie, présente une région plus brillante que les autres, où la condensation de la matière chaotique est assez avancée. Partout ailleurs sa lumière est faible; on y découvre de longs courants de matière dont il est impossible de pressentir le résultat.

La nébuleuse d'Andromède est un des objets les plus remarquables du ciel. Elle a déjà une forme presque géométrique, et elle offre au centre une condensation des plus marquées.

La nébuleuse du Lion montre des anneaux en voie de formation.

Enfin les nébuleuses doubles de la Vierge, du Verseau, etc., sont évidemment très proches de leur transformation finale en étoiles.

Le nombre des nébuleuses connues est maintenant immense.

A l'aide du gigantesque équatorial de l'observatoire de Lick, M. E. C. Barnard a découvert, en 1890, un véritable nid de nébuleuses. Il donne la position des dix-huit principales. Ce point remarquable du ciel est situé en ascension droite de $13^h 38^m$ à $13^h 40^m$ et par $56^0 21'$ de déclinaison boréale. Ces nébuleuses sont toutes très petites.

Etat stellaire. — On peut ranger les nébuleuses en âges divers caractérisés par leur état de condensation plus ou moins avancée, depuis celui de matière gazeuse homogène, comme on le voit dans la nébuleuse du Dragon, jusqu'à l'état d'étoiles véritablement distinctes. Herschel en a cité des exemples nombreux. Les unes paraissaient formées de deux amas globulaires dans lesquels la condensation centrale indique non seulement une figure sphérique, mais probablement aussi l'existence des véritables centres d'attraction.

Tantôt les composantes paraissent entièrement séparées et distinctes, tantôt elle semblent empiéter l'une sur l'autre, soit qu'il n'y ait là qu'une apparence optique, soit que la pénétration ait une réalité physique. En un mot, comme le dit J. Herschel, « toutes les variétés des étoiles doubles, distance, position, éclat relatif, ont leur contre-partie dans toutes les nébuleuses doubles. »

Il y a des exemples où l'on voit l'une des composantes ronde et globulaire, tandis que l'autre affecte une forme elliptique allongée, et le tout peut être enveloppé d'arcs lumineux semblables à des fragments d'un anneau de matière cosmique.

Souvent le nombre des centres est plus considérable ; il s'élève jusqu'à sept dans les nébuleuses multiples observées par J. Herschel.

Enfin on doit mentionner ici une catégorie de nébuleuses très régulières qualifiées quelquefois d'*étoiles nébuleuses*. Ce ne sont autre chose que des nébulosités tantôt circulaires, tantôt ovales, tantôt annulaires, mais toujours régulières, dans l'intérieur desquelles apparaissent un ou plusieurs points lumineux, sans doute des étoiles, se détachant distinctement de la nébulosité et d'ailleurs symétriquement placés. Si la nébu-

leuse est circulaire, l'étoile occupe le centre ; dans le
cas d'une forme elliptique, deux étoiles sont comme
les deux foyers de la courbe. On en peut voir une dans
la constellation du Cocher, où trois étoiles sont régu-
lièrement disposées aux trois sommets d'un triangle
équilatéral, tandis qu'une autre nébuleuse très allongée, dans l'Hydre, a deux étoiles placées extérieurement aux deux bouts du plus grand diamètre. Peut-
être doit-on voir dans les étoiles nébuleuses des soleils
enveloppés d'une atmosphère de dimension considérable, rendue visible à ces énormes distances par
l'illumination des foyers stellaires.

En rapprochant les diverses observations faites
jusqu'ici, on pourrait constituer toute une série représentant le passage de l'état nébuleux initial à l'état
stellaire ; on y rattacherait sans peine des apparitions,
des disparitions et des variations analogues aux
phénomènes dont nous dirons ici un mot.

Une carte de la région centrale de la grande nébuleuse
d'Andromède existe depuis 1874. Dressée à l'aide de la
lunette de 15 pouces d'ouverture de l'observatoire de
Harvard-College, elle ne se trouvait plus conforme en
1885 à l'état du ciel dans cette même partie. Deux
étoiles nouvelles y brillaient : l'une très brillante, très
rapprochée du noyau de la nébuleuse; l'autre, plus
éloignée de ce noyau, n'est qu'une étoile de treizième à
quartorzième grandeur dont l'apparition est inconnue.

Ainsi que le remarque M. Trouvelot, la partie centrale
de la nébuleuse a été étudiée avec un soin particulier, et
ces deux étoiles n'auraient pu échapper à une lunette de
15 pouces, si elles avaient existé en 1874 avec le même
éclat, puisqu'elles ont été visibles en 1885 à l'observa-

toire de Meudon, qui ne dispose que d'une lunette de 8 pouces.

Pour passer alors inaperçue, il fallait qu'elles fussent au-dessous de la seizième à la dix-septième grandeur.

La première étoile a du reste décru fort rapidement d'éclat. De la sixième à la septième grandeur, lors de sa découverte, elle était, au 16 octobre (six semaines après), de 11,5. Le 8 septembre, elle était franchement rougeâtre-orangée. Le 16 du même mois, elle paraissait très légèrement bleuâtre, ensuite toujours blanchâtre.

« En voyant apparaître si subitement, dit M. Trouvelot, une étoile brillante au centre d'une nébuleuse fortement condensée et pourvue d'un noyau quasi stellaire, plusieurs observateurs s'étaient demandé si l'étoile ne s'était pas formée aux dépens de la matière nébuleuse qui semble l'entourer. Avant d'avoir fait aucune mesure, et quand cette étoile était à son maximum d'éclat, on pouvait, à la rigueur, supposer que le noyau de la nébuleuse, alors invisible, s'était transformé en étoile. Aujourd'hui, on sait qu'il n'en est pas ainsi, que le noyau existe toujours, et que, tout à fait distinct de l'étoile, il en est éloigné de plus de 16″. Du reste, il existe un fait qui semble peu favorable à cette hypothèse. En effet, si l'étoile nouvelle s'était formée aux dépens de la nébuleuse, il serait indispensable, semble-t-il, qu'elle fût entourée par cette matière nébuleuse en voie de condensation. Or l'étoile nouvelle n'avait pas ses bords diffus ; mais, au contraire, ils se distinguaient par leur netteté, ce qui n'aurait pas eu lieu si elle eût été plongée dans la nébulosité. »

En admettant, conformément aux idées générales qui nous ont guidé, conformément aussi aux faits qui semblent se dégager des observations précédentes, que les étoiles représentent le produit de condensation de nébuleuses antérieures, on arrive à prévoir que les diverses étoiles doivent à leur tour constituer une série dont les différents membres sont dès maintenant parvenus à des degrés inégaux d'évolution.

C'est surtout par la considération de leur spectre qu'on est arrivé à déterminer l'âge des étoiles.

En effet, cet âge est lié à la température de leur matière, température révélée, de même que la composition chimique, par des caractères spectraux. Le spectre d'un corps chaud, mais non incandescent, indiquerait l'absence des rayons qui produisent la lumière. Lorsque l'incandescence se produit, le spectre s'enrichit du côté du violet, indice d'une haute température ; la température s'élevant encore, le violet s'accentue, et les rayons invisibles qui la suivent deviennent plus abondants. « On peut même concevoir, par une sorte d'abstraction, dit M. Janssen, un corps qui serait porté à une température telle qu'il n'émettrait plus que de ces rayons invisibles situés au delà du violet, que l'œil ne percevrait plus et qui seraient seulement révélés par la photographie (1), la fluorescence ou les appareils thermoscopiques. »

La température d'une étoile ou du moins celle de ses enveloppes antérieures se mesure donc à la richesse des rayons violets de son spectre.

Les astres dont la lumière nous paraît blanche ou bleuâtre ont généralement un spectre développé du côté du violet. Tel est cet incomparable Sirius, dont le

---

(1) On sait qu'en effet la photographie a révélé l'existence d'une série d'astres invisibles.

volume est considérablement plus grand que celui du Soleil. Son spectre indique une vaste atmosphère d'hydrogène et sans doute la présence des autres métaux, d'ailleurs difficile à constater à cause de la puissance même de rayonnement des vapeurs de ces métaux. Tout indique ici, d'après la théorie, un soleil dans toute la puissance de son activité, et qui conserve cette activité pendant d'immenses périodes de temps.

Véga de la Lyre est également entourée d'une atmosphère hydrogénée ; sa masse est portée à une haute température, et ce soleil a devant lui de longs espaces d'activité et de rayonnement. Et il y a un nombre considérable d'étoiles dans le même cas : telles sont presque toutes les étoiles visibles à l'œil nu.

Dans une autre classe d'étoiles, le spectre indique un degré de condensation beaucoup plus avancé. C'est à cet état qu'est notre Soleil ; il est entouré d'une couche gazeuse, plus basse, plus dense que l'atmosphère d'hydrogène de Sirius et de Véga, et formée de vapeurs métalliques. « Notre astre central, dit M. Janssen, appartient à cette classe d'étoiles dont les fonctions solaires semblent encore puissantes, mais qui cependant ont dépassé ce qu'on pourrait appeler *la jeunesse.* » Parmi ces étoiles de seconde classe, beaucoup moins blanches et éclatantes que les premières et dont quelques-unes mêmes sont de couleur jaune ou orangée, on peut donner comme exemples, outre le Soleil, Aldébaran, Arcturus, dont les feux rouges annoncent sans doute une évolution déjà avancée.

Enfin, d'autres astres d'une couleur orangé foncé et passant souvent au rouge sombre sont à un degré plus avancé encore de leur évolution. Le violet manque presque absolument dans leur spectre, envahi au contraire par les bandes sombres, « indice d'une atmosphère épaisse et froide, où les affinités chimiques commencent leur œuvre. »

« Le grand principe d'évolution, ajoute M. Janssen, est appelé à devenir un des plus féconds de la science astronomique. »

L'étude des diverses phases par lesquelles, une fois constituée, une étoile passe sous l'influence du refroidissement est des plus intéressantes. Parmi ces phases, deux sont tout à fait principales. Elles sont caractérisées, la première par une luminosité très faible, révélant une constitution toute gazeuse ; cette faiblesse d'éclat est le cas de beaucoup d'étoiles, comme aussi celui des nébuleuses dont nous signalions tout à l'heure l'état gazeux. La seconde phase est caractérisée, à l'inverse de la première, par la vivacité de la lumière résultant de la condensation des éléments gazeux périphériques sous la forme de poussière solide ou liquide, ce qui est le cas du Soleil. Cette poussière joue le rôle du carbone, de la chaux ou de la magnésie dans nos flammes artificielles ; elle rayonne énergiquement.

Entre ces deux phases s'établit une lutte de longue durée, qui modifie sans cesse l'état de la surface de l'astre. La substance gazeuse du Soleil paraît être, jusqu'aux plus grandes profondeurs, dans un mouvement continu, et les immenses remous qui y prennent naissance sont vraisemblablement causés par les réactions diverses et par le triage des matières d'après leurs densités. Ces mouvements amènent à la surface des gaz provenant des profondeurs et dès lors très chauds, et il en résulte des échauffements locaux qui volatilisent par place la photosphère et donnent lieu au phénomène des taches.

Le ciel nous offre au complet toute la série des termes qu'on peut concevoir entre les étoiles nébuleuses décrites plus haut et les astres complètement brillants, c'est-à-dire dépourvus de taches.

C'est à des réchauffements du genre de ceux qui viennent d'être cités que se rapportent les dispositions d'étoiles signalées bien des fois ainsi que les intermittences que présentent d'autres astres ; c'est au contraire par des refroidissements que s'expliquent les apparitions subites qui ont été constatées.

Parmi ces dernières, il convient, à cause de l'actualité, de faire une place spéciale aux observations suivantes.

La constellation du Cocher, très observée de toutes façons et notamment au moyen de la photographie, a montré une nouvelle étoile, à la fin de 1891. Treize clichés, pris du 21 octobre au 1er décembre à l'observatoire Lick, n'en montraient aucune trace, tandis qu'on la voit très bien sur douze plaques obtenues du 10 décembre jusqu'au 20 janvier suivant. Elle apparut un peu au-dessous de la cinquième grandeur le 10 décembre, et le 18 décembre elle était de quatrième et demie. Elle diminua ensuite d'éclat, de sorte qu'à la fin de mars 1892 elle était de la douzième grandeur ; au 26 avril, de la seizième. Elle s'éteignit progressivement, puis redevint visible au mois d'août suivant ; elle était alors comme une petite nébuleuse brillante avec un noyau stellaire de dixième grandeur. Observée par M. Barnard, la position de la *Nova*, comparée à celle des petites étoiles voisines, avait fort peu changé en quatre mois ; cette étoile a donc une parallaxe très petite et se trouve à une distance considérable.

Le spectre fournit de précieux renseignements sur les conditions physiques dans lesquelles se trouvent les étoiles temporaires au moment de leur transformation soudaine.

Le spectre de ces étoiles présente un grand nombre de raies brillantes, surtout celles de l'hydrogène et du calcium. « Mais, dit M. Tisserand, rendant compte de cette découverte dans le discours prononcé à la séance générale de la Société astronomique (5 avril 1893), le fait très curieux est que ces raies brillantes étaient accompagnées chacune d'une raie sombre du côté le plus réfrangible. En juxtaposant aux précédentes les raies de l'hydrogène fournies par un tube de Geissler, on trouve que ces dernières tombent dans l'intervalle des précédentes. On est ainsi amené naturellement à penser que l'étoile temporaire était en réalité formée de deux astres, l'un entouré d'une atmosphère gazeuse incandescente, s'éloignant de nous et produisant les raies brillantes, l'autre se rapprochant de nous, présentant une atmosphère refroidie qui absorbe les radiations de la masse centrale.

« La vitesse relative des deux étoiles, déduite de l'intervalle des raies noires et brillantes, atteignait le chiffre énorme de 900 kilomètres à la seconde, soit trente fois la vitesse de translation de la Terre.

« Une pareille rencontre ou collision entre deux étoiles n'est pas chose absolument impossible, en raison des mouvements propres très sensibles dont ces astres sont animés. Si l'on suppose par exemple que le système solaire se meuve dans l'espace avec une vitesse de 30 kilomètres à la seconde, ce qui est sans doute peu éloigné de la vérité, on trouve aisément que, pour franchir la distance qui le sépare de l'étoile la plus voisine du Centaure, il mettrait environ quarante mille ans, ce qui après tout n'est pas un intervalle de temps énorme. Il n'est donc pas absolument impossible que, dans la suite des siècles, notre Soleil arrive à passer assez près d'une étoile ; de même, deux étoiles pourront à la longue se rapprocher beaucoup. Mais la collision est cependant improbable : il faudrait, quand les deux étoiles sont encore à une grande distance l'une de l'autre, un accord inadmissible entre les directions et leurs vitesses ; pour peu qu'il y ait une déviation minime, l'une des étoiles décrira autour de l'autre une orbite elliptique, parabolique ou hyperbolique, et en passera à une distance sensible. »

M. Faye a émis l'idée que les étoiles disparues, les étoiles variables et les étoiles nouvelles représentent les diverses phases d'un même refroidissement ; idée bien différente, comme on va le voir, de celles que les astronomes des siècles précédents se faisaient de ces phénomènes.

La première étoile périodique dont les variations aient frappé les observateurs est o de la Baleine (*Mira Ceti*). Elle fut signalée par Fabricius, l'un des auteurs de la découverte des taches solaires, et Bouilland essaya d'en donner la théorie. Il supposa que l'étoile possédait une face obscure et une face brillante et tournait sur elle-même de façon à nous présenter successivement et périodiquement des disques différemment lumineux.

Le nombre des étoiles variables s'accrut rapidement à partir de cette époque, et la connaissance plus appro-

fondie des faits fit justice des opinions de Bouilland ;
les irrégularités des périodes de *Mira Ceti*, qui varient
de trois cents à trois cent soixante-sept jours, quand
elles ne sont pas, comme cela s'est présenté une fois,
d'une durée de quatre années, suffisent à en montrer
le caractère illusoire.

En même temps ces opinions furent contredites non
moins formellement par l'étude du phénomène des apparitions d'étoiles, phénomènes dont on ne put méconn-
naître longtemps les liens avec les variations des astres
périodiques, auxquels les rattachent des transitions
insensibles. Il fallut, du même coup, renoncer aux
idées de Tycho et de Kepler, pour qui les étoiles nouvelles étaient dues à l'agglomération subite de matière
cosmique jusque-là éparpillée dans l'espace, et à l'idée
de Newton qui voyait dans ces étoiles des soleils éteints
rallumés tout à coup par le choc d'une comète.

La question s'est considérablement simplifiée,
quand on eut reconnu, à la suite des découvertes de
M. Schwabe, que le Soleil, dont l'étude est comparativement si facile, rentre dans la catégorie des étoiles
variables. Ses variations sont faibles, il est vrai, mais
Wolf (de Zurich) a pu néanmoins en déterminer la
période comprise entre huit et quinze ans.

Nous avons insisté sur ce point que les changements
d'éclat du Soleil sont dus, sans aucune espèce de doute,
à des particularités de sa constitution physique et spécialement à la quantité plus ou moins grande de ses
taches : cette explication s'applique à toutes les étoiles
variables.

De plus, maintenant qu'on a fait du ciel un catalogue
si complet, on trouve que les prétendues étoiles nou-

velles ne sont que l'exaltation d'étoiles variables dont les éclats extrêmes sont très différents l'un de l'autre, et qui atteignent rapidement leur maximum. Ainsi, pour ne citer qu'un seul exemple, l'étoile de Janssen, qui apparut en 1600 avec un éclat correspondant à la troisième grandeur et qu'on crut de nouvelle formation, disparut en 1621, après avoir subi des variations successives. Elle reparut en 1655, époque où Cassini la suivit, puis en 1665 d'après les observations d'Hévélius. Elle est maintenant connue comme étoile permanente et portée dans le catalogue sous la lettre P du Cygne.

On a donc le droit de dire que les étoiles nouvelles et les étoiles variables sont deux formes du même phénomène. Des études récentes ont fait connaître de chacune de ces formes un nombre infini de variétés.

Certaines étoiles variables, comme *Algol* et P de Cephée, offrent des périodes constantes, tandis que d'autres, par exemple R de l'Ecu de Sobiesky et le Soleil, sont extrêmement irrégulières. La durée des variations va de trois jours à dix ans et plus. L'éclat minimum est pour les unes considérable (de troisième grandeur par exemple) et très faible pour les autres (de septième, de huitième et même de neuvième grandeur). Enfin la marche des variations est différente suivant l'astre dans lequel on l'étudie : tantôt les oscillations sont si irrégulières qu'on est inhabile à dire quelle loi les régit; tantôt, au contraire, un ou deux maxima apparaissent avec la plus grande évidence.

D'ailleurs il ne faut pas croire qu'aucun caractère commun ne relie entre eux les astres périodiques : la rapidité avec laquelle leur éclat augmente et la lenteur avec laquelle il diminue, après le maximum ; la longue durée du minimum ou de l'invisibilité, comparée à la soudaineté de l'exaltation lumineuse, sont des traits de famille très certain.

« Les analogies entre ces diverses catégories d'étoiles sont non moins frappantes que les différences, dit M. Faye, dans le travail auquel nous venons de faire ces divers emprunts (1) ; on passe des uns aux autres par des gradations insensibles, en sorte que les faits nombreux que nous possédons aujourd'hui nous conduisent à examiner si les étoiles variables et les étoiles nouvelles ne seraient pas autre chose que les états successifs d'un même phénomène dont le ciel nous offrirait à la fois toutes les phases ; les étoiles à éclat constant, les étoiles à faibles variations périodiques, celles qui s'éteignent presque dans leurs minima, celles qui cessent de varier pendant un temps plus ou moins long, mais qui reprennent de l'éclat et subissent alors des variations considérables pour s'affaiblir de nouveau pendant un long laps de temps. Ne dirait-on pas que ce sont là les phases successives et de plus en plus dégradées de la vie d'une même étoile ? Phases qui, pour cette étoile unique, embrasserait des myriades de siècles, mais que le ciel nous offre simultanément quand on considère à la fois tous les astres qui y brillent. »

Toutefois, il faut bien remarquer, comme nous l'avons dit, que la période du plus grand éclat occupe le milieu entre deux périodes relativement sombres, la nébulosité initiale et le passage à l'état planétaire.

____

(1) *Revue des cours scientifiques*, t. III, p. 617.

En même temps que ces phénomènes se produisent, l'astre se contracte et se rapetisse ; nous devons à ce propos rappeler que pour rendre compte de la puissance et des caractères généraux de la végétation à d'anciennes périodes du globe, Henri Lecoq supposait que le Soleil était alors bien plus volumineux qu'aujourd'hui, et qu'il répandait bien plus de chaleur.

État planétaire. — A la suite des phases qui viennent d'être décrites, un phénomène tout différent prend naissance : la croûte condensée, depuis longtemps trop épaisse pour que les taches puissent s'y produire encore, commence à se refroidir assez en dehors pour s'assombrir peu à peu. Elle finit à la longue par perdre toute lumière propre : de soleil qu'il était par rapport aux corps circulant autour de lui, l'astre devient planète pour le centre autour duquel il gravite.

Cette croûte condensée n'est pas l'épiderme du globe. C'est une cloison établie entre le noyau interne toujours lumineux et les matières moins denses, qui gazéifiées par une énorme chaleur, forment ce qu'on appelle l'atmosphère. Elle est le point de départ d'une double formation : à l'intérieur elle s'accroît sans cesse en épaisseur par suite de la solidification successive des parties sous-jacentes ; à l'extérieur, elle reçoit les unes après les autres, dans un ordre déterminé par leur degré de volatilité, les produits condensables que renferme l'océan gazeux. Soumise à des efforts variés, elle se rompt souvent, et la matière fluide interne s'échappe par les fissures en éruptions plus ou moins importantes dont les chaînes de montagnes et les volcans actuels de la Terre offrent la représentation très affaiblie.

Comme on l'a vu par les descriptions résumées dans un chapitre antérieur, la planète Jupiter pourrait être en ce moment le théâtre de phénomènes de ce genre. Son atmosphère énorme est à chaque instant le siège de remous gigantesques, et c'est une question de savoir si les gaz denses, où paraissent figurer des vapeurs inconnues dans le milieu terrestre, n'ont pas encore conservé un peu plus de leur faculté de luire par eux-mêmes.

En même temps que se poursuivent ces phénomènes et que la croûte se consolide, elle subit extérieurement la double action d'une intense chaleur et d'une énorme pression : la pression de la haute atmosphère qui lui est superposée. Aussi les masses qui constituent cette croûte prennent-elles des caractères que la fusion simple ne saurait leur donner : le granit et le gneiss paraissent être les représentants lithologiques les plus importants de cette période.

Pendant la formation de ces roches, l'épaississement ininterrompu de la paroi qui les sépare du foyer incandescent fait que la température externe s'abaisse progressivement. Il vient un moment où l'atmosphère, débarrassée de ses parties les plus denses, laisse déposer, à l'état liquide, les eaux qu'elle retenait en vapeurs. Ainsi se fait la première mer, dont les eaux, saturées de toutes les matières solubles et portées à une température considérable, réalisent des réactions chimiques variées, aux dépens des masses qui constituent son bassin.

Les bossellements de la surface se continuent, et les

premiers continents apparaissent. A peine formés, ils subissent les attaques des flots, qui les désagrègent peu à peu et transportent leur matière pulvérisée dans

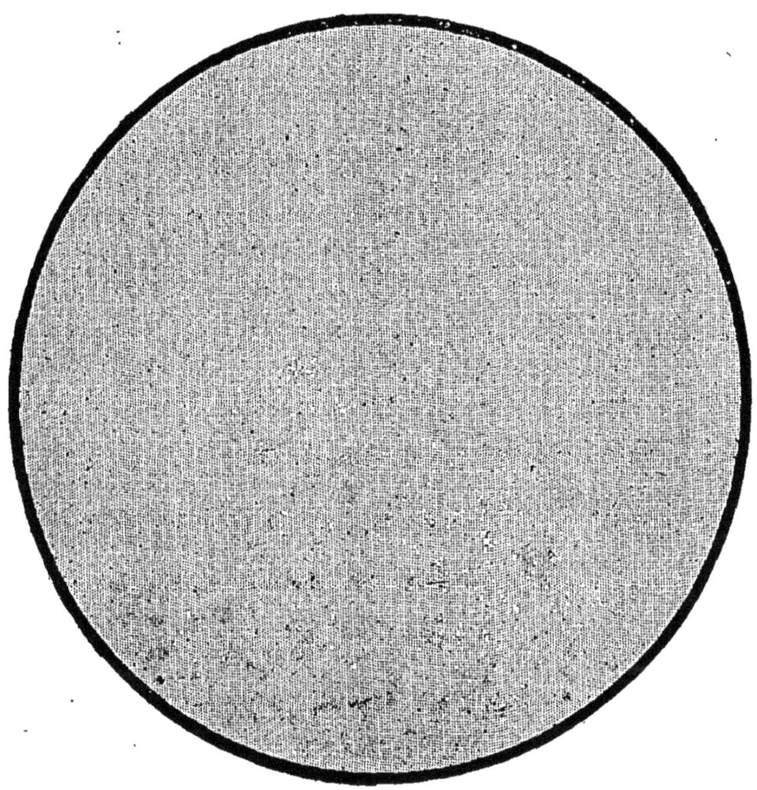

Fig. 27. — Rapport de dimension entre la longueur du diamètre terrestre et l'épaisseur de l'écorce du globe, représentée par le cercle noir.

les bas-fonds, où s'accumulent ainsi les premiers sédiments.

Sans cesse ce puissant mécanisme fonctionne, les fonds de mer se soulèvent et deviennent des continents ; les continents s'affaissent et deviennent des fonds de mer : mouvements alternatifs qui rappellent ceux d'une poitrine gigantesque. Et la formation de nouvelles couches stratifiées, la désagrégation partielle des couches d'ancienne formation, suivent leurs cours, toujours déplacés et toujours ininterrompus.

C'est ainsi que peu à peu les conditions de la surface se modifient, s'adoucissent. Les eaux de la mer qui étaient bouillantes deviennent tièdes ; et l'air, maintenant transparent, laisse arriver jusque dans ses profondeurs la lumière du Soleil colossal. Un phénomène nouveau se déclare : l'apparition de la vie organique.

On peut dire qu'arrivé à ce point, le globe est parvenu à la plénitude de la vie. Il vit en effet, et l'on retrouve chez lui une foule de particularités comparables à celles qui caractérisent les êtres vivants.

Le foyer interne qui pour un regard superficiel établit une différence si marquée entre la Terre et les êtres supérieurs est une analogie d'ordre élevé : la Terre a une chaleur propre.

La rigidité de la substance n'est qu'une différence apparente, un fait mal observé ; la flexibilité de l'écorce solide, simple pellicule (fig. 27), comparée au diamètre du noyau qu'elle recouvre, étant une des clés principales de l'histoire de la planète.

Comme la plupart des êtres vivants, la Terre réunit en elle tous les états physiques de la matière : des solides, des liquides et des gaz. Chez elle, comme chez tous les êtres vivants, on trouve des parties diverses par la structure, par les propriétés et par le degré de vitalité. Chez elle comme chez eux, des fonctions spéciales sont attribuées à des organes, à des appareils et à des systèmes déterminés ; les volcans et les glaciers, les végétaux dans leur ensemble et les animaux dans leur totalité en sont des exemples. Enfin pour la Terre comme pour tout être vivant, l'état sous lequel elle se présente, à un moment donné, n'est que le résultat du conflit perpétuellement établi entre sa force propre et le milieu dans lequel elle est plongée.

La Terre est le théâtre d'un nombre infini de circulations variées, dans le cours desquelles, comme dans les circuits analogues chez les végétaux et les animaux, les molécules peuvent ne point éprouver de changement ou n'éprouver que des changements d'état, ou subir des transformations chimiques. Les eaux, dans l'air, sous terre et dans l'eau même sont assujetties à parcourir de nombreux circuits de ce genre. Le nuage, la pluie, le fleuve, l'océan marquent les étapes de la circulation atmosphérique et superficielle de l'eau. Par suite de la porosité des roches et des écroulements souterrains, l'eau pénètre dans le sol jusqu'à des profondeurs où elle acquiert une température qui lui permet de dissoudre des matières variées ; ainsi modifiée et chargée des produits de cette extraction, elle remonte à la surface par les canaux que forment les fissures du sol et réapparaît au grand jour sous forme de jets de vapeur ou de sources thermales ; c'est la circulation souterraine de l'eau qui peut rendre compte du phénomène des volcans. Enfin dans l'eau même, l'eau décrit des circuits nombreux qui ne sont autres que ces grands courants réguliers dont le *gulf-stream* de l'océan Atlantique peut représenter le type le mieux défini.

Pareils systèmes sont constitués dans l'atmosphère au profit des gaz par le mécanisme des vents généraux. Et, quant aux exemples de circulation accompagnée de

changements chimiques, il suffit de citer celles que
déterminent les êtres vivants et qui concernent par
exemple les transformations de carbone. Une autre,
entièrement minérale, a trait aux feldspaths, qui deviennent des argiles pour redevenir feldspaths à la suite des
opérations métamorphiques. Le fer et bien d'autres
corps revêtent et quittent alternativement des états de
combinaisons qui, tous ensemble, constituent des
cycles parfaitement fermés.

Chez la Terre, comme chez les animaux, chaque fois
qu'une cause quelconque produit son effet, on peut
être certain qu'il existe à côté une cause antagoniste
développant l'effet inverse; et c'est ainsi que le globe,
tout en suivant les phases de son développement, tend,
comme un être organisé, à conserver son état primitif
d'équilibre.

Le double fait de la destruction et de la production
des montagnes fera bien comprendre cette statique
du globe. Plusieurs causes contribuent à la destruction
des montagnes : c'est d'abord la pluie qui creuse et
élargit sans cesse les vallées et qui peut même déterminer des éboulements de quartiers de montagnes :
comme celui de Rossberg qui, en 1806, ensevelit sous
ses débris le village de Goldau; la pluie constitue, à
vraiment parler, le plus puissant agent géologique de
la surface; — ce sont encore les glaciers qui emprun-
tent aux pics élevés les matériaux de leurs moraines
et les limons que charrient leurs torrents. Ce sont aussi
les torrents de montagnes dont le volume et la vitesse
rendent l'énergie démolissante si considérable; —
c'est la mer enfin qui corrode avec tant d'énergie les
falaises du littoral. Ces divers agents concourent, avec

l'accumulation des sédiments, à conduire progressivement la surface du globe vers un nivellement général.

Mais, à côté de ces actions concordantes, il en est d'autres inverses, c'est-à-dire dont l'effet est de déterminer des inégalités de l'écorce terrestre. Les failles dont celle-ci est hachée et qui limitent si nettement les chaînes de montagnes, montrent, par les *rejets* qu'elles présentent si souvent, comment les couches du sol ont été dérangées de leur situation originelle ; et les mouvements lents de soulèvement et d'affaissement, si manifestes par exemple au Chili et en Scandinavie, nous apprennent comment les continents tout entiers peuvent s'élever au-dessus des mers, au fond desquelles leurs roches se sont successivement déposées. Parmi les inégalités dont il s'agit, on peut faire une place à part à des chaînes véritables qui paraissent résulter du phénomène général du refoulement horizontal de l'écorce en conséquence de la contraction du noyau fluide interne. Dans chaque hémisphère, on peut reconnaître des demi-fuseaux qui paraissent éprouver une sorte de rétraction vers le pôle et dont on imite du moins la manière d'être à l'aide d'une bande de caoutchouc tendue à partir d'un point fixe qui représente le pôle. On voit alors se produire les unes après les autres des cassures et des dénivellations qui se déclarent successivement de plus en plus loin de ce point fixe, comme il semble que se sont constitués en Europe de plus en plus loin du pôle les grands traits orogéniques, dont le plus récent est la chaîne des Alpes.

Grâce à ces deux ordres d'actions antagonistes, l'état d'équilibre du globe se maintient d'une manière plus ou moins invariable.

Par cela même que la forme planétaire constitue l'état adulte des astres, la réalisation de cette forme est nécessairement suivie de phases dont ce qui se passe chez les êtres vivants fait pressentir le caractère : ce sont des phases de déclin, rattachées par des intermédiaires insensibles à la période d'apogée.

Le refroidissement continuant toujours, la croûte épaissit de la circonférence vers le centre ét, en même temps, un fait qui s'était produit dès le début, mais qui n'avait jusqu'alors que des conséquences négligeables, devient considérable : ce fait, c'est l'absorption des eaux et de l'atmosphère.

Les eaux pénètrent de proche en proche dans l'épaisseur des roches. Il est de connaissance vulgaire que les pierres qu'on extrait des carrières et des mines sont pourvues d'humidité. Exposées à l'air, elles se dessèchent par la volatilisation de leur *eau de carrière*, c'est l'expression usitée. Il résulte de là que la formation des terrains stratifiés, qui sur certains points ont une épaisseur si considérable, a fixé des quantités énormes d'eau qui, auparavant, étaient liquides et faisaient partie de l'océan. Ce que l'on sait moins généralement, c'est que les mêmes terrains qui supportent les couches de sédiment et constituent à proprement parler l'*assise* du globe, absorbent aussi beaucoup d'eau. Dans un travail spécial, Durocher (1) a déterminé la proportion centésimale d'eau que renferment normalement les éléments des roches cristallines, et il a trouvé pour la moyenne le nombre 0,0127.

(1) *Bulletin de la Société géologique de France*, 2° série, t. X, p. 431.

Or l'épaisseur de l'assise cristalline allant constamment en augmentant, par suite des progrès du refroidissement intérieur, et, d'un autre côté, de nouvelles couches sédimentaires s'ajoutant sans cesse aux précédentes, la quantité d'eau que la croûte peut absorber s'accroît elle-même à chaque instant. L'eau de la surface, ainsi aspirée, imprègne donc une épaisseur de plus en plus grande de matériaux solides, et l'océan actuel, si grand que soit son volume, n'est évidemment qu'un résidu de la mer bien plus considérable des époques primitives.

Ceci peut être vérifié en quelque manière, car beaucoup de faits s'accordent à montrer que l'océan des anciennes périodes couvrait bien plus de surface que celui d'aujourd'hui. C'est à peine si pendant le dépôt des terrains siluriens et à plus forte raison pendant celui des couches antérieures, on reconnaît quelques points du globe non recouverts par les eaux marines. Depuis lors, la surface des parties émergées a acquis une étendue progressivement croissante.

On peut répéter pour l'air ce qui vient d'être dit pour l'eau : notre atmosphère et notre océan sont simultanément *bus* par la partie solide de notre globe, et l'on peut assurer que plus la Terre vieillira, plus l'océan restreindra ses limites et plus l'atmosphère diminuera d'épaisseur.

Un coup d'œil jeté sur les planètes qui gravitent avec nous autour du Soleil fera ressortir la justesse de cette prédiction.

Les différences principales entre l'état actuel de la Terre comparé à ceux de Vénus et de Mars sont : que la première de ces deux planètes est moins avancée en développement que notre globe, tandis que la seconde est plus âgée.

Contrairement à ce qui a lieu pour Vénus, Mars se présente dans des conditions particulièrement favorables à l'étude, parce qu'il est en opposition lors de sa distance minima à la Terre. Et d'un grand nombre de travaux il résulte qu'il présente un ensemble de conditions tout à fait analogues à celles qui se rencontrent sur notre propre globe. La carte de Mars offre des continents et des mers. Celles-ci diffèrent des nôtres par leur forme, et cette forme résulte de l'évolution déjà avancée de Mars. En effet, le refroidissement continuant, la croûte solide s'épaissit, d'abord par le placage interne de couches solidifiées, puis par l'application externe de sédiments nouveaux. Toutes ces couches absorbent une quantité progressivement croissante d'eau. Déjà la série des époques géologiques nous montre, comme nous le disions il n'y a qu'un moment, que sur cette Terre la surface des océans a toujours été en diminuant. Quelques îles se montrèrent d'abord aux époques primitives ; aujourd'hui l'eau ne couvre plus que les trois quarts du globe et l'absorption continue. Mars, plus âgé que la Terre, doit donc avoir moins de mers, ce qui a lieu : c'est à peine si une moitié de la planète en est couverte. En outre, la forme même des mers martiales est un effet nécessaire de la vétusté relative de la planète.

Voici comment Proctor (1) s'exprime à ce sujet : « Une des plus remarquables particularités de la planète Mars consiste dans le grand nombre de passes.

____

(1) *Scientific Review* du 1ᵉʳ mars 1869.

longues et étroites et des mers en *goulot de bouteille*
(*bottle necked*). Cette disposition (fig. 28) diffère essentiellement de tout ce que l'on connaît sur la Terre.
Ainsi la passe d'Huggins est un long courant fourchu,

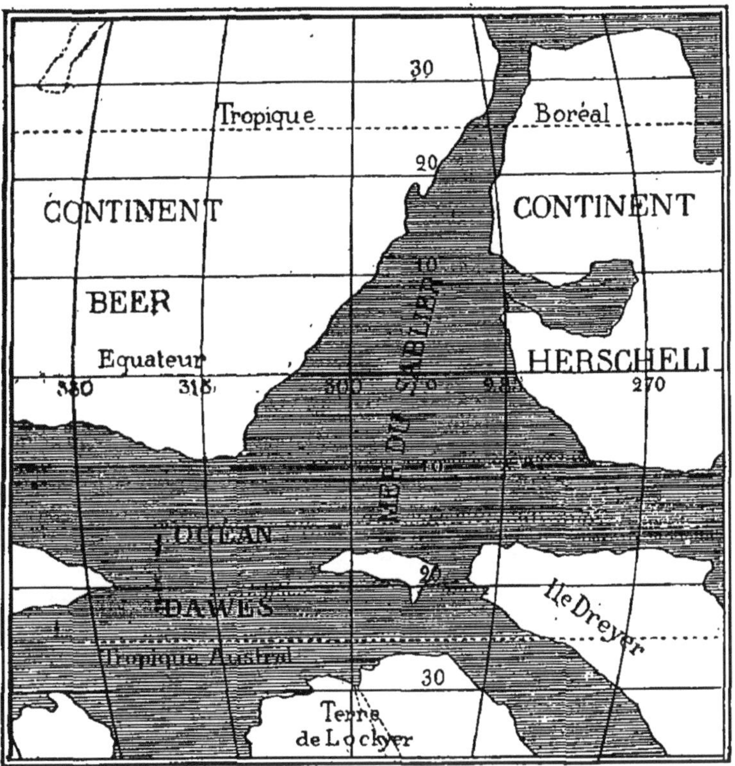

Fig. 28. — Allure générale des mers sur la planète Mars, d'après Proctor.

beaucoup trop grand pour qu'on puisse le comparer à
aucune rivière terrestre. Il s'étend sur 3,000 milles
anglais environ et joint la mer d'Airy à celle de Maraldi. La passe de Bessel est presque aussi longue. Un
autre canal, que les cartes désignent sous le nom de
Nasmyth, est encore plus remarquable : commençant

près de la mer de Tycho, il coule vers l'est, parallèlement à elle et à celle de Beer, puis se courbe brusquement vers le sud et, s'élargissant alors, forme le fond de la mer de Kaiser, etc.

Fig. 29. — Carte des sondages de l'Atlantique pour montrer l'analogie de forme de ses régions profondes avec les mers de la planète Mars.

Si sur une carte marine, telle que celle de l'océan Atlantique du Nord (fig. 29), l'on trace des courbes horizontales successives pour des profondeurs de plus en plus grandes, on reconnaît que ces courbes tendent progressivement à limiter des zones dont la forme est de plus en plus allongée. A 4,000 mètres par exemple, on obtient des formes comparables de tous points à celles des mers de Mars.

Si donc l'on suppose l'eau de l'Atlantique absorbée par les masses profondes actuellement en voie de solidification, de façon que le niveau de cet océan s'abaisse de 4,000 mètres, on aura à la fois une bien moins grande surface recouverte par l'eau et une forme étroite et allongée de la mer, c'est-à-dire exactement les conditions que présente Mars.

L'eau étant bue de la sorte, l'air lui-même doit être absorbé. Toutes les roches sont aérées. On sait avec quelle peine l'on chasse l'air de la roche même la plus compacte dont on veut obtenir la densité avec précision. Les diverses masses minérales s'aérant en même temps qu'elles se mouillent et par conséquent en même temps qu'elles se refroidissent, la couche atmosphérique doit décroître progressivement. L'atmosphère de Mars doit donc être beaucoup plus mince que celle de la Terre. Et cette circonstance est du reste une excellente condition pour l'étude télescopique de notre voisin planétaire.

Cette absorption successive de l'atmosphère trouve dans la géologie une sorte de confirmation indirecte. Il résulte en effet de diverses expériences, de celles de Tyndall en particulier, qu'une faible augmentation dans l'épaisseur de notre atmosphère ou dans la proportion de vapeur d'eau qu'elle contient suffirait pour que la chaleur solaire s'y emmagasinât en plus grande quantité et qu'elle se déperdît beaucoup plus lentement, c'est-à-dire, en définitive, pour que ce que nous appelons les climats disparût, une température chaude et très peu variable s'étendant à toute la Terre. Or un des caractères les plus remarquables des périodes géologiques anciennes est justement cette absence de climat indiquée par *l'uniformité* de la faune et de la flore sur toute la planète. Nous pouvons voir là une confirmation de notre opinion que l'air a formé une couche bien plus épaisse qu'aujourd'hui.

Cette manière de voir se trouve encore confirmée par un examen des planètes du système intérieur, qui, à l'inverse de Mars, sont moins avancées que le globe terrestre en développement. Sur Vénus, on voit des océans et des continents ; mais il est difficile d'en apprécier avec exactitude la forme et l'étendue ; ce qui est dû, outre la proximité du Soleil, à l'épaisseur de l'atmosphère, qu'on peut évaluer d'après l'intensité des phénomènes crépusculaires. La météorologie de Vénus est d'ailleurs tout à fait comparable à la nôtre ; on constate sur cette planète des vents et des nuages, et même dans diverses occasions des aurores polaires y ont été notées. Le sol porte des montagnes qui paraissent très élevées et qui, lors des phases, déchiquettent profondément le croissant de la planète. Entre Vénus, la Terre et Mars, il y a donc, relativement à l'épaisseur de l'atmosphère, une gradation des mieux ménagées.

Mercure continue la série, de sorte que l'observation directe confirme la théorie de Laplace en ce que de Mercure à Mars, en passant par Vénus et la Terre, les planètes sont de plus en plus âgées.

État lunaire. — A la suite de la série des planètes dont nous venons de parler, la Lune se présente avec le caractère tout particulier déjà démontré de ne posséder aucune trace d'atmosphère. Les faits précédents, rapprochés de l'étude directe de notre satellite, nous font penser qu'un océan fluide l'a enveloppé et a été absorbé.

Nous avons insisté en effet sur l'abondance avec laquelle les manifestations volcaniques sont accumulées à la surface de la Lune, et nous n'avons nul moyen de comprendre de semblables actions autrement que par l'intervention de fluides élastiques.

La Lune est à la fois un astre plus âgé que la Terre, puisqu'il est plus avancé dans la voie de la décrépitude finale ; mais elle a eu une existence moins compliquée en même temps qu'elle a été moins longue, et l'absorption des fluides y a été complète avant que les phénomènes sédimentaires aient pu y prendre le développement que nous observons autour de nous.

En même temps qu'elle nous indique un état général par lequel la Terre passera sans doute, comme nous chercherons à l'établir plus loin, elle conserve comme en un stéréogramme une stase d'évolution que la Terre a franchie depuis longtemps.

L'absence d'atmosphère autour des petites planètes peut dès maintenant leur faire attribuer, au point de vue de l'évolution, des caractères communs avec la Lune ; nous verrons pourtant qu'elles manifestent des actions dont nous n'avons pas encore à nous occuper.

Pour résumer ce qui précède, et en appliquant la comparaison d'Herschel à l'histoire de la Terre, nous pouvons remarquer qu'il est possible de se faire à son égard une idée relative au passé et une autre relative au futur, et le raisonnement est applicable à tous les autres astres.

Elle a commencé par l'état nébuleux ; sous l'influence du refroidissement toujours continu, elle s'est concrétée, sous une forme analogue à celles du Soleil, puis, après des vicissitudes, s'est obscurcie de façon à affecter des formes analogues à celles d'Uranus et de Jupiter ; puis sa croûte continentale s'est formée, ses océans se sont séparés, et les conditions actuelles de Mercure et de Vénus se sont successivement établies à sa surface.

L'avenir le plus prochain semble lui être indiqué par l'état de notre voisin Mars, et l'absorption des fluides l'achemine ensuite vers un régime dont la Lune, malgré une caractéristique très visible, donne une idée suffisante.

La Terre et les globes analogues semblent symboliser l'état de paroxysme de la vie planétaire ; les nébuleuses et les étoiles seraient dans des périodes embryonnaires ; la Lune, parvenue au repos relatif que caractérise la mort.

Toutefois, l'histoire des états sidéraux n'est pas finie ainsi, et il nous reste à montrer comment, dans la vie cosmique, la matière des individus que la vie a quittés rentre dans le tourbillon de ceux qui continuent de vivre.

QUATRIÈME PARTIE

LA PALÉONTOLOGIE SIDÉRALE

Dans tout ce qui précède, nous avons réuni des faits très nombreux dont la conclusion générale est que les astres, malgré leur caractéristique propre, se comportent comme des organismes pourvus, à l'origine, d'une certaine dose de vitalité, qu'il dépensent en un temps plus ou moins long. Après la vie planétaire, comme après la vie animale ou végétale, se produit une vraie mort caractérisée par l'indépendance relative que prennent les différentes parties jusqu'alors réunies dans un même organisme. La décomposition se déclare et en même temps à divers degrés, suivant les points, amenant ici une dissociation des éléments chimiques, ailleurs une simple désagrégation mécanique et souvent une résultante de ces deux actions.

Avant de rechercher par quel mécanisme la décomposition *post mortem* peut se réaliser dans les organismes sidéraux, il importe d'en constater la réalité, sur laquelle des doutes pourraient être légitimement jetés par des personnes non suffisamment renseignées.

Tout le monde sait que des roches tombent de temps en temps des espaces célestes à la surface de la Terre, et il a bien fallu, dès le début de ce volume, faire intervenir à leur place les Météorites comme type spécial des membres du système planétaire ; mais ce que nous n'avons pas eu l'occasion d'ajouter, c'est que ces échantillons de la matière du ciel conservent en eux des caractères auxquels on peut reconnaître les résidus de la décomposition, qui nous occupe en ce moment, d'astres parvenus à la dernière période de l'évolution sidérale.

Nous en acquerrons la preuve en constatant, par l'étude suffisamment approfondie de leur substance, qu'ils ont conservé souvent les traits auxquels peuvent se reconnaître les parties essentielles d'un organisme planétaire.

Aussi, en les recueillant, est-on dans la même condition que le paléontologiste retirant des couches du sol des ossements épars et reconstituant par leur moyen, à la lumière de l'anatomie comparée, des animaux disparus.

CHAPITRE PREMIER

Pour fixer les idées, supposons que sur un astre autre que la Terre on ait pu former, sans en connaître l'origine, une collection de roches terrestres : les géologues de cette planète pourraient-ils, par l'étude des échantillons, reconnaître que ces roches proviennent d'un même gisement primitif, ou, pour nous servir de l'expression consacrée, qu'elles ont été quelque part en relations stratigraphiques ?

Évidemment, si ces géologues n'avaient à leur disposition que des échantillons monogéniques, c'est-à-dire composés d'une seule espèce lithologique, cette découverte serait impossible. Rien, par exemple, dans la substance d'un calcaire cristallin ou dans celle du granit, ne saurait faire naître l'idée qu'ils ont été ensemble en relations de position. L'identité des deux échantillons d'une même roche n'est pas plus démonstrative, car il se peut que, dans des points différents de l'espace, l'exercice des mêmes causes ait produit les mêmes effets.

Il n'en serait plus de même dès que les géologues que nous supposons auraient entre les mains des échantillons de roches polygéniques, des pondingues ou des brèches.

Il existe dans les collections du Muséum une brèche
où l'on reconnaît à première vue, à l'état de fragments
anguleux, du granit, du talschiste, du phyllade, du
calcaire, etc. Elle n'a pu se faire que dans une région
où préexistaient, sous forme de masse distincte, le granit, le talschiste, le phyllade et le calcaire. Il a fallu
ensuite que, par des actions spéciales, ces roches
fussent concassées pour que les fragments en fussent

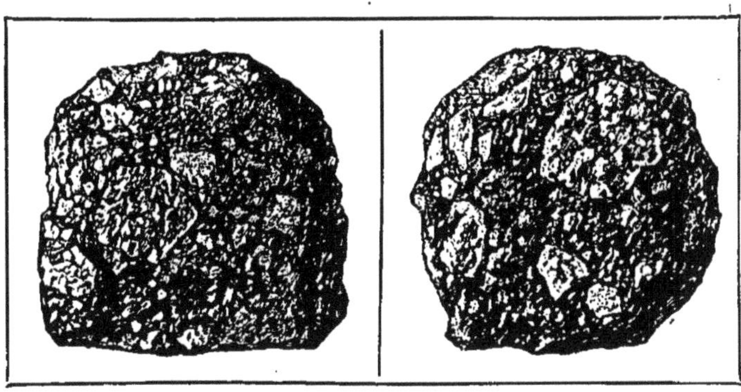

Fig. 3o. — Comparaison des phénomènes clastiques sur la terre et
chez les Météorites. A gauche, brèche ophitique de Giromagny ;
à droite, brèche météoritique tombée à Canellas (Espagne), le
14 mai 1861.

mélangés, et enfin qu'une substance, en s'interposant
entre eux, les cimentât ensemble. C'est évidemment le
raisonnement que feraient les géologues de l'astre sur
lequel un échantillon de cette brèche viendrait à tomber, et ils auraient raison de le faire, car la roche dont
il s'agit vient en effet des Pyrénées, où se trouvent des
masses de granit et de talschiste ainsi que de puissantes assises de calcaire et de phillade.

La figure 3o fait voir l'analogie intime que peuvent
présenter, avec des roches clastiques, au point de vue

de la structure, des Météorites convenablement choisies. On voit à gauche un fragment de la roche ophitique de Giromagny en Alsace et à droite un éclat de la Météorite tombée à Canellas le 14 mai 1861.

Les peperinos et les trass de nos volcans, où l'on peut retrouver toute la collection des roches volcaniques réduites en fragments cimentés entre eux : basalte, wacke, gallinace, etc., donneraient lieu aux mêmes considérations. Ces peperinos, ne pouvant se produire que là où se trouvent leurs éléments, dévoileraient par conséquent la communauté d'origine de ceux-ci aux confrères dont nous faisons l'hypothèse. Ceux-ci trouveraient parmi nos roches un autre genre de brèches, celles qui entrent dans la constitution des dykes des filons éruptifs. Ainsi on exploite dans le Calvados, auprès de Viré, de gros filons de pegmatite empâtant des fragments anguleux de gneiss. La vue d'un échantillon de cette roche leur attesterait que celle-ci provient d'une localité où la pegmatite et le gneiss existent simultanément.

A chaque pas les dalles du trottoir nous donnent à constater des faits du même genre. Le granit éruptif qui les constitue empâte de nombreux fragments de leptynite normale, et cela suffirait pour prouver à tout géologue étranger (or on sait dans quel sens nous prenons le mot) que les masses de leptynite sont en relation avec le granit dans la localité quelconque d'où ce granit éruptif provient.

La découverte des relations statigraphiques des roches d'origine inconnue pourrait résulter encore de l'existence de transitions minéralogiques entre ces roches. Ainsi le passage si insensible du granit au gneiss et du gneiss au granit est la preuve évidente que ces deux roches ont une même origine et qu'elles doivent leurs caractères distinctifs à certaines circonstances accessoires.

Enfin, si les géologues en question arrivaient à transformer métamorphiquement un de nos types de roches en un autre type, ce serait pour eux la preuve certaine que ces deux types proviennent d'un même gisement : une fois acquis pour eux, par exemple, que notre marbre blanc, soit celui d'Antrim en Irlande, représente l'état métamorphique de notre craie blanche (V. plus haut la fig. 20) soumise à la chaleur dans de certaines conditions ; une fois prouvé que l'existence du marbre blanc suppose l'existence antérieure de la craie, ils ne seraient pas libres de ne pas conclure que les marbres blancs et la craie blanche sont, si je puis dire, *compatriotes*, et par cette voie encore ils arriveraient à la découverte des relations stratigraphiques.

D'ailleurs, les études de ce genre ne fourniraient pas seulement des notions sur les faits relatifs aux relations de positions ; on ne saurait les faire sans en tirer des renseignements quant au mode spécial de la formation des roches.

Il sera manifeste, par exemple, que la brèche pyrénéenne citée tout à l'heure, le granit fragmentaire de Vire, les filons dits en cocarde du Hartz où des fragments de schiste sont enveloppés de couches concentriques de quartz et de minerais qui les cimentent entre eux ; il sera manifeste, disons-nous, que ces diverses brèches ne se sont pas faites de la même manière. Et l'on pourra reconstituer, par des observations ou parfois même par des expériences, les conditions spéciales qui les ont engendrées.

Eh bien, tout ce que les roches terrestres tombant sur une planète y donneraient le moyen de découvrir touchant leur passé, les Météorites nous mettent en mesure de le constater à leur égard. Tous les faits énumérés tout à l'heure à propos de nos roches ont leurs analogues exacts parmi les Météorites ; c'est ce qui résulte d'études auxquelles je me suis consacré durant de longues années.

Si donc on admet pour légitime et conduisant à des conséquences irréprochables le raisonnement qui vient d'être prêté à des géologues hypothétiques, il faut regarder comme démontré que les Météorites sont des fragments ayant jadis été ensemble en relations stratigraphiques.

De plus, l'intérêt de la méthode géologique est encore accru par ce fait que les astres dont elle nous donne la notion n'existent plus et qu'elle édifie ainsi une véritable *Paléontologie sidérale*.

Des Météorites primitives, produits de concrétions, ne sont pas nécessairement les plus denses, et c'est un point sur lequel il y a lieu d'insister. La principale partie de leurs éléments consiste dans des silicates magnésiens (enstatite, pyroxène, péridot, etc.). Les fers nickelés se sont constitués ensuite sous la double forme de masses entièrement métalliques (fers météoriques) et de granules disséminés dans les roches pierreuses. Par ce double procédé de condensation de givre et d'incrustation s'est produite une coque fondamentale qui a été longtemps en s'épaississant.

Par-dessus se déposaient des strates de roches de

moins en moins denses, telles que les pierres charbonneuses et, par-dessous, des roches plus fusibles
telles que les eukrites.

Le refroidissement progressif de l'astre détermina
dans la coque des torsions qui bien des fois produisirent des ruptures : il s'ouvrit aussi des failles dont les
Météorites ont souvent gardé des témoignages très
nets.

Parmi les sidérites, nous devons rapporter à des
étirements le long des failles la déformation que présentent en divers points les figures de Widmanstætten de plusieurs fers.

On retrouve de très belles surfaces de glissement
chez certaines lithosidérites et spécialement dans le fer
d'Atacama dont l'origine filonienne a été démontrée.

Mais c'est surtout parmi les pierres ou litholites
que ces accidents sont fréquents.

D'ailleurs, ces traces d'actions mécaniques n'existent
pas indifféremment dans tous les types de cette division ; on les voit dans l'aumalite, la chantonnite, la
lucéite, la limerickite, la canellite, la parnallite, l'ai-
glite, etc.

Étudiés dans ces derniers types, les accidents mécaniques des Météorites se présentent sous trois
formes qui ont été souvent confondues entre elles et
qui résultent, comme on va voir, d'actions géologiques différentes. Ce sont : 1° Des surfaces s'accusant
sur les cassures par de fines lignes noires qui traversent fréquemment les échantillons de part en part et
qui présentent tous les caractères des failles (*lignes
cosmiques*, de Reichenbach) ; 2° des *surfaces frottées*,
de longueur en général peu considérable, s'entre-croi-

sant en tous sens, déterminant souvent la rupture des fragments qui nous parviennent et rappelant sous tous les rapports les surfaces polies si fréquentes dans les serpentines ; 3° des *marbrures* noires qui ont fixé l'attention de beaucoup de minéralogistes et sur la nature desquelles on a longtemps hésité.

Ces trois genres d'accidents, quoique distincts, sont très habituellement en relations mutuelles, et, dans certains cas, ils passent insensiblement de l'un à l'autre. Ainsi les surfaces frottées se lient aux failles d'une manière intime, de façon que dans nos échantillons, vu la faible grosseur de ceux-ci, on ne peut parfois distinguer si c'est à l'un ou à l'autre de ces accidents qu'on a affaire. De même, les veines noires se lient aux failles et aux surfaces frottées en ce sens que c'est d'ordinaire le long de ces failles et de ces surfaces frottées qu'elles s'étendent. D'ailleurs, la couleur noire de ces lignes de fracture en fait en quelque sorte de fines marbrures et met sur la voie de l'explication véritable de ces dernières.

Avant tout, il importe de justifier le nom de failles donné plus haut aux fines lignes noires. Or, outre les caractères déjà connus qui les rapprochent de ces accidents de la géologie terrestre, nous signalerons les rejets que parfois les lignes noires météoritiques se sont fait mutuellement éprouver.

Le fait de ces rejets se montre d'une manière remarquablement nette sur les échantillons d'aumalite provenant de la chute de Château-Renard (Loiret). L'un de ces échantillons, qui sont au nombre de trois sous le même numéro, montre une faille qu'une seconde faille rejette de 47 millimètres. Un second offre un rejet du même genre, tout aussi net, mais de 7 millimètres seulement. Le troisième, le plus gros de tous, contient un grand nombre de failles dont beaucoup sont parallèles entre elles et qui sont accompagnées de nombreux rejets.

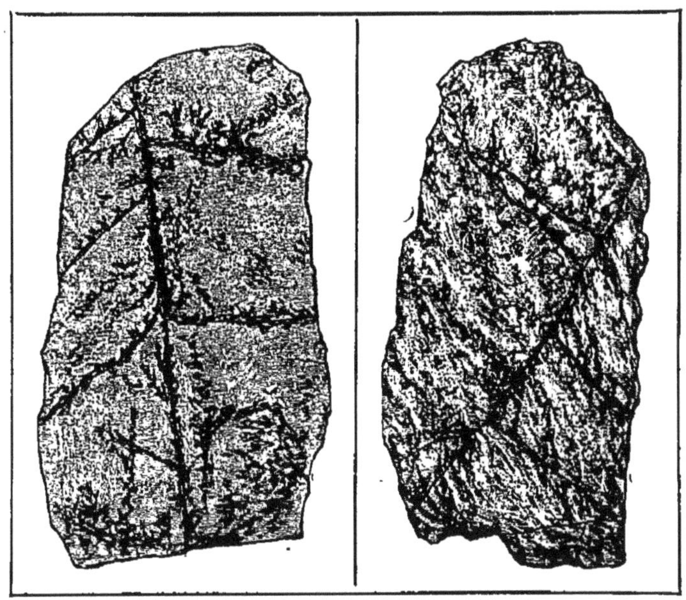

Fig. 31. — Comparaison du phénomène de faillage sur la Terre et chez les Météorites. A gauche, calcaire marneux des environs de Florence ; à droite, Météorite tombée le 10 février 1853 à Girgenti (Sicile). Grandeur naturelle ; échantillons du Muséum.

L'aumalite tombée à Girgenti, en Sicile, le 10 février 1853, présente de même des rejets très nets (fig. 31). Dans la lucéite tombée à Aumière (Lozère), le 4 juin 1842, on observe un système de failles rejeté tout entier de plusieurs centimètres. La figure 31 montre à côté de ces faillules avec rejets météoritiques un exemple terrestre des mêmes faits produits par le calcaire ruiniforme de Florence.

On pourrait citer un très grand nombre d'exemples tout à fait pareils dans beaucoup d'autres fragments d'aumalite provenant des chutes les plus diverses. Dans tous ces cas et dans le gros échantillon de Château-Renard, on remarque que les failles sont d'autant plus noires que les rejets sont plus grands et par conséquent que l'effort mécanique éprouvé par la roche a été plus considérable. C'est donc, conformément aux faits développés dans un mémoire spécial (1), que la coloration noire résulte de l'échauffement local déterminé par le glissement des deux parois de la faille.

Les surfaces frottées proprement dites qui caractérisent par exemple la chantonnite doivent être séparées des failles, non seulement à cause de leur aspect, mais parce qu'elles résultent évidemment de phénomènes différents. Au lieu d'être dues à de grandes fractures générales, elles sont causées par une série nombreuse de concassements en tous sens. Leur identité avec les surfaces polies des roches terrestres est mis en évidence par la figure 32. Les marbrures noires qui les accompagnent très souvent témoignent de la chaleur considérable dont leur production a été contemporaine.

Comme la chantonnite, la limerickite est abondamment pourvue de surfaces frottées, et il en résulte une application utile au point de vue de la spécification des types lithologiques des roches météoritiques. La météorite d'Ohaba Siebenbourg (10 octobre 1857) présente un caractère ambigu par rapport à la mon-

____

(1) *Comptes rendus*, t. LXXIV, p. 134.

tréjite et à la limerickite. Au point de vue lithologique, il y a presque autant de raison pour comprendre la Météorite en question dans l'un ou dans l'autre de ces deux types. Mais il n'en est plus de même si l'on fait intervenir les considérations qui viennent de nous occuper : la pierre d'Ohaba présentant une magnifique surface frottée, comme la limerickite et contrairement à la montréjite qui n'en offre

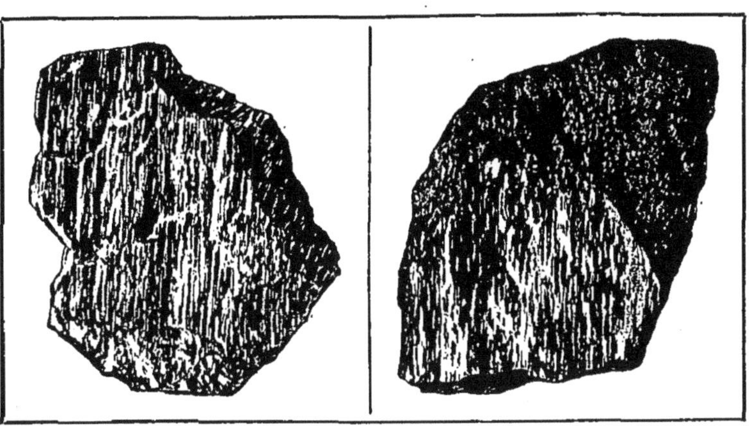

Fig. 32. — Comparaison des miroirs de frottement sur la Terre et chez les Météorites. A gauche, calcaire jurassique de Couzances (Jura) ; à droite, Météorite tombée le 30 janvier 1888 à Pultusk (Pologne).

jamais, c'est du premier de ces types qu'elle doit évidemment être rapprochée.

Enfin, les marbrures noires se présentent rarement seules et, dans ce cas, on doit présumer, d'après les faits observés, que, si l'échantillon était un peu plus grand, il comprendrait des surfaces frottées ou des failles. Quand ces surfaces frottées existent, leur liaison avec les marbrures est évidente à première vue. Celles-ci en rayonnent, pour ainsi dire.

Lorsque des surfaces frottées restent peu distantes l'une de l'autre, la zone intermédiaire est fréquemment métamorphisée d'une manière complète, au point que des écailles enlevées dans ces régions auraient tous les caractères de la tadjérite. C'est par exemple ce que montre la chantonnite tombée à Mexico, dans les îles Philippines, en 1859. Et l'on voit que le métamorphisme de l'aumalite a eu lieu, dans le gisement originel des Météorites, par deux procédés tout à fait distincts : d'une part, l'échauffement dû à l'injection du fer fondu, comme le montre le dyke de Deesa, et, d'autre part, l'échauffement causé par la friction énergique de fragments pierreux les uns contre les autres, ainsi qu'on l'observe dans la plupart des échantillons de chantonnite.

Dans ce dernier cas, l'épaisseur de la zone noire le long des failles et des surfaces frottées pourra peut-être, à la suite d'expériences, permettre d'apprécier la valeur des actions mécaniques dont il s'agit.

Quoi qu'il en soit, au point de vue où nous sommes placés, les Météorites pierreuses se répartissent en trois groupes, caractérisés chacun par un régime géologique particulier.

Le premier groupe, formé par la montréjite, l'erxlébénite, etc., comprend les roches qui paraissent avoir échappé à toute action mécanique du genre de celles décrites plus haut.

Dans le deuxième groupe se trouvent des roches qui, comme l'aumalite et la lucéite, présentent de longues failles fines souvent accompagnées de rejets plus ou moins considérables. La lucéite diffère même de l'aumalite en ce que les failles y sont d'ordinaire plus fines et plus nombreuses, ce qui tient peut-être à sa plus grande fragilité.

Enfin la chantonnite et la limerickite, avec leurs surfaces frottées et leurs marbrures noires, constituent un dernier groupe qui se rapproche naturellement, par son allure générale, des roches éruptives terrestres.

C'est évidemment à des phénomènes mécaniques de ce genre que sont dus les froissements et les concassements, avec les charriages nécessaires pour expliquer l'origine des brèches pépérinoïdes dont les roches de Saint-Mesmin, de Sako-Banja, de Parnallee et de Jelica sont des exemples entre autres.

La mesminite, ou roche tombée le 30 mai 1866 à Saint-Mesmin, constitue une véritable brèche composée de fragments anguleux cimentés ensemble, non de fragments tous semblables entre eux, comme il arrive dans les roches monogéniques, mais de ceux de deux roches parfaitement distinctes : l'une blanche et de structure trachytique, qui est la lucéite ; l'autre plus sombre et çà et là globulaire, qui est la limerickite.

Appliquant ici le raisonnement évident que l'on fait tous les jours à l'égard des brèches terrestres, il résulte de cette structure complexe que la roche de Saint-Mesmin provient d'un gisement où existaient séparément la lucéite et la limerickite. Voici donc trois roches : lucéite, limerickite, mesminite, dont nous pouvons dire en toute assurance qu'elles ont été en relations stratigraphiques. Par conséquent, dans ce gisement commun s'exerçaient les actions complexes que nécessite la formation des brèches : le concassement de roches préexistantes, le transport des fragments, enfin leur cimentation, actions géologiques variées qui supposent elles-mêmes une foule de conditions.

Les résultats donnés par la pierre de Saint-Mesmin sont confirmés par un grand nombre d'autres. Ainsi la Météorite tombée le 3o novembre 1866 à Cangas de Onis, en Espagne, fort analogue à celle de l'Aube, est, comme celle-ci, une brèche dont un des éléments est la limerickite ; mais les fragments blancs ne sont plus ici de la lucéite ; leur structure oolithique en fait de la montréjite.

Appliquant à cette nouvelle roche appelée *canellite* (parce que la chute de Canellas est une de celles qui l'ont fournie) le raisonnement de tout à l'heure, nous concluons que les trois types montréjite, limerickite, canellite, dérivent d'un même gisement. La limerickite se retrouvant dans les deux brèches, on peut penser que la canellite et la mesminite ont été elles-mêmes en relation, ce qui porte à cinq le nombre des types géologiquement réunis.

La parnallite, qui tire son nom de la chute observée le 20 février 1857 à Parnallee dans les Indes anglaises, offre une structure qui ne peut être comparée qu'à celle de nos grès à grains fins. Les grains dont se compose le conglomérat d'origine céleste sont exactement de petits cailloux, souvent anguleux, parfois plus ou moins arrondis et offrant dans tous les cas les caractères de fragments arrachés à des masses plus volumineuses. Certains d'entre eux sont brisés et ressoudés, comme on l'observe si souvent dans les grès des Vosges, par exemple.

La roche de Parnallee est une brèche très complexe que l'on ne saurait comparer qu'à nos pépérinos. De même que, dans ceux-ci, on peut souvent recueillir à l'état de fragments toute la nombreuse collection de nos roches volcaniques, de même, dans le pépérino céleste de Parnallee, on trouve des débris de types météoritiques très variés.

Puisque la présence simultanée dans le *Nagelfluhe* du Righi de toutes les roches des Alpes démontre, sans autre preuve, la relation de position de ces roches, la réunion dans le conglomérat polygénique de Parnallee de fragments appartenant à sept types au moins de roches météoritiques distinctes prouve la coexistence de ces types dans le gisement d'où provient la météorite indienne. Sous ce rapport, la parnallite est le plus remarquable des types météoritiques connus; nul autre n'a encore autant prouvé. Ce qui ajoute à l'intérêt de cette roche, c'est qu'elle donne, comme on l'a vu, la première et jusqu'ici la seule indication de plusieurs types qui ne sont pas encore parvenus sur la Terre, qui du moins n'y ont pas été signalés et qui pourront nous arriver un jour ou l'autre.

La météorite de Soko-Banja présente la structure des trass, et c'est ce que fait ressortir la figure 33. Elle renferme des galets d'erxlébénite, roche que l'on retrouve dans diverses Météorites, celles entre autres d'Ensisheim, d'Erxleben, de Kernouve, et une masse bréchoïde générale qui ne saurait être distinguée à un point de vue quelconque de la montréjite dont les météorites le Pégu et de Montréjeau, par exemple, fournissent des échantillons. Les deux roches associées dans la météorite de Soko-Banja ne diffèrent pas beaucoup l'une de l'autre au point de vue purement chimique et même en ce qui concerne la composition minéralogique. Mais il en est tout autrement pour ce qui a trait à leur histoire géologique.

La différence profonde qui existe entre l'erxlébénite et la montréjite est du même ordre que celle qui sépare le quartz du filon du grès quartzeux.

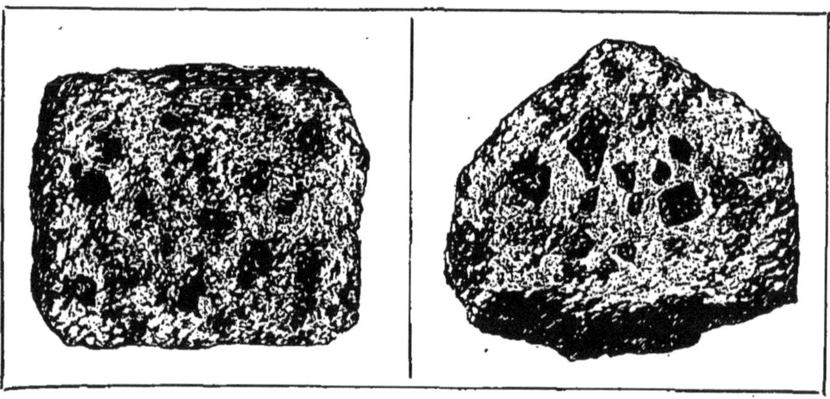

Fig. 33.— Comparaison des roches polygéniques sur la Terre et parmi les Météorites. — A gauche, trass d'Andernach ; à droite, Météorite tombée le 13 octobre 1872 à Soko-Banja en Serbie. 1|2 grandeur naturelle. Echantillons du Muséum.

La forme des galets d'erxlébénite et celle des fragments de pyrrhotine montre que ces deux substances ont été arrachées à des gisements plus ou moins éloignés et charriés jusque dans le conglommérat où nous les retrouvons aujourd'hui.

Pour les galets, on peut pousser leur histoire géologique plus loin encore. Les fissures qui les traversent et qu'on ne retrouve pas dans les pierres d'Ensisheim, de Kernouve, etc., montrent qu'ils ont subi des actions mécaniques très puissantes, telles que de fortes pressions. Ces actions sont évidemment antérieures à la production de la brèche de Soko-Banja, car les fissures ne se prolongent nulle part dans la montréjite juxtaposée. C'est à elles qu'il est légitime de rapporter la fragmentation même de l'erxlébénite.

Après la constitution définitive de la brèche de Soko-Banja, cette roche a été soumise à l'action d'émanations dont le produit a été la concrétion de fer nickelé qui s'est logé dans certaines fissures de l'erxlébénite et dans les interstices des éléments de la montréjite.

Mais les failles ouvertes ont livré en même temps passage à des matériaux profonds dégagés les uns à l'état de vapeurs, de façon à constituer de vrais dépôts concrétionnés, souvent filoniens, comme les roches d'Atacama, de Pallas, etc., les autres à l'état de fluidité ignée, comme le dyke de Deesa.

Dans ce dernier cas, la chaleur accompagnant l'éruption a développé des phénomènes métamorphiques, soit dans des fragments empâtés (Deesa), soit dans des roches voisines (stawropolite résultant de la montréjite, tadjérite résultant de l'aumalite et de la lucéite, etc.).

Certaines roches ont été poussées de la profondeur à un état déjà solide, les pressions et l'échauffement qu'elles ont subi alors y ont déterminé la production de surfaces frottées et de marbrures noires ; le type de ces roches est la chantonnite.

Comme on voit, nous pouvons résumer en peu de mots des notions fort précises sur le globe météoritique.

On déduit du fait relaté plus haut du métamorphisme de certains types une nouvelle preuve très concluante, au point de vue de la stratigraphie des Météorites, des relations de gisement originel de l'aumalite avec la chantonnite.

La notion des relations stratigraphiques résulte aussi de l'existence de types de transition parmi les Météorites, de la coexistence en fragments distincts de divers types dans la même chute, enfin de la transformation de certains types en d'autres types.

Il résulte, en résumé, de ces différentes méthodes d'investigation, que des Météorites de types différents proviennent d'un même gisement, et par conséquent la notion de la *Stratigraphie météoritique* peut être considérée comme définitivement acquise à la science, et par conséquent à l'astronomie physique.

On peut remarquer, en terminant, que le *globe météoritique* reconstitué paraît présenter les roches primitives comme écorce superficielle. Rien ne paraît s'y être fait au-dessus.

Les Météorites les moins denses sont comparables à nos laves, et nous devons croire que, comme celles-ci, elles se sont concretées plus tard et plus bas que les roches magnésiennes.

Ce fait se lie sans aucun doute à l'absence même des terrains d'origine aqueuse ou même hydrothermale, lesquels proviennent en grande partie de la modification par l'eau des roches primitives sous l'influence d'émanations profondes.

Comme le globe lunaire, le globe météoritique se présente comme ayant été frappé d'arrêt de développement.

CHAPITRE II

Admettant, au moins pour un moment, que les météorites sont, conformément aux faits établis tout à l'heure, les débris d'un astre jadis unique dans la masse duquel elles occupaient les unes par rapport aux autres des situations relatives comparables à celles des roches terrestres dans la masse de notre globe, encore faut-il que nous puissions concevoir le mécanisme en vertu duquel leur séparation s'est produite.

L'idée simple à ce point de vue est de supposer quelque accident, comme une explosion ou la rencontre de quelque comète, et des vues de ce genre ont été développées bien des fois.

Or l'une des conséquences nécessaires des grands faits de la Géologie comparée est de substituer à ces conjonctures accidentelles l'effet de quelque loi fondamentale de l'économie des astres. De même que la mort et la décomposition appartiennent à la physiologie des êtres vivants, de même la réduction en fragments des astres parvenus au terme de l'évolution sidérale doit appartenir à la physiologie cosmique.

C'est influencé par cette idée préconçue, que nous

pouvons constater qu'en effet l'exercice des fonctions normales sur les corps planétaires se traduit chez tous, quoique à des degrés divers, par une tendance indiscutable à la réduction spontanée du noyau solide en fragments distincts.

Quelques développements sont ici nécessaires.

Les géoclases. — L'écorce terrestre est partout fendue et brisée. Stratifiées ou non, ses roches sont entièrement réduites par des fissures entre-croisées en blocs distincts, en *fragments naturels*. De plus, l'ensemble de l'écorce est coupé en tous sens par des failles innombrables d'une profondeur inconnue, mais sans doute égale à l'épaisseur de l'écorce consolidée, et dont la largeur, parfois inappréciable, s'élève d'autres fois jusqu'à 25 mètres et plus. Quant à leur longueur, également très variable, elle peut atteindre plus de 100 kilomètres, ainsi que cela se voit en Angleterre et en Irlande.

Les terrains stratifiés mis à part, — puisqu'ils n'ont pas d'analogues chez les météorites, — ces ruptures ont toutes la même cause : elles sont dues à un retrait plus ou moins considérable des roches solides. Pour les fragments naturels du granit et du basalte, rien de plus évident. Nous avons déjà vu qu'il en est de même pour les failles.

Le globe est composé d'une enveloppe solide, relativement fort mince, reposant sur un noyau fluide ou pâteux. Se refroidissant constamment, ce noyau se contracte, et l'enveloppe, qui n'en peut suivre le mouvement centripète, ne tarde pas à porter à faux, et, vu sa grande minceur, à se briser. Elle se débite ainsi en segments chevauchant les uns sur les autres. Il est évident que l'orientation générale des failles doit suivre des lois géométriques, modifiées par l'hétérogénéité de la masse. C'est pourquoi l'on constate dans une foule de cas que ces failles sont dirigées suivant de grands cercles de la sphère, et Elie de Beaumont s'est attaché à défendre l'opinion que les chaînes de montagnes, dues avant tout à des failles, dessinent à la surface du globe un réseau régulier.

Le fond de cette théorie, à laquelle on a reproché d'être excessive, est manifestement vrai. Un regard jeté sur le relief des puys d'Auvergne suffit pour constater que ces montagnes sont alignées presque exactement suivant un méridien.

Donc, à mesure que la croûte terrestre deviendra plus épaisse, les effets des failles seront de plus en plus sensibles, et les dénivellations de plus en plus grandes, jusqu'au moment où, le globe étant entièrement solidifié, elles atteindront le centre, qui alors sans doute sera vide comme le centre, des boulets fondus.

La rupture spontanée est bien une tendance manifeste de notre globe.

Les sélénoclases. — Les rainures de la Lune, auxquelles nous appliquons le nom de *sélénoclases*, sont des sillons ordinairement rectilignes ou n'offrant que de légères courbures, d'une longueur variant de 20 à 3oo kilomètres et d'une largeur de 5oo à 3,000 mètres. Elles ne font pas saillie dans le sol et se perdent dans sa profondeur. Leurs extrémités finissent en pointes. La plupart sont isolées dans les plaines, à côté des cratères, qu'elles traversent sans dévier. Parfois elles sont en groupes parallèles. Cas très rare : certaines s'entre-croisent ou se ramifient. Elles tiennent à une cause générale, car elles se rencontrent dans toutes les régions.

Ces accidents furent observés pour la première fois par l'astronome Schrœtter, à la fin du siècle dernier. Leur nombre augmenta très rapidement. On en con-

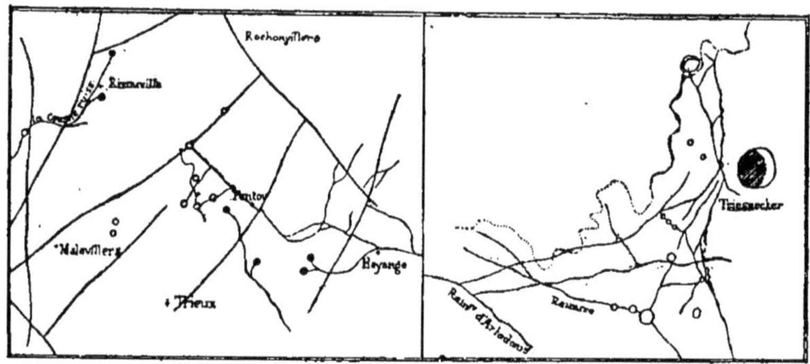

Fig. 34. — Comparaison des *failles* de la Terre et des *rainures* de la Lune. A gauche, les failles des environs de Hayange, d'après M. Simon ; à droite, les rainures des environs de Triesnecker, d'après M. Lœwy.

naît plus d'une centaine. M. Birt pense en avoir vu se former sous ses yeux.

Schrœtter, qui croyait à des habitants de la Lune, pensa voir, dans les rainures, des canaux ou des fortifications. D'autres personnes pensèrent que c'était là le lit de rivières ou de fleuves, et c'est une idée que M. Pickering a reproduite encore tout récemment. Ces opinions sont également insoutenables, la première à cause des gigantesques dimensions des rainures, qui sont en disproportion complète avec ce que des hommes pourraient faire ; la seconde à cause des

formes générales des rainures et surtout de leurs relations avec le relief du sol, relations qui excluent l'idée
de rivières, celles-ci ne passant pas d'ordinaire au travers des chaînes de montagnes.

Les rainures sont des fêlures naturelles du globe
lunaire et comme une exagération du phénomène des
failles. Beer et Mœddler, placés à peu près à ce point
de vue, ont commis la grande erreur d'attribuer ces
fêlures à l'action de vapeurs élastiques enfermées dans
les profondeurs de l'astre. Rien ne justifie cette supposition bien inutile. La Lune, de même que la Terre,
manifeste par ses rainures sa tendance à la rupture
spontanée.

Les rainures de la Lune sont extrêmement nombreuses. Depuis leur découverte par Shrœtter, le
17 octobre 1787, elles furent étudiées par Lohrmann,
Mædler, Kinan, Schmidt, Knott, Birt, Knobel, Elger,
etc., qui en comptèrent plus d'un millier. Aujourd'hui
l'on en connaît bien davantage. Grâce à l'emploi de la
photographie on en fait un relevé tout à fait complet,
et à cet égard on attend avec impatience la publication
des épreuves obtenues à l'Observatoire de Paris par
MM. Lœvy et Puiseux.

M. Gaudibert distingue deux sortes de rainures,
dues à deux causes diverses, qui sont : d'une part, « la
condensation lente, mais graduelle et continue, du
globe lunaire, plus rapide à sa surface que dans ses
profondeurs, ouvrant ici et là, aux points où la résistance est le plus faible, la croûte lunaire, comme l'action de l'air ou de l'été fendille l'argile que la pluie a
nivelée dans les creux de la Terre ; » d'autre part, « l'action volcanique, la puissance de la chaleur concentrée,

dont la Lune, de tous les globes à nous connus, donne les preuves les plus évidentes. »

Et M. Gaudibert donne comme exemple de l'action volcanique la grande rainure d'Hygginus dont la branche nord-est présente onze petits cratères dont les bords sont brisés dans le sens de la rainure.

La grande vallée qui longe le nord-ouest de Jules-César paraît être dans le même cas que le rainure d'Hygginus, car on y trouve les restes bien marqués de deux grands cratères. Et il y a ainsi dans la Lune « un grand nombre de chaînes de cratères qui seraient évidemment devenues rainures si les cratères avaient été un peu plus rapprochés les uns des autres. D'autres, comme la rainure qui se trouve au nord-ouest de Davy et dans Fracastorius, sont dans certains endroits de vraies rainures, et à côté, toujours sur la même ligne, elles sont restées chaînes de cratères. » M. Gaudibert remarque en outre que toutes les rainures dues à l'action volcanique sont courtes, comparativement à leur largeur.

Les autres sortes de rainures très longues et très étroites existent surtout dans les anciennes mers ou à leur voisinage. Elles constituent de véritables fendillements. Non seulement il est rare de trouver des cratères sur leurs parcours, mais « l'on pourrait citer des cas où elles font un détour comme pour éviter un cratère qui se trouvait sur leur passage. Cette classe de rainures, ne nous offrant aucune preuve visible de leur origine, peut être considérée, pour le présent du moins, comme étant le résultat de la tension qui doit exister à la surface de la Lune en conséquence de sa condensation. »

Désagrégation des corps célestes ; division des comètes. — La possibilité constatée de la rupture spontanée des corps planétaires ne suffit pas à l'admission de la théorie des Météorites telle que nous l'avons fait pressentir. Il faut encore et de toute nécessité expliquer comment des fragments juxtaposés, quoique distincts, peuvent cesser de graviter ensemble, et à première vue le fait semble tout à fait incompatible avec les lois de la mécanique.

Il est sans doute permis à cet égard de supposer que l'impossibilité apparente dont il s'agit provient de ce que quelqu'une des données fournies aux calculs par l'observation n'est pas tout à fait complète, car on assiste dans les profondeurs du ciel à la séparation dont il s'agit, et elle apporte même sa base la plus indiscutable à l'une des découvertes les plus frappantes de l'astronomie moderne : celle que M. Schiaparelli à faite quant à la liaison d'origine de certaines comètes avec des étoiles filantes.

L'exemple le plus connu est celui de la comète de Biéla, dont la période est de six ans trois quarts, et qui en 1846 se divisa presque sous les yeux des observateurs. Dès le 19 décembre 1845, M. Hind avait remarqué une protubérance singulière à la surface de l'astre, mais, d'après Encke, le 21, il n'y avait pas encore trace de séparation. Vers le 15 janvier 1846, on reconnut la segmentation déjà effectuée, et quelques jours plus tard on vit des rayons que l'ancienne comète envoyait à la nouvelle de façon à établir un pont entre les deux. Au moment de la disparition, qui eut lieu en avril, les comètes étaient à 62,000 lieues l'une de l'autre ; à leur retour, en 1852, elles étaient, d'après le P. Secchi, à 500,000 lieues.

La segmentation du noyau a été constatée pour la grande comète de septembre 1883. M. Vinlock y signala deux centres de condensation paraissant s'éloigner l'un de l'autre. M. Dorbec a constaté, le 12, que dès cette époque la condensation se formait en plusieurs centres ; on en pouvait compter quatre, espacés comme les grains d'un chapelet, et dont l'éclat allait en diminuant progressivement de la tête vers la queue. M. Sampson, qui observait avec un bon instrument, a dabord vu le noyau s'allonger en forme d'ovale irrégulier, puis un point brillant s'est montré, le 26 octobre, au centre de cet ovale. Bientôt deux nouveaux centres de condensation se sont formés vers un bout de l'ovale, de sorte que, le 4 novembre, on distinguait nettement, dans le noyau, trois points brillants, dont les distances mutuelles ont pu être évaluées à 260,000 kilomètres environ.

M. Cruls a vu de Rio-de-Janeiro des apparences qu'il a décrites ainsi :

« Le 15 octobre, j'ai constaté la présence, à l'intérieur de la comète, qui s'était considérablement allongée, de deux noyaux intérieurs lumineux offrant l'aspect de deux étoiles, l'une de septième, l'autre de huitième grandeur. J'ai trouvé que la distance angulaire entre ces deux noyaux était de 6″,47. L'angle de position a été trouvé de 278°,3, compté du noyau le plus grand. La ligne fictive joignant les deux noyaux déterminait fort semblablement la direction de la queue. Après la constatation de l'existence des deux noyaux, je suis porté à croire que l'apparence de la queue était produite par deux queues, se projetant à

peu près l'une sur l'autre et dues aux deux noyaux
centraux. »

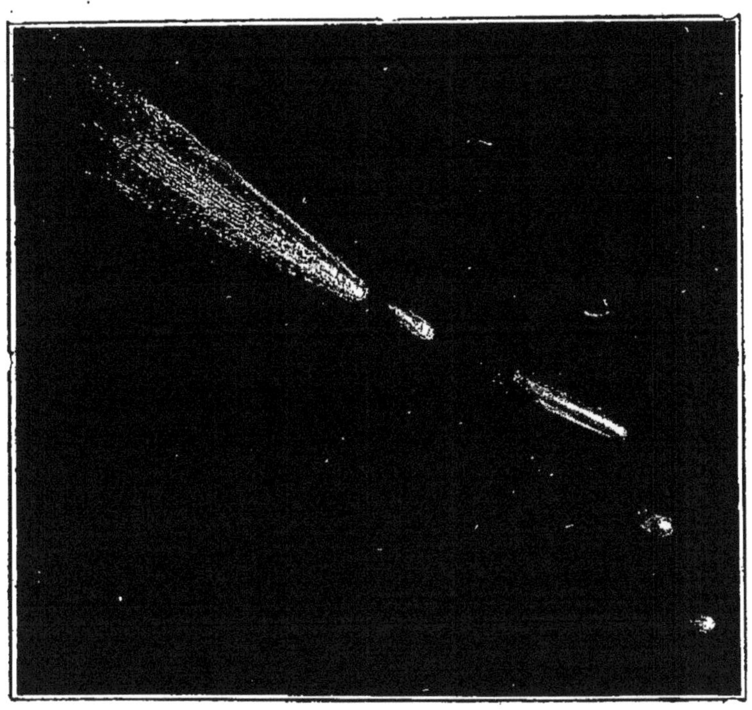

Fig. 35. — Désagrégation de la comète de Brooks, observée en août 1889,
de l'Observatoire de Lick, par M. Barnard.

Une comète découverte, le 6 juillet 1889, par
M. Brooks fut vue, partagée en trois morceaux, les
1er, 3, 4 et 5 août, par M. Barnard à l'aide du grand
équatorial de l'observatoire Lick. Ces trois comètes,
dont la plus grande, qui précède les autres dans le
mouvement diurne, à l'ouest, est la mère des deux
autres, se trouvent sur la même ligne. L'observateur a noté aussi deux nébulosités au-dessous, au
nord-est du rayon de la troisième (fig. 35).

La désagrégation possible des comètes le long de
leur orbite est maintenant universellement admise, et,
comme nous le rappelions tout à l'heure, M. Schiaparelli voit dans cette désagrégation spontanée l'origine
des étoiles filantes.

La Terre croise à dates fixes des courants d'étoiles
filantes dont les plus importants sont ceux du 10 août
et du 15 novembre. Les étoiles filantes semblent
sortir d'un coin du ciel appelé le point radiant ; celles
du 10 août s'appellent les *Perséides* parce que leur
point radiant se trouve dans la constellation de Persée,
tandis que pour la même raison celles de novembre
s'appelent les *Léonides*. En réalité, les étoiles filantes
d'un même courant traversent notre atmosphère selon
des lignes parallèles.

M. Adams, partant d'une observation attentive des
Léonides, constata que les grandes pluies d'étoiles
filantes se manifestaient avec un éclat extraordinaire à
des intervalles irréguliers de trente-trois ans et toujours
en novembre, et se proposa de déterminer l'orbite suivie par les corps qui viennent traverser notre atmosphère à cette époque. Il trouva d'abord cinq orbites
possibles, puis, après de longues recherches, détermina la véritable : une immense ellipse sur laquelle les
météores effectuent leur révolution en trente-trois ans.
Le point où cette orbite vient couper l'orbite terrestre
n'est pas fixe ; à chacun de leurs retours, les étoiles
filantes viennent passer en un point situé un demi-
degré plus loin dans la direction même du mouvement
de la Terre : donc leur orbite se modifie peu à peu. Si
elles n'obéissaient qu'à l'attraction du Soleil, leur
ellipse serait invariable ; mais elles subissent aussi

l'influence des planètes, et, en ce cas, les perturbations sont dues à Jupiter, Saturne, Uranus et la Terre.

La vitesse des étoiles filantes est relativement très faible lorsqu'elles sont loin du Soleil, au minimum de 1 kilomètre par seconde. Lorsqu'elles traversent l'orbite de la Terre, leur mouvement s'élève à 42 kilomètres par seconde. La Terre se mouvant dans un sens presque opposé avec une vitesse de 29 kilomètres par seconde, c'est donc avec une vitesse de 70 kilomètres que les étoiles filantes passent dans notre atmosphère.

Le courant des Léonides n'a qu'une faible largeur en comparaison de sa longeur. *En comparaison,* car en réalité la largeur est de 60,000 kilomètres. La longueur se jugera par ce fait que le courant, tout en se déplaçant avec la vitesse de 42 kilomètres par seconde, met cependant plus de deux ans à passer au point où il coupe l'orbite terrestre. M. Robert Ball a des expressions très heureuses pour faire comprendre l'énorme richesse de ces traînées cosmiques. « Dans la nuit mémorable du 13 au 14 novembre 1866, la Terre plongea dans ce courant non loin de son commencement, et n'en sortit que cinq heures plus tard ; pendant ce temps, l'hémisphère terrestre qui était en avant se trouvait être celui qui renferme l'Europe, l'Asie et l'Afrique, et, conséquemment, ce fut dans l'Ancien Monde que la grande pluie d'étoiles filantes devint visible. Un an plus tard, quand la Terre revint au même endroit, le courant n'avait pas fini de passer, et la Terre y replongea ; cette fois, ce fut le continent américain qui était en avant, et, par suite, ce fut en Amérique qu'on observa la pluie de 1867. L'année suivante même, le grand courant n'était pas encore entièrement passé, et quelques retardataires disséminés le long de la route sont encore à chaque passage annuel de la Terre au travers de l'orbite des météores. »

Le Verrier a démontré que la trajectoire des étoiles filantes coupe celle d'Uranus et que cette planète a passé au point d'intersection, en même temps que le courant d'étoiles filantes, en l'an 126 de notre ère. Le phénomène ne s'est pas reproduit depuis. Avant cette époque, les étoiles filantes se mouvaient loin du système solaire. Mais, en 126, elles furent tellement rapprochées d'Uranus, que l'attraction de la planète modifia complètement leur route : elles se mirent à circuler autour du Soleil suivant une orbite fermée.

Il est probable, selon M. Robert Ball, que les corpuscules célestes ont passé près d'Uranus alors qu'ils formaient encore un amas compact et de petites dimensions ; mais ceux qui se trouvèrent les plus rapprochés de la planète, lorsque le groupe tout entier vint à passer auprès d'elle, furent nécessairement attirés avec plus de force que les autres ; de même, les plus éloignés furent moins attirés. Il a dû en résulter inévitablement qu'une fois le groupe abandonné à lui-même, il ne put rester aussi compact qu'auparavant, puisque les éléments qui le composaient n'étaient plus animés du même mouvement commun et se trouvaient avoir acquis des vitesses différant, sans doute, très peu, mais variant néanmoins de l'un à l'autre. Dans ces conditions, ils durent circuler autour du Soleil le long d'orbites quelque peu différentes ; par la suite des temps, ceux qui décrivaient les orbites intérieures, se mouvant un peu plus vite, prirent l'avance, et, peu à peu, ils se disposèrent tous en une longue traînée, dans l'état où nous les voyons aujourd'hui après dix-sept siècles.

Quant à la date de février ou mars 126, qui serait celle du moment où les étoiles filantes eurent une orbite fermée, elle est *seulement* probable, mais *extrêmement* probable, en ce qu'elle explique tous les phénomènes actuellement connus.

Ce fut M. Schiaparelli qui trouva un rapport entre les étoiles filantes et les comètes périodiques. En 1866, on constata, non sans étonnement, que la route suivie par une comète était précisément celle que suivaient les Léonides. L'orbite des Perséides, déterminée avec soin, a été reconnue aussi pour être également celle d'une comète. Toutefois le nombre des coïncidences entre les essaims périodiques et les comètes est relativement assez faible.

L'origine des Météorites.— Pour en revenir au sujet principal que nous avons en vue, nous constatons d'une manière certaine :

1° Que les Météorites ont eu ensemble des relations stratigraphiques et qu'on peut par leur rapprochement mutuel reconstituer un tout géologique ayant avec notre propre globe des analogies fort intenses ;

2° Que la rupture du globe météoritique et sa résolution en fragments distincts sont l'œuvre de réactions normales ne supposant aucun accident et caractérisant seulement les dernières phases de l'évolution planétaire.

Il resterait, pour compléter l'examen de la question, à préciser la région de l'espace où gravitait le globe dont les Météorites sont les débris. A ce sujet, nous ne pouvons risquer que des suppositions sans nous dissimuler la facilité avec laquelle des adversaires scientifiques pourront nous opposer des objections. Mais nous sommes allègrement résigné d'avance à leur mauvaise volonté et tout disposé à remplacer notre système par celui qui paraîtrait rendre mieux compte des faits observés.

On peut remarquer tout d'abord l'analogie de notre recherche avec celle que poursuit le paléontologiste quand il se propose de déterminer la strate du globe d'où provient le fossile qu'il étudie. A cet égard, je rappellerai qu'il a été donné une espèce de *coupe géologique du système solaire* (V. p. 188), où se signalent des zones successives représentées chacune par plusieurs planètes et caractérisées par leur état physique. Les Météorites étant solides, c'est à la zone dont la Terre fait partie elle-même que doit appartenir le gisement originaire de l'astre détruit. D'un autre côté, l'absence de périodicité dans les chutes de Météorites, et qui en fait un phénomène si essentiellement différent de la chute des étoiles filantes, doit nous conduire à admettre que l'anneau formé maintenant par les produits de la désagrégation spontanée a pour centre soit le Soleil soit la Terre elle-même. En d'autres termes, l'astre détruit devrait être ou une planète ayant une orbite plus grande que celle de la Terre, ou un satellite gravitant autour de notre globe à la façon d'une seconde lune.

Choisir entre ces deux alternatives n'est pas facile, et il est plus imprudent que profitable de préciser une solution. Remarquez qu'un satellite aurait l'avantage de supposer beaucoup moins de matière, mais qu'une planète pourrait plus aisément rendre compte de la vitesse des bolides.

Peut-être l'avenir facilitera-t-il la solution.

En tous cas, il importe de montrer que le phénomène de la pulvérisation spontanée des planètes paraît n'avoir pas présidé seulement à l'isolement des Météorites. L'origine des planétoïdes pourrait se rattacher aussi au même mécanisme.

L'origine des petites planètes (1). — Lorsqu'au commencement de ce siècle furent découvertes, entre Mars et Jupiter, les quatre petites planètes Cérès, Pallas, Junon et Vesta, le célèbre astronome Olbers, remarquant que les quatre orbites, quoique très différentes entre elles, se rapprochent notablement les unes des autres en une certaine région du ciel, émit l'opinion qu'elles pourraient être les fragments d'une grosse planète qui se serait brisée en plusieurs éclats ; et cette opinion trouvait une confirmation dans ces grandes variations de lumière observées sur les petits astres, comme il devait arriver pour des corps non sphériques.

Plus tard, en 1845, fut découverte la planète Astrée, et presque immédiatement une multitude d'autres astéroïdes. Aujourd'hui, le nombre des planètes télescopiques dépasse 390, et un certain nombre d'astronomes qui se sont spécialement voués à cette recherche en découvrent encore continuellement. Néanmoins, depuis quelques années, les dimensions des

(1) Voyez le Mémoire de MM. Cruls et Liais, dans les *Annales* de l'observatoire de Rio-de-Janeiro, 1ᵉʳ volume, 1881.

corps nouvellement trouvés sont toujours de plus en plus petites, et il semble qu'aujourd'hui, avec l'activité déployée dans ces recherches, il n'aurait guère pu échapper d'astres de dimensions aussi grandes que celles des premiers astéroïdes découverts.

Après la découverte des vingt ou trente premières planètes, on remarqua que les orbites de plusieurs d'entre elles ne traversaient pas la région dans laquelle Olbers avait cru noter un croisement des quatre premières, et cette circonstance fit généralement abandonner l'hypothèse de ce savant, en vertu de laquelle elles seraient les débris d'une grosse planète antérieure.

L'astronomie mathématique démontre, en effet, qu'un corps partant d'un certain point avec une vitesse donnée décrit autour de l'astre à la gravitation duquel il est soumis sans influence appréciable de la part d'autres corps une des courbes connues sous le nom de *sections coniques* ; et, si cette courbe est fermée, il repassera par le point de départ. Conséquemment, si, en un point quelconque de son orbite, une planète vient, par l'action soit d'un choc, soit de forces expansives, à se diviser en plusieurs fragments animés de vitesses différentes, ces divers fragments, si les vitesses qu'on leur suppose ne sont pas de nature à dépasser celles qui conviennent à des ellipses, repasseront nécessairement à chaque révolution par le point où ils se sont séparés. Ceci explique aisément pourquoi a été généralement abandonnée l'hypothèse d'Olbers lorsqu'on a vu non remplie cette condition géométrique.

Néanmoins, la plupart des personnes qui crurent devoir, par cette considération, rejeter définitivement l'hypothèse d'Olbers ne remarquèrent pas que, malgré

l'exactitude de la conclusion géométrique relativement
à des fragments devenant tous simultanément indépendants en un même point, il pourrait se faire qu'au
lieu d'une fraction unique il y ait eu plusieurs ruptures successives sur divers points de l'orbite primitive ou sur les orbites secondaires décrites par les premiers fragments. Dans ce cas, la totalité des orbites
ne devrait plus se croiser en un point unique, mais
former des groupes ayant chacun un point de concen-
tration, dont la situation indiquerait la position de
la rupture ayant donné lieu à ce groupe.

Or il n'y a pas besoin d'insister sur la facilité que
procurent, dans la conception de ce mécanisme, les
faits exposés précédemment à l'égard des Météorites.

Le plus ou moins de perfection avec laquelle se
rencontrent les orbites dans les divers groupes que
peuvent former entre elles les planètes est une question d'un haut intérêt relativement au degré d'antiquité assignable à un phénomène de division d'un astre
primitif. En effet, les orbites sont soumises à de
petites forces perturbatrices qui, dans le cas présent,
tout en laissant à peu près invariables les grands axes
et les inclinaisons, et restreignant considérablement
les variations des excentricités, ne laissent pas d'in-
fluer sur les directions des périhélies et des nœuds.
Ces variations proviennent pour la plus grande part
des détroits de Jupiter, Saturne, Mars et la Terre,
d'après les conditions où se trouve le système des planétoïdes, et elles sont sensiblement proportionnelles
au temps; mais elles ne sont pas exactement les mêmes
pour tous les corps, et, quoique les déplacements des
périhélies et des nœuds soient très lents, et quoique

en outre la disposition du système affecté de mouvements du même sens ne laisse ces mouvements, déjà petits, agir que par leurs différences, néanmoins, sous l'action d'un temps immense, les déplacements des nœuds et des périhélies auraient pour effet d'opposer complètement les rencontres d'orbites qui auraient dû exister nécessairement dans l'hypothèse de division d'un astre primitif. Cette considération non seulement montre pourquoi l'hypothèse d'Olbers ne pourrait pas encore être condamnée même par l'absence de toute relation géométrique entre les orbites, parce que cette base ne pourrait prouver que l'antiquité du phénomène, mais encore fait voir que, si cette circonstance de relation géométrique est rencontrée, l'hypothèse d'Olbers trouve en elle une puissante confirmation, et on est obligé de conclure que la rupture aurait eu lieu dans des temps relativement peu éloignés de nous. Cette remarque augmente encore l'intérêt de la question. Il est donc clair qu'à moins que le phénomène ne se soit passé à notre époque même, il n'y a pas lieu d'espérer de rencontre géométrique rigoureuse entre les orbites ; il suffit uniquement de constater des rapprochements véritables, dans des régions définies du ciel, et le plus ou moins grand degré de rapprochement devra uniquement servir à permettre de juger du degré d'antiquité du phénomène.

Il n'est pas hors de propos de rectifier un peu les idées répandues sur la perfection avec laquelle, même en l'absence des perturbations, devraient se couper les orbites des divers fragments d'un même astre. Il faut remarquer que le principe d'astronomie mathématique précédemment cité à ce sujet n'existerait rigoureusement que dans l'hypothèse où les divers fragments seraient devenus instantanément indépendants les uns des autres et où l'astre brisé n'aurait pas eu de satellites rendus par sa rupture indépendants du système primitif. En réalité, les corps célestes sont animés d'un mouvement de rotation sur eux-mêmes, et, en supposant que l'un deux se brisât par une force explosive intérieure, fût-elle même normale à sa surface, une autre loi de l'astronomie mathématique nous apprend comment, dans une certaine extension et jusqu'à la limite des distance, où il aurait pu maintenir des orbites de satellites autour de lui, le système ainsi formé aurait à peu près agi sur chacun de ses fragments comme si la forme attractive de toute la masse avait été réunie à son centre primitif. Les fragments auraient donc tendu à circuler dans des orbites plus ou moins excentriques autour du centre de gravité du système, et dépendantes des restes des composantes de sa rotation appartenant surtout aux régions voisines de l'équateur : ce sont seulement les parties animées d'une vitesse suffisante pour pouvoir immédiatement sortir de la sphère d'attraction et ne plus guère obéir qu'à la forme solaire seulement, qui pourraient approximativement satisfaire à la condition de rencontre rigoureuse de leurs orbites en un point unique. Beaucoup des autres fragments auraient pu d'abord être ramenés par leurs orbites dans le voisinage du centre de gravité, et là nécessairement se seraient produites des rencontres et de nouvelles ruptures; mais, en général, par suite de la diminution de la masse résultant de la disparition des fragments immédiatement rendus libres, les autres éclats ne seraient pas rappelés vers le centre de gravité par des formes égales à celles qui ont combattu leurs écarts : par conséquent la majeure partie des fragments doivent avoir des orbites beaucoup moins excentriques qu'on ne le supposerait d'abord autour du centre de gravité du système. Donc il a dû se former un système de corps circulant mutuellement les uns autour des autres, dont une partie au moins aurait effectué un certain nombre de rotations avant de pouvoir devenir indépendante.

Cette indépendance n'aurait même pas pu se produire après la constitution du système sans les perturbations mutuelles et les variations de distance au Soleil dans l'orbite générale de l'ensemble autour de cet astre. Mais ces variations, par leur influence sur l'extension de la zone dans laquelle le système peut se maintenir, déterminent les parties limites à se rendre indépendantes successivement quand la zone vient à se restreindre par son rapprochement du Soleil dans l'orbite générale : de là diminution de la masse et, comme conséquence, extension des orbites dans le système, et ainsi progressivement indépendance successive de toutes les parties.

Les considérations précédentes prouvent donc que le phénomène n'est pas si simple qu'on se le représente généralement. C'est forcément sur de grandes longueurs de courbes, peut-être même sur une ou plusieurs résolutions, que se distribueraient les projections de matières d'une planète brisée par une cause quelconque, et nous n'avons pas encore en cela considéré le phénomène dans toute sa généralité.

A la suite des considérations précédentes, reproduites presque littéralement, les auteurs développent l'opinion, que nous ne saurions admettre, que la planète génératrice a été le siège d'une explosion. C'est le cas de répéter que l'hypothèse si simple et si naturelle de la rupture spontanée, substituée à l'idée d'un choc ou d'une explosion, semble faciliter singulièrement la solution de certaines objections qui ont eu raison des idées d'Olbers.

Il n'y a en effet aucune raison de supposer que la désagrégation spontanée se soit faite tout d'un coup. L'astre, sous l'influence longtemps continuée des actions déjà si fortement empreintes sur la Lune, a pu se réduire d'abord en un très petit nombre de fragments (deux par exemple) inégaux, qui ont pu se séparer progressivement en conformité des faits présentés par exemple par les comètes en voie de désagrégation. Il suffit, pour justifier l'hypothèse, de retrouver un seul point d'intersection de leurs orbites. Chacun de ces fragments, après un temps inconnu, serait devenu le théâtre de divisions secondaires du même genre, et, ces fractionnements se multipliant, certains débris auraient parcouru des orbites de plus en plus écartées les unes des autres, orbites qui, par suite des actions perturbatrices progressivement croissantes des astres voisins, ont affecté en outre des inclinaisons de plus en plus considérables.

Il importe d'ailleurs, en terminant, de bien fixer les idées sur l'importance du phénomène. Or, dès 1853 (1), Le Verrier, en comparant les écarts des observations de Mars par rapport aux Tables, recherchait l'influence

---

(1) *Comptes rendus*, t. XXXVII, p. 797.

perturbatrice de la masse totale du système des astéroïdes et démontrait que la masse entière de toutes les petites planètes réunies qui peuvent exister entre les distances moyennes de 2,20 à 3,16 n'atteint pas un quart de la masse de la Terre.

M. Niesten (1), astronome à l'observatoire de Bruxelles, a repris plus tard la même question, et, tablant sur les 265 petites planètes alors connues, il montre que leur volume total est égal à

$$V = 126.017.859 \text{ kilomètres cubes.}$$

En prenant pour diamètre moyen de la terre 12,732 kilomètres, le volume de notre globe est

$$V = 1.080.000.000.000 \text{ kilomètres cubes.}$$

C'est-à-dire qu'il faudrait 8,575 fois le volume des petites planètes réunies pour former la Terre, et, comme on sait que 1,230 globes aussi gros que la Terre seraient nécessaires pour former Jupiter, on voit l'insignifiance de la masse des petites planètes connues quand on les compare à celle des grandes planètes composant le système solaire.

« L'agglomération de tous les astéroïdes connus, conclut l'auteur, forme une planète de 622 kilomètres de diamètre, placée à une distance moyenne de 2,28, c'est-à-dire qu'en supposant qu'ils fussent les débris d'une planète unique, celle-ci aurait eu pour diamètre $\frac{1}{20}$ du diamètre terrestre. »

(1) *Ciel et Terre*, année 1890.

CHAPITRE III

APPLICATION DE LA GÉOLOGIE COMPARÉE A LA CONNAIS-
SANCE DE LA TERRE

Le moment est venu de nous demander si la Géologie terrestre n'a pas quelque chose à gagner à la
connaissance, ainsi prouvée par les Météorites, de la
constitution profonde d'un astre différent. La comparaison des roches terrestres aux Météorites fournit
des notions intéressantes.

Nous constatons tout d'abord que les roches primitives existent sur la Terre et qu'elles gisent, comme
dans l'astre météoritique, au-dessus du laboratoire où
les volcans puisent leur lave.

En effet, les basaltes d'une foule de régions apportent
au jour des fragments anguleux de chassignite (dunite)
dont ils ont manifestement traversé les assises pour
arriver au jour. L'île Bourbon et la France centrale
présentent des exemples de ce fait. D'après Hochs-
tetter, la dunite constitue toute la masse d'une chaîne
montagneuse à la Nouvelle-Zélande.

En second lieu, les basaltes du Groenland ont
apporté des fragments de roches avec fer natif et des
blocs de fer natif évidemment de la famille des Météorites primitives et dont le gisement est moins profond que celui des basaltes eux-mêmes.

C'est durant son expédition au Groenland, en 1870, que M. Nordenskiold découvrit ces blocs ferrugineux qui gisaient sur le rivage, entre le niveau de la haute et celui de la basse mer, parmi des blocs de granit et de gneiss roulés au pied d'une grande falaise basaltique d'où s'élève plus haut encore la série des couches horizontales de trass et de dolérite du mont Ovifak.

A 16 mètres du plus gros bloc, sous des détritus constituant la berge, un rocher basaltique de 0^m,30 peut être suivi sur 4 mètres de distance, de façon à se présenter comme faisant partie intégrante du sol en place. Une autre arête analogue, située près de la berge, court dans une direction parallèle et avec la même longueur. Cette dernière contient des blocs lenticulaires formés de fer nickelé, qui ont l'apparence extérieure, la composition chimique et la résistance à l'air des fers météoriques.

Le fer est empâté dans le basalte, dont il est séparé par une mince écorce de rouille et qui présente, au voisinage des blocs de fer natif, des nodules de hisingérite, évidemment formée par l'oxydation du métal.

Sur une superficie qui ne dépasse pas 50 mètres carrés, M. Nordenskiold trouva et recueillit plus de vingt masses de fer et de basalte renfermant du fer, pesant de 21,000 kilogrammes à moins de 1 kilogramme.

D'autres échantillons consistent en un mélange de dolérite et de fer natif ou plutôt en une roche doléritique, remplie de grenailles métalliques toutes semblables à celles des Météorites.

Les échantillons de ce type offrent le plus vif intérêt, car sans eux il n'y aurait pas moyen de résoudre le problème de l'origine des masses groenlandaises, tandis que leur examen critique conduit à élucider les points les plus importants de la question. Ils n'ont pas de caractère métallique à l'intérieur ni sur leurs surfaces de fractures, sauf dans de petits points disséminés ; mais, si on les polit, on y voit apparaître de nombreuses grenailles métalliques, variables de formes et de dimensions. Il existe cependant une variété dont la fracture est fortement métallique ; la dolérite n'y est qu'en faible proportion. Une fois coupés et polis, ces fers présentent des lignes d'un brillant métallique et d un caractère dendritique. Les nodules métalliques, de même que la dolérite à fer natif, sont empâtés en blocs plus ou moins volumineux dans les basaltes qui les ont arrachés à leur gisement profond pour les approcher à la surface. A cette circonstance, qui rapproche ces roches singulières des météorites primitives, s'en joint une relative à leur reproduction synthétique, dont j'ai fait l'objet de recherches spéciales.

L'observateur est en présence de particules de fer anguleuses, ramifiées, évidemment non fondues, même lorsque de loin on croit apercevoir dans la dolérite des grenailles bien rondes ; si on les examine à la loupe, on reconnaît qu'elles sont constituées par des éléments anguleux associés à des minéraux silicatés, disposition incompatible avec l'idée d'une fusion.

Cette remarque interdit de voir, comme on l'a fait, dans les masses groenlandaises le produit de la réduction du basalte par les lignites tertiaires au travers desquels elles ont fait éruption. Et j'ajouterai qu'on arrive à la même conclusion quand on compare la portion silicatée de ces roches métallifères soit aux dolérites ordinaires, qu'elles reproduisent exactement, soit au résidu de la réduction du basalte par le charbon, dont elles diffèrent à tous égards.

Cependant, l'analogie intime des grenailles groenlandaises avec les grenailles météoritiques ne doit pas faire oublier une différence profonde au point de vue chimique. Le métal terrestre, nickelifère comme le métal cosmique, se distingue de lui, ainsi que Lawrence Sunth et d'autres chimistes l'ont montré, par la forte proportion de carbone qu'il renferme à l'état de combinaison, de telle sorte qu'on peut le considérer comme une véritable fonte naturelle.

Ce fait intéressant avait d'abord été signalé par M. Shepard, à propos du fer de Niakornak, qui, d'abord classé avec les Météorites, appartient évidemment à notre globe.

De pareilles particularités de composition tenant nécessairement aux conditions mêmes dans lesquelles la concrétion métallique s'est opérée, j'ai cherché à produire artificiellement un métal qui, pour la composition aussi bien que pour la forme extérieure, et la structure interne, fût semblable à la fonte naturelle d'Ovijak et de Vaigatt.

J'ai été dirigé dans la disposition des expériences par les considérations développées à l'occasion de la synthèse des fers météoritiques et spécialement par cette remarque que, si le fer groenlandais est aussi riche, au moins en chlorures, que les fers météoritiques, cependant la chaleur rouge n'en chasse pas d'hydrogène comme elle en extrait de ceux-ci, mais un mélange d'acide carbonique et d'oxyde de carbone où ce dernier gaz prédomine beaucoup.

C'est donc à l'oxyde de carbone qu'il fallait avoir recours pour réduire le mélange de protochlorure de fer ou de chlorure de nickel dans un tube de porcelaine où des fragments de roches auraient été préalablement disposés.

Par ce mode opératoire, un métal a été produit, et il a été facile d'y reconnaître la présence d'une grande quantité de carbone combiné : c'est donc un fer carburé ou une fonte. Celle-ci, riche en nickel, s'est présentée sous les formes obtenues pour les alliages déjà étudiés, c'est-à-dire en filaments placés entre les fragments rocheux et les agglutinant entre eux, en grenailles dans les interstices des pierres, en végétations ramuleuses, en enduits continus sur tous les corps placés dans le tube et sur les parois internes de celui-ci, enfin en petits boutons grossièrement sphéroïdaux dont l'examen paraît spécialement intéressant. En effet, outre que, pour la forme générale, ces boutons rappellent, à une échelle microscopique, les gros blocs recueillis à Disko par M. Nordenskiold, on y reconnaît une structure vermiculée due à l'alternance des particules métalliques et des particules charbonneuses, structure qui, rigoureusement semblable à celle de la grande plaque polie du fer d'Ovijak, que l'on peut voir dans la galerie de géologie du Muséum, n'a jamais été signalée dans les sidérites.

Ces résultats conduisent, quant à l'origine des fers du Groenland, à une opinion très différente de celle qui a été généralement adoptée. Elle consiste à croire que les roches à fer natif représentent des échantillons de couches très profondes de notre globe.

Quant au mécanisme de leur sortie, on peut le comprendre très simplement si on se rappelle qu'elles ne forment en définitive que des blocs plus ou moins volumineux, mais limités, empâtés dans du basalte absolument ordinaire : disposition qui avait conduit d'abord M. Nordenskiold à y voir une « eukrite » tombée du ciel dans la roche plutonique fondue. Il suffit donc d'admettre que ce basalte, sortant des profondeurs, a pu exceptionnellement arracher des fragments d'une assise à fer natif et les charrier sans les fondre jusqu'aux régions superficielles. C'est exactement la reproduction de ce qui a lieu si souvent pour le péridot et la dunite, amenés au jour par les basaltes qui ne les ont pas fondus.

Si l'on admet cette opinion, on voit que l'étude des Météorites, en nous révélant le procédé par lequel les grenailles métalliques se sont concrétionnées dans les roches d'Ovifak, contribue d'une manière des plus efficaces à la connaissance de notre propre globe.

Les fers d'Ovifak, par le véritable trait d'union qu'ils établissent entre les Météorites et les roches terrestres, nous invitent à rechercher si d'autres relations du même genre ne pourraient pas être observées.

On établira un rapprochement facile entre les Météorites primitives éruptives et les roches terrestres dont le type est la serpentine.

La croûte superficielle des astres se forme en effet par leur refroidissement progressif. Si l'on considère ce phénomène dans toute sa simplicité, il n'y a pas de raison pour que la surface physique subisse de vastes déformations. Par son poids, cette croûte reste constamment appliquée sur le noyau fluide, au moyen de la contraction infinitésimale de chacun de ses éléments. L'astre reste donc sphérique. Telle est la Lune, dont la surface, parfaitement ronde, sauf un allongement imperceptible du rayon dirigé vers nous, ne présente que des accidents cratériformes bien différents de nos continents et de nos longues chaînes de montagnes. Telle serait la Terre s'il n'y avait eu, dès l'origine, autre chose qu'un refroidissement uniforme. Pour sentir la force de cet argument, il faudrait avoir sous les yeux, en même temps, non pas une photographie, mais une carte topographique de la pleine Lune et une mappemonde terrestre.

« Je m'occupais de ces comparaisons il y a plus de vingt ans, dit M. Faye, lorsque je tombai sur les sondages profonds de la frégate *la Vénus*, qui avaient mis en évidence ce fait bien frappant que la température décroît verticalement dans les océans, tandis qu'elle croît rapidement sous les continents. Elle tombe même à : — 1° ou — 2° dans les sondages récents, par 6,000 ou 7,000 mètres de profondeur. J'en conclus la loi suivante : *A toutes les époques, le refroidissement du globe terrestre va plus vite et plus profondément sous les mers que sous les continents*, loi que plusieurs géologues ont bien voulu admettre en France et à l'étranger (1). Dès lors, la différence d'aspect de la

(1) On a objecté que, cet abaissement considérable de température observé à 6,000 ou 7,000 mètres de profondeur étant dû aujourd'hui à l'afflux des eaux polaires, le phénomène n'a pas dû exercer d'influence avant l'établissement des saisons sur le globe. Il y a là une méprise évidente. La loi susdite tient à cette propriété de l'eau chauffée en dessous de transmettre rapidement en haut, par convection, le moindre afflux de chaleur ; elle a donc dû exister à toutes les époques géologiques. On a objecté encore que si l'on entretenait, à la surface de la croûte terrestre, une région limitée à la température de 200° au-dessous de la température du

Lune et de la Terre est expliquée. Sur la Terre, l'écorce sous-marine, en devenant plus épaisse, pèse davantage sur la masse interne en fusion : cet excès de pression sans cesse renouvelé se propage en tous sens, sous l'écorce continue du globe, par suite de la fluidité de la masse centrale, et tend à soulever les parties faibles de cette enveloppe solidifiée, c est-à-dire la croûte continentale, et à pousser, le long d'anciennes lignes de fracture de l'écorce primitive, des masses intérieures sous forme de chaînes de montagnes, à mesure que les bassins des mers s'approfondissent de plus en plus. La Lune, au contraire, n'a pas de mers. Les eaux profondes, si elle en a jamais eu, n'y jouent depuis longtemps aucun rôle. Il n'est pas étonnant dès lors que sa surface, criblée de cratères petits ou grands, présente un tout autre aspect et qu'elle n'ait ni chaînes de montagnes, ni grands continents, ni profondes dépressions (1). Elle n'offre même aucune trace d'érosions dues à l'action des eaux ; tous les angles, toutes les arêtes y sont à vif ;

reste de la surface, cela n'aurait aucun effet bien sensible sur le refroidissement des couches profondes, à cause du peu de conductibilité des roches. Là n'est pas la question. Il s'agirait, dans cette singulière supposition, de remplacer une couche d'eau épaisse d'une lieue et demie, qui conduit parfaitement tout afflux de chaleur venant du bas, par une couche de roches d'un lieue et demie d'épaisseur, dont la conductibilité en tout sens serait extrêmement faible. (*Note de M. Faye.*)

(1) Si la planète Vénus, semblable à la Terre sous tous les rapports, n'a pas de ces grandes dénivellations qui caractérisent le globe terrestre et qui auraient mis en évidence depuis longtemps sa singulière rotation découverte récemment par M. Schiaparelli, ce n'est pas que les mers lui aient manqué, c'est que les mers ont dû se transporter et se congeler, dès les premiers temps de la formation de son écorce, sur la face constamment opposée au Soleil. (*Note de M. Faye.*)

ses plages, sensiblement moins brillantes que le reste du disque, sont visiblement dues à l'épanchement de masses fondues venues de l'intérieur, plutôt qu'à l'accumulation de sédiments transportés de loin par voie horizontale. »

Plus tard, l'auteur s'aperçut que cette loi rend parfaitement compte de la compensation plus ou moins complète dont je viens de parler. Elle a pour corollaire et pour complément le travail de la pesanteur des eaux et des glaciers sur les parties émergées. Sur les flancs d'une vaste fracture, relevés à des hauteurs considérables, les sédiments anciens glissent parfois ou sont forcés de se replier; partout où l'écorce s'incline sur une surface de niveau, les eaux entraînent les détritus, qui vont former au loin des sédiments nouveaux et modifient ainsi l'aspect du globe terrestre. Ce second travail ne saurait donner lieu à une compensation, parce qu'il opère dans un sens à peu près horizontal; mais il en est tout autrement des actions verticales primordiales qui résultent de la différence de refroidissement entre les parties immergées et les parties émergées. Lorsque la croûte sous-marine s'affaisse par son excès de densité, elle rapproche du centre des matériaux trop denses, et en même temps l'eau supérieure remplit la place qui lui est laissée libre au-dessous. Il y a donc compensation partielle ou totale. De même, lorsque la croûte continentale est peu à peu exhaussée par la poussée verticale de la masse interne qui résulte de l'affaissement susdit, elle est remplacée en dessous par une partie de la masse liquide non encore refroidie et cristallisée; là encore il y a compensation.

Après avoir produit autrefois, avec lenteur mais avec une énergie irrésistible, les continents et les chaînes de montagnes, cette influence des mers se révèle encore aujourd'hui dans les oscillations lentes du sol. Le professeur Issel, qui les a étudiées, conclut ainsi : « Nelle grandi masse continentali sembra « dominare il movimento dal basso all'alto, mentre « quello in senso contrario apparisce prevalente nei « grandi bacini oceanici (1). »

Ce qui précède explique et complète la théorie des soulèvements en Géologie. Ce qui manquait à Léopold de Buch et à A. de Humboldt, c'était de pouvoir assigner la cause des puissantes impulsions qui, parties suivant eux de l'intérieur, allaient çà et là soulever et bosseler l'écorce terrestre. On voit qu'elles sont dues à la réaction (sur des points faibles) d'une masse fluide enfermée dans une écorce dont une partie considérable se refroidit plus vite que l'autre et se rapproche davantage du centre par son excès de poids. En d'autres termes, il manquait à la théorie des soulèvements la loi précédente du refroidissement pour un globe recouvert en grande partie de mers profondes (2).

C'est d'ailleurs dans les mêmes études que M. Faye donne de la constitution profonde du globe une idée qui paraît devoir être quelque peu modifiée.

Selon lui, dans la masse fluide interne, les couches se sont rangées de tout temps « d'après l'ordre des densités des espèces chimiques, lesquelles présentent

____

(1) Issel, *les Oscillazioni lente del suolo*, p. 365.

(2) V. le mémoire de M. Faye dans *Comptes rendus de l'Acad. des sciences*, t. CXII, séance du 12 janvier 1891.

des lacunes fort disparates; mais ces couches doivent
être restées homogènes. »

C'est là cependant une conception sans doute beaucoup trop géométrique, selon nous, et il est probable
que dans la réalité les phénomènes sont notablement
plus complexes.

Dans la théorie cosmogonique de Laplace, que tant
de faits d'observation sont venus confirmer et que
l'on est unanime à accepter dans ses grandes lignes,
la séparation successive des anneaux équatoriaux dont
chaque planète résulte à son tour est une conséquence de l'accélération dans le mouvement de rotation et de la valeur acquise par la force centrifuge
devenue plus puissante que l'attraction.

Ceci posé, il faut répéter qu'une semblable valeur
de la force centrifuge ne se borne pas à une modification dans la forme extérieure de la masse tourbillonnante. Elle apporte des changements extrêmement
considérables dans la répartition des matériaux de
densités différentes dont cette masse est constituée.

A cet égard, il y a dans le phénomène dynamique
tendance à un état précisément inverse de celui qui
prendrait naissance dans la condition statique. Ce
sont en effet les particules les plus denses qui tendent
à s'éloigner le plus du centre de rotation, et j'ai varié
à cet égard des expériences très nombreuses qui me
paraissent devoir s'appliquer, au moins comme indices, à la formation primordiale des globes.

La conception des *coques planétaires* a le grand
avantage d'être conforme à ce système d'économie, de
matière comme de force, qui règle le monde et dont
on constate l'application de toutes les directions.

CONCLUSION

J'ai maintenant rempli le cadre que je m'étais tracé. celui dans lequel l'état de nos connaissances veut que nous nous renfermions.

Assez étendu pour constituer un nouveau département de la science, il est étroit pour notre curiosité. Mais la Géologie comparée n'est sans doute encore qu'au début de la carière qu'elle est appelée à parcourir.

Soumise dans ses développements à la même loi que la Géologie proprement dite, si elle s'arrête pour le moment en deçà des limites atteintes par celle-ci, c'est la conséquence naturelle de sa nouveauté. Cet arrêt n'est qu'une station. La voici parvenue en un lieu d'étape, et non pas au terme de son histoire.

Jusqu'ici le niveau auquel elle s'est élevée ne dépasse pas les données inorganiques. La partie biologique de la géologie terrestre, c'est-à-dire la paléontologie, reste pour nous unique en son genre et dépourvue encore de terme de comparaison. Mais comme, en réalité, rien n'est unique dans la nature, sinon la nature elle-même, la seule question possible est de savoir si des termes de comparaison, qui existent vraisemblablement, quoique nous les ignorions, viendront ou ne viendront pas à notre connaissance.

L'examen de cette question serait parfaitement oiseux. Mais, supposant qu'une solution affirmative lui soit réservée, il est permis de se rendre compte de la portée qu'aurait cette réponse.

En Géologie comparée, comme en toute étude comparative, les termes confrontés ensemble s'éclairent d'une lueur réciproque. Pour le moment, considérons seulement celle que projettent sur les problèmes de la géologie du globe les notions acquises de géologie extraterrestre. Nous voyons que leur caractère constant et commun est de résoudre ou au moins d'élucider des questions de géologie terrestre dont la solution dépasse absolument la portée des données fournies par l'histoire de la Terre, si bien qu'en possession de ces seules données, on a pu les poser et les agiter sans leur faire faire un pas.

A moins donc que dans le passage de l'inorganique à l'organisé, la Géologie comparée perde un de ses caractères essentiels, ce que rien ne fait prévoir, il suit de là que, si ce passage doit avoir lieu, si cette nouvelle Géologie doit s'étendre sur le terrain de la paléontologie, cette extension aura un double résultat: outre que nous lui devrons des notions positives sur les formes que la vie revêt hors de notre planète, elle nous permettra d'aborder avec succès des problèmes biologiques particuliers aux êtres qui vivent sur la Terre et que l'étude de ceux-ci ne nous donne aucun moyen de résoudre.

Dans son savant rapport sur les progrès des sciences zoologiques en France, Milne Edwards, amené par son sujet en présence du problème des origines de la vie sur le globe, en vient à faire la supposition suivante : « Serait-ce en passant dans quelque couche particulière de la matière impondérable dont les espaces célestes paraissent être chargés, que notre planète aurait rencontré l'agent susceptible d'imprimer ce mouvement particulier aux substances organisables, ou faut-il attribuer ce phénomène à une action créatrice d'un autre ordre ? »

Avant Milne Edwards, un autre membre de l'Académie des sciences, M. Ch. Naudin, donnant son opinion sur le débat qui passionnait alors les naturalistes, avait opposé à l'hypothèse d'une organisation spontanée de la matière celle d'une origine cosmique des espèces primordiales soit végétales soit animales.

Un savant célèbre de l'Angleterre, M. William Thompson, dans un discours présidentiel lu à Edimbourg devant l'Association britannique au mois de juillet 1871, s'est également prononcé en faveur de la possibilité d'une origine extraterrestre de la vie.

Il importe de dire que ces conjectures ont été formulées, bien moins dans l'espoir de faire faire par leur moyen aucun pas véritable à la question qu'elles concernent que dans le but de montrer par la réduction à une hypothèse invérifiable que cette question dépassait les pouvoirs de la science et ne pouvait être utilement agitée. C'est ce que dit formellement Milne Edwards. Aussi la seule chose que par ces citations on veuille mettre ici en évidence, c'est l'accord d'esprits éminents à cantonner dans un domaine qui est aujourd'hui celui de la Géologie comparée, les éléments de solution d'un problème terrestre que la Terre ne donne aucun moyen de traiter.

Mais les y reléguer n'est plus nécessairement les

mettre hors de notre portée. Dussions-nous en effet les posséder un jour, ce ne serait qu'un pas inespéré ajouté à tant d'autres pas imprévus, à celui par exemple qui a été fait, contre toute vraisemblance, lorsque, sans qu'aucun phénomène nouveau ait été observé, et sans que les pouvoirs de l'homme se soient accrus en aucune façon, la science s'est vue, grâce aux Météorites qu'elle avait toujours eues sous la main, en mesure d'étudier la substance du ciel de la même manière et par les mêmes procédés qu'elle, étudie l'écorce terrestre (1).

(1) Au moment où je donne le dernier *bon à tirer* de cet ouvrage, M. Ramsay annonce que l'azote indiqué par M. Mallet et par d'autres chimistes dans la substance des Météorites est en réalité de l'argon. Si cette découverte se confirme, on pourra peut-être en conclure des conséquences importantes. Pourquoi n'attribuerait-on pas à l'argon atmosphérique une origine météoritique ? Ce corps, décidément distinct de l'hélium, n'ayant pas été trouvé dans le spectre du Soleil, sa présence dans les roches cosmiques ne fournira-t-elle pas un indice nouveau de la région du Ciel où circulait le globe, bâti, comme on l'a vu plus haut, sur le même plan géologique que la Terre, et dont les Météorites sont les débris désagrégés ?

TABLE DES MATIÈRES

DEUXIÈME PARTIE

TROISIÈME PARTIE

QUATRIÈME PARTIE

Tours, imp. E. ARRAULT ET Cⁱᵉ

Les bases de la morale évolutionniste, par HERBERT SPENCER. 1 volume in-8°
5° édit. . . . . 6 fr.

Aujourd'hui que les prescriptions morales perdent une partie de l'autorité qu'elles devaient à leur origine surnaturelle, la sécularisation de la morale s'impose.

Le changement que promet ou menace de produire parmi nous cet état de choses, désiré ou craint, fait de rapides progrès : ceux qui croient possible et nécessaire de remplir le vide sont donc appelés à agir en conformité avec leur foi. C'est cette pensée qui a décidé le célèbre philosophe anglais à détacher de ses *Études sociologiques*, ce travail dans lequel il montre la base scientifique des principes du bien et du mal qui dirigent la conduite des hommes.

Les conflits de la science et de la religion, par DRAPER, professeur à l'Université de New-York. 1 vol. in-8°, 9° édit. . . . . 6 fr.

L'histoire de la science n'est pas seulement l'histoire de ses découvertes, c'est encore celle du conflit existant entre ces deux puissances contraires : d'une part, la force expansive de l'intelligence humaine; d'autre part, la compression exercée par la foi traditionnelle et par les intérêts humains. Personne, avant Draper, n'avait traité le sujet à ce point de vue où il apparaît comme un événement actuel on ne peut plus important. Aussi, cet ouvrage a-t-il eu un grand succès et est-il arrivé en peu d'années à sa 9° édition.

Lois scientifiques du développement des nations dans leurs rapports avec les principes de l'hérédité et de la sélection naturelle, par W. BAGEHOT. 1 vol. in-8°, 5° édit. . . . . 6 fr.

Livre I. L'origine des nations. — II. La lutte et le progrès. — III. La formation des peuples. — IV. L'âge de la discussion. — V. Le progrès vérifiable en politique.

L'évolution des mondes et des sociétés, par F.-C. DREYFUS. 1 vol. in-8°, 3° édit. . . . . 6 fr.

M. Dreyfus s'est spécialement proposé de descendre de la nature à l'histoire et d'essayer une synthèse générale des phénomènes naturels. Il a recueilli dans le champ des phénomènes scientifiques tous ceux qui lui paraissaient utiles pour donner une idée générale de l'origine des mondes, de leur formation et de leur fin, et montrer la terre à ses diverses époques, l'apparition de l'homme et la constitution des sociétés. Pour lui, la doctrine de l'évolution, que les progrès des sciences naturelles ont établie sur une base inébranlable, a renouvelé la conception générale de l'univers physique et social; elle a mis en lumière le trait d'union entre le présent et le passé, et, en joignant le point de vue dogmatique au point de vue historique, elle a démontré l'enchaînement des époques successives que l'on considérait jusqu'ici comme n'ayant entre elles aucun rapport immédiat.   *(Revue bleue.)*

La sociologie, par DE ROBERTY. 1 vol. in-8°, 3° édit. . . . . 6 fr.

Ce volume n'est ni une œuvre de polémique ni un exposé dogmatique, c'est un essai de philosophie sociale où l'auteur a surtout cherché à définir la place, le caractère, la méthode et les tendances de la science toute nouvelle qui étudie les sociétés humaines avec les procédés précis des sciences naturelles. M. de Roberty se rattache à l'école positiviste d'Auguste Comte et de Littré, ce qui ne l'empêche pas de s'écarter, à l'occasion, des voies tracées par ses illustres maîtres et d'avouer une haute estime pour les doctrines de M. Herbert Spencer, même quand il les attaque un peu rudement.

La science de l'éducation, par Alex. BAIN, professeur à l'Université d'Aberdeen (Écosse). 1 vol. in-8°, 7° édit. . . . . 6 fr.

Dans une première partie, M. Bain examine la nature de l'éducation et ses rapports avec la physiologie, l'éducation de l'intelligence, des sens, de la mémoire et de l'imagination, la discipline. La seconde partie est consacré aux méthodes que l'auteur étudie dans toutes les sciences et dans les différentes branches de l'éducation littéraire. Enfin, dans une troisième partie, M. A. Bain trace le plan complet d'une *éducation moderne* en rapport avec les conditions particulières des sociétés contemporaines.

La vie du langage, par WHITNEY, professeur de philosophie comparée à Yale-Collège de Boston (États-Unis). 1 vol. in-8°, 4° édit. . . . . 6 fr.

Les linguistes ont longtemps différé d'opinions sur la question de savoir si l'étude du langage est une branche de la physique ou de l'histoire. Ce différend est à peu près réglé maintenant : toute matière dans laquelle les circonstances, les habitudes et les actes des hommes constituent un élément prédominant, ne peut être que le sujet d'une science historique ou morale. C'est à ce point de vue que l'auteur s'est placé pour étudier la vie du langage.

La monnaie et le mécanisme de l'échange, par W. STANLEY JEVONS, professeur d'économie politique à l'Université de Londres. 1 vol. in-8°, 5e édit. 6 fr.

L'auteur décrit les différents systèmes de monnaies anciennes ou modernes du monde entier, les matières premières employées à faire de la monnaie, la réglementation du monnayage et de la circulation, les lois naturelles qui régissent cette circulation et les divers moyens appliqués ou proposés pour la remplacer par de la monnaie de papier. Il termine par un exposé du système des chèques et des compensations, maintenant si étendu et si perfectionné, et qui a tant contribué à diminuer l'usage des espèces métalliques.

La défense des États et les camps retranchés, par le général A. BRIALMONT, inspecteur général des fortifications et du corps du génie de Belgique. 1 vol. in-8° avec nombreuses figures dans le texte et 2 planches hors texte, (4e éd. *sous presse*).

Maintenant qu'en tous pays tout le monde est soldat, l'étude de la science militaire n'est plus le privilège des officiers de profession. Aussi le livre du général Brialmont sera-t-il lu avec intérêt par tous les hommes cultivés et soucieux de connaître les lois d'une des parties les plus importantes de l'art de la guerre : le rôle des places fortes et des camps retranchés pour la défense des frontières et leur importance pour assurer la sécurité des États contre les attaques de voisins trop agressifs. Le général Brialmont, inspecteur du génie belge, était mieux en situation que personne de traiter ce sujet, ayant eu à pourvoir à la défense de son pays, lequel n'a qu'à garantir sa neutralité, en cas de guerre entre les nations voisines.

II. — PHILOSOPHIE SCIENTIFIQUE

L'esprit et le corps, considérés au point de vue de leurs relations, suivi d'études sur les *Erreurs généralement répandues au sujet de l'esprit*, par Alex. BAIN, professeur à l'Université d'Aberdeen (Écosse). 1 vol. in-8°, 5e édit. . . . . . 6 fr.

Dans cet ouvrage, M. Alexandre Bain qui continue avec tant d'éclat les traditions de la philosophie écossaise, examine le grand problème de l'âme, surtout au point de vue de son action sur le corps. Il fait l'histoire de toutes les théories émises sur la nature de l'âme et sur la nature du lien qui peut l'unir au corps. Il étudie ensuite les sentiments, l'intelligence et la volonté, ce qui lui donne l'occasion d'exposer des vues fort originales, et il est conduit à indiquer une solution nouvelle du grand problème qu'il a abordé.

Les illusions des sens et de l'esprit, par James SULLY. 1 vol. in-8°, 2e édit. 6 fr.

Cette étude embrasse le vaste domaine de l'erreur, non seulement de ces illusions des sens dont on traite dans les ouvrages d'optique physiologique et autres, mais encore des erreurs familièrement connues sous le nom d'illusions, et qui ressemblent aux premières par leur structure et leur origine. L'auteur s'est constamment tenu au point de vue strictement scientifique, c'est-à-dire à la description, à la classification des erreurs reconnues telles, qu'il explique en les rapportant à leurs conditions psychiques et physiques. C'est ainsi qu'après les illusions de la perception, il étudie celles des rêves, de l'introspection, de la pénétration, de la croyance, de l'amour-propre, de l'attente, de la mémoire, les erreurs de l'esthétique et de la poésie, etc.

Le magnétisme animal, par MM. A. BINET et Ch. FÉRÉ, médecin de Bicêtre. 1 vol. in-8°, 4e édit. . . . . 6 fr.

Bien des phénomènes surnaturels de l'antiquité et du moyen âge étaient dus au magnétisme animal. Mesmer, à la fin du siècle dernier, fut le premier qui donna une apparence scientifique à ses expériences, et cependant le défaut de méthode chez lui et chez beaucoup de ses continuateurs fit que le *magnétisme* ne put arriver à conquérir sa place dans la science.

Les expériences de l'école de la Salpêtrière lui ont donné cette place. La délimitation précise des trois états *léthargie, catalepsie, somnambulisme*, et l'étude des phénomènes qui les accompagnent ont ouvert la voie aux médecins et aux philosophes pour l'examen des faits psychologiques et pathologiques les plus curieux.

Aussi à-t-il semblé à la direction de la *Biblithèque scientifique internationale* que le moment était venu de marquer l'état actuel de cette science; elle a confié la rédaction de ce livre à deux des élèves de M. le professeur Charcot, et de ses collaborateurs les plus assidus, qui ont pu expérimenter toutes les méthodes de magnétisme, reproduire toutes les expériences relatées par les magnétiseurs et les soumettre à une analyse critique et sévère.

Les Altérations de la Personnalité, par Alfred Binet, directeur du laboratoire de psychologie physiologique de la Sorbonne. 1 vol. in-8° avec fig.   6 fr.

Cet ouvrage ne peut manquer de piquer la curiosité du public par les faits étonnants qu'il révèle et dont il donne l'explication scientifique. M. Binet montre que le fameux *moi* indivisible de la vieille philosophie peut se dédoubler en plusieurs personnalités coexistantes ou successives parfaitement distinctes, en un mot qu'un même homme peut être à la fois plusieurs personnes. Ces faits extraordinaires, constatés scientifiquement, conduisent M. Binet à expliquer d'une manière naturelle des faits réputés miracles ou impostures, comme les phénomènes du spiritisme.

Le cerveau et ses fonctions, par J. Luys, membre de l'Académie de médecine, médecin de la Charité. 1 vol. in-8° avec 184 gravures, 7e édit. . . . 6 fr.

Ce livre est le résumé à la fois de l'expérience personnelle de l'auteur sur la matière, et de la plupart des idées qu'il a cherché à vulgariser dans son enseignement de la Salpêtrière.

Dans une première partie purement anatomique, M. Luys expose d'abord l'ensemble des procédés techniques par lesquels il a obtenu des coupes régulières du tissu cérébral, qu'il a photographiées avec des grossissements successivement gradués, procédés qui lui ont permis de pénétrer plus avant dans les régions encore inexplorées des centres nerveux.

La seconde partie est physiologique, elle comprend la mise en valeur des appareils cérébraux préalablement analysés, et donne l'exposé physiologique des diverses propriétés fondamentales des éléments nerveux considérés comme unités histologiques vivantes. Enfin l'auteur montre comment, grâce à la combinaison, à la participation incessante, à la totalisation des énergies de tous ces éléments, le cerveau sent, se souvient et réagit.

Le cerveau et la pensée chez l'homme et chez les animaux, par Charlton Bastian, professeur à l'Université de Londres. 2 vol. in-8° avec 184 gravures dans le texte, 2e édit. . . . . 12 fr.

M. Charlton Bastian est un des membres les plus éminents et les plus hardis de la nouvelle école philosophique qui veut ramener la psychologie aux procédés de la méthode expérimentale, et considère la science de la pensée comme la partie la plus élevée de la physiologie. Il examine successivement les différentes classes d'animaux, avant d'arriver au cerveau de l'homme, et montre la gradation de toutes les fonctions intellectuelles, au fur et à mesure qu'on monte dans l'échelle animale. Les chapitres consacrés aux singes supérieurs et à l'homme sont très curieux; dans l'intelligence humaine, l'auteur a fait une grande place à l'examen de toutes les déviations intellectuelles, et cite un grand nombre d'observations qui ne sont pas des moindres attraits du livre.

Théorie scientifique de la sensibilité : *le Plaisir et la Peine*, par Léon Dumont. 1 vol. in-8°, 4e édit. . . . . 6 fr.

Introduction : Relativité de la philosophie et des sciences. La métaphysique et la physique. Physique subjective ou psychologie. Difficultés particulières de la sensibilité.

Première partie. *Chapitre Ier* : Définitions du sentiment, de l'affection, de la sensibilité, de l'émotion, de l'esthétique. — *Chapitre II* : Examen critique des théories épicuriennes, de Wolff, cartésienne, platonicienne et positiviste. — *Chapitre III* : Caractère essentiel de la peine et du plaisir. — *Chapitre IV* : Relativité de la douleur et du plaisir. — *Chapitre V* : Caractère métaphysique de la sensibilité. — *Chapitre VI* : Unité des émotions. — *Chapitre VII* : L'inconscience ou anesthésie.

Deuxième partie. — *Chapitre Ier* : Classification des émotions. — *Chapitre II* : Peines positives : effort, fatigue, laid, dégoûtant, hideux, immoral, faux. — *Chapitre III* : Peines négatives : malaise de la faiblesse, douleurs des lésions, ennui, embarras, doute, impatience, attente, chagrin, tristesse, pitié, crainte. — *Chapitre IV* : Plaisirs négatifs, repos, gaieté, etc. — *Chapitre V* : Plaisirs positifs : occupations, méditations, jeux, farniente, passe-temps. Plaisirs du goût : l'esprit, le sublime et l'admiration, le beau (beauté plastique, pittoresque, grâce des mouvements, mélodie et harmonie, rhétorique et poétique, beauté morale), le visible. Plaisir du cœur : joie, espérance. — *Chapitre*

VI : L'expression des émotions chez l'homme et les animaux, la théorie de Darwin, les habitudes utiles, la force nerveuse. — *Chapitre VII :* La contagion des émotions. — *Chapitre VIII :* Influence des émotions sur la volonté, l'amour du plaisir. — *Chapitre IX :* Production volontaire de cause de plaisir. L'art.

Le crime et la folie, par H. MAUDSLEY, professeur à l'Université de Londres. 1 vol. in-8°, 6° édit. . . . . 6 fr.

INTRODUCTION : *Chapitre Ier.* Les fous dans les asiles, méthode à suivre dans l'étude de la folie. — *Chapitre II :* La zone mitoyenne; il n'y a pas de ligne de démarcation nette entre la sanité et l'insanité. — *Chapitre III :* Des différentes formes de l'aliénation mentale. — *Chapitre IV :* La loi et la folie. — *Chapitre V :* De la folie partielle : 1° Folie affective. (a) Folie impulsive, (b) folie morale. — *Chapitre VI :* De la folie partielle : 2° folie partielle intellectuelle ou folie des idées. — *Chapitre VII :* De la folie épileptique. — *Chapitre VIII :* De la démence sénile. — *Chapitre IX :* Des moyens de se préserver de la folie.

III. — PHYSIOLOGIE

Les virus, par le Dr ARLOING, membre correspondant de l'Institut, directeur de l'École vétérinaire et professeur à la Faculté de médecine de Lyon. 1 vol. in-8° avec 47 grav. dans le texte. . . . . 6 fr.

La théorie des microbes est en train de renouveler la médecine tout entière en même temps que la physiologie, sous l'impulsion donnée par M. Pasteur et M. Chauveau. M. Arloing étudie l'organisme dans la lutte avec les microbes, éléments actifs des virus; il montre le malade succombant ou résistant et acquérant alors d'ordinaire une immunité spéciale contre le retour du mal qui l'a touché une première fois. Il étudie ensuite les différents moyens de produire chez l'homme cette immunité contre les terribles maladies qui sont le fléau de notre espèce, depuis la variole jusqu'à la rage et à la phtisie. Il termine par une critique des travaux de Koch sur la fameuse lymphe préservatrice de la tuberculose, qui a tant passionné le monde.

Les sensations internes, par H. BEAUNIS, professeur de physiologie à la Faculté de médecine de Nancy, directeur du laboratoire de psychologie physiologique à l'École des hautes études (Sorbonne). 1 vol. in-8°. . . . . 6 fr.

Sous ce nom, l'auteur comprend toutes les sensations qui arrivent à la conscience par une autre voie que les cinq sens spéciaux. Il est ainsi amené à examiner les manifestations suivantes : *la sensibilité organique,* c'est-à-dire la sensibilité des tissus et organes, à l'exclusion des organes des sens; *les besoins* (besoins d'activité musculaire ou psychique, des fonctions digestives, de sommeil, de repos, etc.); *les sensations fonctionnelles* (respiratoires, circulatoires, etc.), *le sentiment de l'existence, les sensations émotionnelles,* les sensations de nature indéterminée, comme le sens de l'orientation, de la pensée, de la durée, *la douleur* et *le plaisir.*

Physiologie des exercices du corps, par le docteur Fernand LAGRANGE. 1 vol. in-8°, 6° édit. . . . . 6 fr.

M. Lagrange a écrit sous ce titre un livre tout à fait original dont on ne saurait trop recommander la lecture. Il examine avec de très grands détails le travail musculaire, la fatigue, la cause de l'essoufflement, de la courbature, le surmenage, l'accoutumance au travail, l'entraînement, les différents exercices et leurs influences, les exercices qui déforment et ne déforment pas le corps, le rôle du cerveau dans l'exercice, l'automatisme. Certains chapitres sur les dépôts uratiques, sur le rôle du travail musculaire dans la production des sédiments, sont très fouillés. M. Lagrange a observé par lui-même, et l'on voit qu'il s'est rendu maître d'un sujet peu exploré et difficile. Tous les faibles, les débilités par l'air et la vie des grandes villes, ont intérêt à méditer cet excellent traité de physiologie spéciale.   *(Les Débats.)*

Les sens, par BERNSTEIN, professeur à l'Université de Hall. 1 vol. in-8° avec 91 fig. dans le texte, 5° édit. . . . . 6 fr.

Cet ouvrage expose une des parties de la physiologie qui ont le privilège d'intéresser le plus vivement tout le monde, et, en même temps, une de celles qui ont fait les progrès les plus importants dans ces dernières années.

Il est divisé en quatre livres : le premier est consacré au sens du toucher sous ses différentes formes; le second, consacré au sens de la vue, contient une étude détaillée de la constitution et du fonctionnement de l'œil et de toutes les maladies qu'il peut subir; le troisième traite du sens de l'ouïe et le quatrième termine l'ouvrage par l'étude de l'odorat et du goût.

Les organes de la parole et leur emploi pour la formation des sons du langage, par H. DE MEYER, professeur à l'Université de Zurich; traduit de l'allemand et précédé d'une introduction sur l'*Enseignement de la parole aux sourds-muets*, par M. O. CLAVEAU, inspecteur général des établissements de bienfaisance. 1 vol. in-8° avec 51 gravures dans le texte. . . . . 6 fr.

L'étude de la structure et des dispositions des organes de la parole s'impose aux philosophes avec un caractère de nécessité qui devient de jour en jour plus marqué; chaque jour, en effet, on voit s'affermir cette conviction qu'une intelligence exacte des lois relatives à la modification des éléments du langage ne peut s'acquérir sans le secours des lois physiologiques de la production des sons.

La physionomie et l'expression des sentiments, par P. MANTEGAZZA professeur au Muséum d'histoire naturelle de Florence. 1 vol. in-8° avec gravures et 8 planches hors texte, 2e édit. . . . . 6 fr.

Ce livre est une page de psychologie, une étude sur le visage et sur la mimique humaine. L'auteur s'est donné pour tâche de séparer nettement les observations positives de toutes les divinations hardies qui ont jusqu'ici encombré la voie de ces études.

Scientifique dans le fonds, l'ouvrage de M. Mantegazza est cependant d'une lecture agréable; le psychologue et l'artiste y trouveront beaucoup de faits nouveaux et des interprétations ingénieuses d'observations que chacun pourra vérifier.

Les nerfs et les muscles, par J. ROSENTHAL, professeur de physiologie à l'Université d'Erlangen (Bavière). 1 vol. in-8° avec 75 fig. 3e édit. (*épuisé*).

Cet essai d'exposition de la physiologie générale des muscles et des nerfs, considérés seulement dans leur action réciproque, est une idée nouvelle; il intéresse non seulement le physiologiste, mais encore le physicien, le psychologue et tous les hommes instruits.

Les questions traitées sont comprises dans trois grandes divisions : 1° *Propriétés générales des muscles et des nerfs*, le mouvement chez les êtres vivants, constitutions des muscles, contraction musculaire, source de la force musculaire, constitution du système musculaire, les nerfs et l'irritabilité nerveuse; 2° *Électricité des muscles et des nerfs*, l'électricité animale et son étude, théorie de l'électricité animale; 3° *Organisation du système nerveux*, théorie de l'action motrice, les cellules nerveuses, les sensations.

La machine animale, par E.-J. MAREY, membre de l'Institut, professeur au Collège de France. 1 vol. in-8° avec 117 fig. dans le texte, 5e édit. augmentée. 6 fr.

Bien souvent, et à toutes les époques, on a comparé les êtres vivants aux machines; mais c'est de nos jours que l'on peut comprendre la portée et la justesse de cette comparaison. Le savant professeur du Collège de France, grâce à ses ingénieux appareils, a pu faire enregistrer automatiquement, par l'homme ou par les animaux, tous les actes de leurs mouvements. La *locomotion terrestre* et la *locomotion aérienne* ont été l'objet de ses principales recherches.

L'adaptation des organes du mouvement chez les animaux à leurs diverses conditions d'existence, les allures chez l'homme et chez le cheval, l'analyse du mécanisme du vol des insectes et des oiseaux, l'appareil reproduisant les mouvements des ailes : tels sont les principaux sujets traités dans ce livre.

Il n'est pas besoin d'insister sur les applications utiles de ces recherches scientifiques, lesquelles ont d'ailleurs valu à leur auteur le grand prix de physiologie de dix mille francs, fondé par M. Lacaze.

La locomotion chez les animaux (marche, natation et vol), suivi d'une étude sur l'*Histoire de la navigation aérienne*, par J.-B. PETTIGREW, professeur au Collège royal de chirurgie d'Edimbourg (Écosse). 1 vol. in-8° avec 140 fig. dans le texte, 2e édit. . . . . 6 fr.

LIVRE I. Les organes de la locomotion. — LIVRE II. La progression sur la terre. — LIVRE III. La progression sur ou dans l'eau. — LIVRE IV. La progression dans l'air. — LIVRE V. L'aéronautique.

Une partie de cet ouvrage est consacrée aux questions traitées dans la *Machine animale*, par M. Marey, avec lequel l'auteur est en désaccord sur un certain nombre de points. Il se place d'ailleurs à un point de vue différent. Il étudie la locomotion dans et par l'eau, dont M. Marey ne s'est pas occupé, et donne de curieux détails sur la natation de l'homme.

Mais ce qu'il faut signaler tout particulièrement, c'est son histoire de toutes les machines et de tous les systèmes essayés pour arriver à naviguer dans l'air, depuis les montgolfières jusqu'aux machines actuelles.

La chaleur animale, par Ch. Richet, professeur de la Faculté de médecine de Paris. 1 vol. in-8° avec de nombreux graphiques dans le texte. . . . . . . 6 fr.

Table des matières. — Lavoisier et la chaleur animale. — La température des mammifères et des oiseaux. — La température des animaux à sang froid. — La température normale de l'homme. — La température du corps dans les maladies. — La température après la mort. — Les muscles et la production de chaleur. — Les poisons et la température. — La calorimétrie et la production de la chaleur. — Le système nerveux et la chaleur animale. — La régularisation de la chaleur par la respiration. — La respiration et la température. — Conclusions.

IV. — ANTHROPOLOGIE

L'espèce humaine, par A. de Quatrefages, membre de l'Institut, professeur au Muséum d'histoire naturelle. 1 vol. in-8°, 11e édit. . . . . 6 fr.

« Ce livre m'a beaucoup intéressé, et il intéressera tous ceux qui le liront. Il expose avec une pleine compétence les faits et les questions. On peut n'être pas toujours de son avis, mais il fournit des éléments de discussion sur lesquels il est légitime de compter. Les diverses races humaines sont bien étudiées : l'homme fossile, cette découverte des temps modernes, n'est pas oublié. Des détails très instructifs sont donnés sur les influences du milieu et de la race, sur les acclimatations, sur les croisements et sur les curieux phénomènes de l'hybridité. Le livre est dogmatique en ce sens qu'il part de la thèse de la monogénie humaine et qu'il est destiné complétement à l'établir. Je ne suis pas monogéniste; mais je ne suis pas non plus polygéniste, du moins de la façon dont M. de Quatrefages est monogéniste... »   (E. Littré, *Philosophie positive*.)

Darwin et ses Précurseurs français, par A. de Quatrefages. 1 vol. 2e édit.   6 fr.

Les Émules de Darwin, par A. de Quatrefages, procédé de notices sur la vie et les travaux de l'auteur, par MM. E. Perrier et Hamy de l'Institut. 2 vol.   12 fr.

Les idées évolutionnistes qui, depuis un tiers de siècle, ont renouvelé toutes les sciences et même la philosophie, ont reçu évidemment de Darwin leur impulsion décisive. Mais ce n'est pas à dire que le grand naturaliste anglais ait tout inventé d'emblée. M. de Quatrefages montre dans ces ouvrages que Darwin a eu des précurseurs et des émules de premier rang, en France même. Il analyse et critique les théories de Darwin à côté de celles de ses précurseurs, Lamarck, Et. Geoffroy Saint-Hilaire, Buffon et quelques autres comme Telliamed, Robinet, Bory de Saint-Vincent. Parmi les savants qu'il cite comme émules de Darwin, nous rappellerons Wallace, Naudin, Romanes, Carl Vogt, Haeckel, Huxley, d'Omalius, d'Halloy, etc.

La France préhistorique, par E. Cartailhac. 1 vol. in-8° avec 150 gravures dans le texte, 2e édit. . . . . 6 fr.

En même temps que « l'esquisse des premières pages d'une histoire de France », qui remonterait jusqu'à l'apparition de l'homme sur la terre, on trouvera dans ce volume l'un des meilleurs et des plus savants résumés qu'il y ait de l'état présent de nos connaissances en matières d'archéologie préhistorique. Mais ce qui distingue surtout le livre de M. Cartailhac de tant d'autres livres sur le même sujet, c'en est le caractère uniquement et rigoureusement scientifique. Ni les conjectures n'y sont données pour des vérités, ni les hypothèses pour des certitudes; au contraire, M. Cartailhac s'y fait un point d'honneur de distinguer soigneusement le certain d'avec le probable, et le probable d'avec le douteux. Rien de moins ordinaire aux anthropologistes, dont l'intrépidité d'affirmation n'a d'égale au monde que celle des métaphysiciens. Et c'est ce qui suffirait à recommander *la France préhistorique*, si d'ailleurs le nom de M. Cartailhac n'était assez connu pour ses heureuses découvertes, ses nombreux travaux, et sa rare compétence.   (*Revue des Deux Mondes*.)

L'homme préhistorique, étudié d'après les monuments et les costumes retrouvés dans les différents pays d'Europe, suivi d'une *Etude sur les mœurs et coutumes des sauvages modernes*, par sir John Lubbock, membre de la Société royale de Londres. 3e édit. revue et augmentée avec 228 grav. dans le texte.   12 fr.

Rappeler les grandes divisions de l'ouvrage montrera suffisamment son importance, tant au point de vue scientifique qu'au point de vue historique. Les principaux chapitres traitent des questions suivantes : *De l'emploi du bronze dans l'antiquité, de l'âge du bronze, de l'emploi de la pierre dans l'antiquité, monuments mégalithiques, tumuli, les anciennes habitations lacustres de la Suisse, les amas de coquilles du Danemark, les graviers des rivières; de l'ancienneté de l'homme.*

L'homme avant les métaux, par N. JOLY, correspondant de l'Institut, professeur à la Faculté des sciences de Toulouse. 1 vol. in-8° avec 150 gravures dans le texte et un frontispice, 4e édit. 6 fr.

PREMIÈRE PARTIE. — *L'antiquité du genre humain.* — I. Les âges préhistoriques. — II. Les travaux de Boucher de Perthes. — III. Les cavernes à ossements. — IV. Les tourbières et les kjœkkenmœddinger. — V. Les habitations lacustres et les Nuraghie. — VI. Les sépultures et les dolmens. — VII. L'homme préhistorique américain. — VIII. L'homme tertiaire. — IX. Haute antiquité de l'homme.

DEUXIÈME PARTIE. — *La civilisation primitive.* — I. La vie domestique (le feu, les aliments, les vêtements, les bijoux). — II. L'industrie, les armes et les outils. — III. L'agriculture et les animaux domestiques. — IV. La navigation et le commerce. — V. Les beaux-arts. — VI. Le langage et l'écriture. — VII. La religion, l'anthropophagie et les sacrifices humains. — VIII. Portrait de l'homme quaternaire.

La famille primitive, ses origines et son développement, par C. N. STARCKE, professeur à l'Université de Copenhague. 1 vol. in-8°. . . . . 6 fr.

Cet ouvrage traite une des questions capitales de la sociologie : la *Famille primitive* et ses transformations diverses qui ont abouti au régime actuel de la famille. Dans une première partie, l'auteur examine l'organisation de la famille, de la propriété et de l'héritage chez tous les peuples primitifs ou anciens. Dans la seconde partie, il fait la théorie de la famille primitive, de son origine et de son évolution. Il étudie successivement la filiation, la polyandrie et la polygamie, le matriarcat et le patriarcat, le lévirat et le niyoga, l'hérédité et le droit d'aînesse, les formes différentes de famille dans les principales races, etc. L'origine et le régime du mariage attirent principalement son attention; il développe soigneusement le système de l'exogamie et l'évolution du mariage. Il termine enfin par la théorie du clan, de la tribu et de la famille qui a provoqué, comme celle du mariage, bien des controverses. Ce livre est donc comme un résumé des principales questions sociales.

L'Homme dans la Nature, par P. TOPINARD. 1 vol. in-8°, avec 101 figures.   6 fr.

L'ouvrage de M. Topinard, élève, collaborateur et continuateur de Broca, se divise en deux parties distinctes. Dans la première, il expose les résultats de ses recherches personnelles sur l'anthropologie, les questions que soulève cette science, les résultats positifs qu'elle a obtenus et aussi les déceptions qu'elle a rencontrées. M. Topinard a fait preuve d'indépendance d'esprit en ne dissimulant pas les points faibles d'une œuvre dont il a été l'un des artisans avec son maître Broca. Dans la seconde partie de son ouvrage, M. Topinard reprend le cadre tracé par Huxley et par Broca il y a un quart de siècle. Notamment il expose et discute, à la lumière des derniers progrès de la science, toutes les données du grand problème de l'origine de l'homme. Malgré l'abîme profond qui sépare aujourd'hui le genre humain du reste des animaux, M. Topinard montre avec détails que l'homme est le produit d'une longue évolution commencée dans les classes inférieures des vertébrés et dont il suit toutes les phases jusqu'à l'ordre des Primates où l'Espèce humaine forme un rameau distinct.

Les Races et les Langues, par ANDRÉ LEFÈVRE, professeur à l'Ecole d'Anthropologie de Paris. 1 vol. in-8°. . . . . 6 fr.

L'auteur ne sépare pas le langage de l'organisme qui l'a produit, des êtres qui l'ont façonné à leur usage. Le langage, contre-coup sonore de la sensation, a débuté par le cri animal, cri d'émotion, cri d'appel. Varié par l'onomatopée, enrichi par la métaphore, il a évolué dans la mesure même du développement cérébral et des aptitudes intellectuelles. Tous les groupes ethniques passés en revue par l'auteur : Chinois, Ouralo-Altaïques, Dravidiens, Malais, Polynésiens, Africains, Basques, Américains, Egypto-Berbères, Sémites, Aryas, qui sont parvenus ou se sont arrêtés aux divers stades du cycle linguistique, tous ont su mettre la parole en exacte correspondance avec leurs facultés et leurs besoins. Une grande partie de l'ouvrage est, comme de juste, consacrée à la puissante famille indo-européenne dont les nombreux idiomes ont refoulé, pour ainsi dire, et rejeté en marge de la civilisation des langues moins souples et moins bien ordonnées. Dans ses études sur le *nom*, le *verbe*, la *préposition*, sur les relations entre les *continues* (voyelles et semi-voyelles) et les *explosives* (consonnes), M. André Lefèvre a proposé des vues nouvelles et originales. Toujours il s'est inspiré de ces lignes qui terminent l'ouvrage : « Tout ensemble facteur et expression de nos progrès, créateur de la conscience et de la science, le langage relie la zoologie à l'histoire, l'anthropologie physiologique à l'anthropologie morale. »

Les peuples de l'Afrique, par R. Hartmann, professeur à l'Université de Berlin. 1 vol. in-8° avec 95 gravures dans le texte et une carte des peuples de l'Afrique, 2e édit. . . . . 6 fr.

Ce livre est un recueil d'études historiques, ethnographiques, physico-anthropologiques et de linguistique; mais en même temps on y trouve l'attrait du récit de l'homme qui a vécu dans ces pays mystérieux, au milieu de ces populations primitives, et qui en a rapporté des impressions personnelles. De nombreuses et belles gravures accompagnent le texte et représentent des types de tous les peuples décrits dans ce travail, ainsi que leurs habitations, leurs armes et outils, et tous les objets servant aux divers usages de la vie.

Les singes anthropoïdes, et leur organisation comparée à celle de l'homme, par R. Hartmann, professeur à l'Université de Berlin. 1 vol in-8° avec 63 gravures dans le texte. . . . . 6 fr.

L'auteur déduit de son étude la confirmation de la proposition de Huxley qu'il y a plus de différence entre les singes les plus inférieurs et les singes les plus élevés, qu'il n'y en a entre ceux-ci et les hommes. Toutefois si, au point de vue corporel, il constate une parenté très proche entre l'homme et le singe anthropoïde, il résulte également ment de ses observations qu'au point de vue psychique l'abîme entre les deux est très considérable.

Le centre de l'Afrique, *autour du Tchad*, par P. Brunache, administrateur colonial. 1 vol. in-8° avec 45 gravures dans le texte et une carte. . . . 6 fr.

M. P. Brunache, administrateur colonial, a été le second de MM. Dybowski et Maistre dans leurs missions célèbres de 1892 et de 1894; en cette qualité, il a été l'un de leurs collaborateurs les plus actifs et souvent il a dû lui-même user d'initiative dans des circonstances difficiles. Il raconte ses impressions de voyage et constate les résultats acquis dans les explorations auxquelles il a pris part; il expose en même temps ses idées sur l'influence que la France peut et doit exercer dans les régions si disputées de l'Afrique centrale. Des dessins, pris sur place par l'auteur, donnent à son travail un cachet particulier, et constituent des documents authentiques qui intéresseront tous ceux, et ils sont nombreux, qui suivent avec ardeur le progrès de notre développement en Afrique.

V. — ZOOLOGIE

L'intelligence des animaux, par G.-J. Romanes, secrétaire de la Société linnéenne de Londres pour la zoologie, précédée d'une préface sur l'*Evolution mentale*, par Edm. Perrier, membre de l'Institut, professeur au Muséum d'histoire naturelle de Paris. 2 vol. in-8°, 2e édit. . . . . 6 fr.

Cet ouvrage a été composé, presque sous les yeux de Darwin, par un des hommes qui se sont le plus scrupuleusement imprégnés de sa méthode : Georges-J. Romanes; il étudie les manifestations de l'instinct ou de la raison chez les différentes espèces, depuis les plus inférieures jusqu'aux grands mammifères, et il rapporte avec un luxe de détails vraiment remarquable, quantité de curieuses observations.
Cet ouvrage est présenté au public français par M. Edmond Perrier, professeur au Muséum d'histoire naturelle, qui, dans une importante préface, passe en revue les phases successives par lesquelles ont passé les idées des naturalistes et des philosophes relativement aux facultés psychiques des animaux, fait ressortir ce que les idées actuelles ont de définitif, et précise la part bien large qu'elles laissent encore à l'inconnu.

La philosophie zoologique avant Darwin, par Edmond Perrier, membre de l'Institut, professeur au Muséum d'histoire naturelle de Paris. 1 vol. in-8°, 2e édit. . . . . 6 fr

Le savant professeur du Jardin des plantes a traité une des parties les plus intéressantes des sciences naturelles : l'Histoire des doctrines des grands zoologistes depuis Aristote et les savants du moyen âge, Buffon, Lamarck, Geoffroy-Saint-Hilaire, Cuvier Goethe, Oken et les philosophes de la nature, jusqu'aux hommes les plus marquant de l'époque contemporaine. L'auteur y a abordé chacun des grands problèmes que cherchent à résoudre en ce moment les sciences naturelles et a fait de ce livre un véritable résumé de la zoologie actuelle.

Descendance et Darwinisme, par O. Schmidt, professeur à l'Université de Strasbourg. 1 vol. in-8° avec figures, 6e édit. . . . . 6 fr.

Principaux chapitres. — État actuel du monde animal. — Les phénomènes de la reproduction. — Développement historico-paléontologique du monde animal. — Création ou développement naturel. — La philosophie naturelle. — Lyell et la géologie moderne. — Théorie de la sélection de Darwin. — La distribution géographique des animaux éclairée par la théorie de la descendance. — L'arbre-souche des vertébrés. — L'homme.

Les mammifères dans leurs rapports avec leurs ancêtres géologiques, par O. Schmidt, professeur à l'Université de Strasbourg. 1 vol. in-8° avec 51 figures dans le texte. . . . . 6 fr.

Quels ont été nos ancêtres et ceux des mammifères actuels? Il n'y a pas de question scientifique qui puisse intéresser davantage le public tout entier ni prêter à des découvertes plus piquantes. C'est le sujet du livre du grand zoologiste allemand, Oscar Schmidt. Le principe même des doctrines darwiniennes n'est plus contesté aujourd'hui. Il faut maintenant développer leurs conséquences et tracer la généalogie des êtres vivants actuels au travers des temps géologiques. C'est ce que fait M. O. Schmidt pour toutes les catégories de mammifères, depuis les moins élevés jusqu'aux grands singes anthropoïdes et jusqu'à l'homme lui-même. Il termine en décrivant à grands traits l'homme de l'avenir.

L'écrevisse, *Introduction à l'étude de la zoologie,* par Th.-H. Huxley, membre de la Société royale de Londres et de l'Institut de France, professeur d'histoire naturelle à l'École royale des mines de Londres. 1 vol in-8° avec 82 fig. 6 fr.

L'auteur n'a pas voulu simplement écrire une monographie de l'Écrevisse, mais montrer comment l'étude attentive de l'un des animaux les plus communs peut conduire aux généralisations les plus larges, aux problèmes les plus difficiles de la zoologie, et même de la science biologique en général. Avec ce livre, le lecteur se trouve amené à envisager face à face toutes les grandes questions zoologiques qui excitent aujourd'hui un si vif intérêt.

Les commensaux et les parasites dans le règne animal, par P.-J. van Beneden, professeur à l'Université de Louvain (Belgique). 1 vol. in-8° avec 82 fig. dans le texte, 3e édit. . . . . 6 fr.

Cette étude de différents animaux, faite à un point de vue spécial, est remplie de détails intéressants sur leurs mœurs et leurs habitudes, et de rapprochements ingénieux. Dans une première partie, l'auteur étudie les *Commensaux,* qu'il divise en commensaux libres et commensaux fixes; dans une deuxième partie, les *Mutualistes,* c'est-à-dire ceux qui vivent ensemble en se rendant de mutuels services.

Dans la troisième partie, sont traités les *Parasites,* ainsi divisés : parasites libres à tout âge, dans le jeune âge, pendant la vieillesse; parasites à transmigrations et à métamorphoses; parasites à toutes les époques de la vie.

Une table alphabétique contenant le nom de 450 animaux environ, cités dans le cours de l'ouvrage, le termine utilement pour les recherches.

Fourmis, abeilles et guêpes, *Études expérimentales sur l'organisation et les mœurs des sociétés d'insectes hyménoptères,* par sir John Lubbock, membre de la Société royale de Londres. 2 vol in-8° avec gravures dans le texte et 13 planches hors texte, dont 5 coloriées. . . . . 12 fr.

Le grand naturaliste anglais, sir J. Lubbock, a publié sous ce titre le récit des curieuses expériences qu'il poursuit depuis quinze ans concurremment avec ses travaux préhistoriques.

On y trouvera notamment les détails les plus surprenants sur l'organisation du travail, les expéditions militaires, l'esclavage, le langage, les affections et les divers sentiments sociaux des fourmis qui ont été le principal objet de ses recherches.

Les sens et l'instinct chez les animaux et principalement chez les insectes, par Sir John Lubbock. 1 vol. in-8° avec 136 grav. dans le texte. . . . . . 6 fr.

Ce livre est le complément du précédent; M. Lubbock étudie successivement les cinq sens chez les animaux et les instincts dont le développement se rattache à ces sens. La principale originalité de ce livre, ce sont les nombreuses expériences imaginées par l'auteur, avec une ingéniosité et une patience sans égales, pour mettre en lumière l'intelligence et les instincts moraux ou sociaux des bêtes de tout ordre. C'est ce qui rend la lecture de ce livre aussi attachante pour les gens du monde que pour les savants.

VI. — BOTANIQUE — GÉOLOGIE

Introduction à l'étude de la botanique (*Le sapin*), par J. DE LANESSAN, professeur agrégé à la Faculté de médecine de Paris. 1 vol. in-8° avec gravures dans le texte, 2e édit. . . . . 6 fr.

Ce livre est une introduction générale à l'étude de la botanique. M. de Lanessan l'a écrit surtout pour les hommes instruits qui aiment à connaître les grands principes et les traits généraux des sciences qu'ils n'ont pas le temps d'approfondir, mais il rendra aussi service à ceux qui débutent dans l'étude de la botanique, en leur montrant que cette science ne se compose pas seulement de détails arides et fastidieux. En prenant comme sujet l'étude du *Sapin*, l'auteur n'a pas voulu faire une monographie de cet arbre ; il s'est proposé seulement de développer par un exemple spécial les théories les plus importantes de la Botanique.

L'origine des plantes cultivées, par A. DE CANDOLLE, correspondant de l'Institut. 1 vol. in-8°, 3e édit. . . . . 6 fr.

La question de l'origine des plantes intéresse les agriculteurs, les botanistes et même les historiens ou les philosophes qui s'occupent des commencements de la civilisation.

Le but de l'auteur, digne héritier d'un nom réputé en botanique, a été de chercher l'état et l'habitation de chaque espèce avant sa mise en culture. Il a dû, pour cela, distinguer parmi les innombrables variétés, celle qu'on peut estimer la plus ancienne, et voir de quelle région du globe elle est sortie. Il montre, en outre, comment la culture des diverses espèces s'est répandue dans différentes directions, à des époques successives.

Cet ouvrage peut être considéré comme une application des plus curieuses de la théorie de l'évolution ; on y reconnaît l'adaptation des plantes aux milieux de leur développement, et même l'extension de certaines espèces, de telle façon que l'histoire des plantes cultivées se rattache d'une manière évidente aux questions les plus importantes de l'histoire générale des êtres organisés.

Les champignons, par COOKE et BERKELEY. 1 vol. in-8° avec 110 grav. 4e édit.   6 fr.

TABLE DES CHAPITRES. — I. Nature zoologique des champignons. — II. Structure. — III. Classification. — IV. Usages. — V. Phénomènes remarquables produits par les champignons. — VI. Les spores et leur dissémination. — VII. Germination et développement. — VIII. Reproduction sexuelle. — IX. Polymorphisme. — X. Influence et effets. — XI. Habitat. — XII. Culture. — XIII. Distribution géographique. — XIV. Récolte et conservation.

L'évolution du règne végétal, par G. DE SAPORTA, correspondant de l'Institut, et MARION, professeur à la Faculté des sciences de Marseille.

I. *Les Cryptogames.* 1 vol. in-8° avec 85 gravures dans le texte. . . . . 6 fr.
II. *Les Phanérogames.* 2 vol. in-8° avec 136 gravures dans le texte. . . . . 12 fr.

Depuis vingt ans que la théorie de Darwin a bouleversé toutes les théories scientifiques, bien des livres ont été consacrés à sa défense. Mais c'est la première fois qu'on trace dans son cadre un tableau d'ensemble du monde végétal. MM. de Saporta et Marion montrent comment la flore actuelle tout entière s'est constituée peu à peu par la transformation d'un type primitif. C'est la généalogie du règne végétal. Cet ouvrage est orné d'un grand nombre de gravures dessinées d'après nature.

Les régions invisibles du globe et des espaces célestes, par A. DAUBRÉE, membre de l'Institut. 1 vol. in-8° avec gravures. 2e édit. . . . . 6 f.

Livre écrit pour le grand public, dans lequel l'éminent professeur du Muséum fait l'étude des eaux souterraines, de la formation des roches sédimentaires ou cristallisées, des tremblements de terre, des météorites ou pierres tombées du ciel, etc. Les sources, les eaux minérales, les cours d'eau souterrains, le rôle minéralisateur de l'eau aux époques géologiques constituent autant de chapitres d'un vif intérêt. Les tremblements de terre et les météorites conduisent M. Daubrée à l'examen de la constitution du globe. En un mot, c'est bien, comme l'indique le titre, une excursion dans les régions de l'invisible. *(Les Débats.)*

Les volcans et les tremblements de terre, par Fuchs, professeur à l'Université de Heidelberg. 1 vol. in-8° avec 30 gravures et une carte en couleurs, 6ᵉ édit. . . . . 6 fr.

Les *tremblements de terre* sont, pour certaines régions, une perpétuelle et terrifiante menace, aussi tout ce qui se rattache à ces convulsions terrestres a-t-il au plus haut point le privilège de susciter l'émotion et de passionner la curiosité. L'ouvrage de M. Fuchs offre à ce point de vue un intérêt des plus émouvants.

On trouvera ensuite dans ce livre un historique détaillé des tremblements de terre connus, des études sur les tremblements de mer, les volcans boueux et les geysers, une description pétrographique des laves, enfin il se termine par une description géographique des volcans, comprenant une énumération complète et tenant compte de toutes les découvertes et de tous les événements récents.

La période glaciaire, principalement en France et en Suisse, par A. Falsan. 1 vol. in-8° avec 105 gravures dans le texte et 2 cartes hors texte. . . . 6 fr.

Table des matières. — Transport du terrain erratique. — La théorie glaciaire. — Classification des terrains et des alluvions. — Caractères physiques et puissance du terrain glaciaire ancien. — Érosion glaciaire, moraines profondes, superficielles. — Stries, roches moutonnées, etc. — Creusement des lacs. — Persistance ou conservation par la glace des lacs orographiques et des fjords. — Creusement des lacs par l'érosion glaciaire. — Affouillements et réexcavation des lacs. — Progression des lacs. — Progression des anciens glaciers. — Causes de leur extension. — Climat, flore et faune de la période glaciaire. — L'homme pendant la période glaciaire. — Description des terrains glaciaires.

Le pétrole, le bitume et l'asphalte, par A. Jaccard, professeur de géologie à l'Académie de Neuchâtel. 1 vol. in-8° avec 70 fig. dans le texte. . . 6 fr.

Le pétrole tient une place de plus en plus grande dans la vie moderne. Mais son origine et son mode de formation sont encore très discutés. M. Jaccard, l'éminent professeur de géologie de l'Académie de Neuchâtel, a consacré la plus grande partie de sa vie à l'étude de cette question, aussi importante au point de vue scientifique qu'au point de vue industriel. C'est le résultat de ses longs travaux qu'il expose dans ce volume. Il y fait l'histoire critique de toutes les théories scientifiques relatives au pétrole, décrit son mode de formation, expose la découverte successive de ses gisements dans les deux mondes. Il fait ensuite l'histoire du bitume et de l'asphalte, les congénères du pétrole. Enfin il cherche à déterminer l'avenir industriel du pétrole. De nombreuses figures placées dans le texte permettent notamment de suivre les descriptions des gisements géologiques qui ont fait la fortune de certaines régions.

VII. — PHYSIQUE

Les glaciers et les transformations de l'eau, par J. Tyndall, professeur de chimie à l'Institution royale de Londres, suivi d'une étude sur le même sujet, par Helmholtz, professeur à l'Université de Berlin. 1 vol. in-8° avec nombreuses figures dans le texte et 8 planches tirées à part sur papier teinté. 6ᵉ édit. 6 fr.

Cet ouvrage contient la description des grands glaciers de la Suisse que M. J. Tyndall a visités et étudiés un grand nombre de fois. On y trouve exposées les théories auxquelles ont donné lieu l'origine et la nature des glaciers, la formation de la glace et du givre, la regélation découverte par Faraday, dont Tyndall défend les doctrines, tandis que Helmoltz soutient celles de MM. James et William Thomson.

La conservation de l'énergie, par Balfour Stewart, professeur de physique au collège Owen's de Manchester (Angleterre), suivi d'une étude sur la *Nature de la force,* par P. de Saint-Robert (de Turin). 1 vol. in-8° avec figures, 5ᵉ édit. 6 fr.

On peut considérer l'univers comme une immense machine physique; les connaissances que nous possédons sur cette machine se divisent en deux branches : l'une d'elles embrassant ce que nous savons sur la structure de la machine elle-même; l'autre ce que nous savons sur la méthode qu'elle emploie pour agir. L'auteur étudie à la fois ces deux branches. Dans un premier chapitre, il passe en revue tout ce que nous connaissons au sujet des atomes, et donne une définition de l'énergie. Puis il énumère les diverses forces et énergies de la nature; il établit les lois de leur conservation, de leur transformation et de leur dissipation. Enfin, l'ouvrage se termine par une esquisse historique du sujet, et par l'étude de la place occupée par les êtres vivants dans cet univers de l'énergie.

La matière et la physique moderne, par STALLO, précédé d'une préface par Ch. FRIEDEL, de l'Institut, professeur à la Faculté des sciences de Paris. 1 vol. in-8°, 2e édit. . . . . 6 fr.

M. Stallo est un savant américain qui est arrivé à la science par la philosophie. Dans ce livre, il critique, au point de vue purement expérimental, les principales théories de la science contemporaine, la théorie mécanique de la chaleur, la théorie atomique, etc., enfin les surprenantes doctrines des géomètres allemands et italiens sur l'espace à quatre dimensions. M. Friedel, l'éminent professeur de la Sorbonne, a placé en tête de ce livre une préface où il prend la défense de l'École atomique dont il est le chef incontesté en France depuis la mort de Wurtz.

VIII. — CHIMIE

La synthèse chimique, par M. BERTHELOT, membre de l'Institut, professeur de Chimie organique au Collège de France. 1 vol. in-8°, 7e édit. . . . . . . 6 fr.

C'est en 1860 que M. Berthelot a exposé, pour la première fois, les méthodes et les résultats généraux de la synthèse chimique appliquée aux matériaux immédiats des êtres organisés et qu'il a fait connaître au monde savant les procédés qu'il avait découverts pour réaliser les combinaisons de carbone et d'hydrogène.

Il était bon que ces principes de la synthèse organique qui ont pris une place si importante dans le domaine de la chimie et qui, chaque jour, produisent des découvertes nouvelles, fussent mis à la portée du grand public.

La théorie atomique, par Ad. WURTZ, membre de l'Institut, professeur à la Faculté des sciences et à la Faculté de médecine de Paris. 1 vol in-8°, 6e édit., précédé d'une introduction sur la *Vie et les travaux* de l'auteur, par Ch. FRIEDEL, de l'Institut. . . . . 6 fr.

Dans cet ouvrage, le chef de l'École atomique française, Ad. Wurtz, résume l'ensemble des travaux et des théories qui ont rendu son nom célèbre dans toute l'Europe savante. Il expose le développement successif des théories chimiques depuis Dalton, Gay-Lussac, Berzélius et Proust, jusqu'à Dumas, Laurent et Gerhardt, Avogrado, Mendeleef et Wurtz, et termine par les études les plus curieuses et les plus nouvelles sur la constitution des corps et la nature de la matière.

Les fermentations, par P. SCHUTZENBERGER, membre de l'Académie de médecine, professeur de chimie au Collège de France. 1 vol. in-8° avec fig., 5e édit. 6 fr.

La question des *fermentations* est un des chapitres les plus intéressants de la chimie, et dont les applications industrielles, agricoles, hygiéniques et médicales sont les plus nombreuses. Il y a cependant peu de questions qui soient restées plus longtemps obscures que celles de l'origine des fermentations, et de l'action de ce que l'on appelle les ferments. Mais, dans ces dernières années, les travaux d'un grand nombre de savants, et notamment ceux de M. Pasteur, ont jeté la lumière sur cet important sujet, et ce sont tous les faits acquis aujourd'hui que M. Schutzenberger résume dans ce livre.

L'auteur a divisé son travail en deux parties : dans la première, il traite des fermentations attribuées à l'intervention d'un ferment organisé ou figuré, telles sont les fermentations alcoolique, visqueuse, lactique, ammoniacale, butyrique et par oxydation; la seconde partie est consacrée aux fermentations provoquées par des produits solubles, élaborés par les organismes vivants.

Microbes, ferments et moisissures, par le docteur L. TROUESSART. 1 vol in-8° avec nombreuses gravures dans le texte, 2e édit. . . . . 6 fr.

S'il est un sujet à l'ordre du jour, c'est bien celui des microbes, et, cependant, à part les livres savants de Duclaux, Sternberg, Klein, et l'important ouvrage de MM. Cornil et Babes, qui est le seul traité complet des microbes et de la bactériologie, il n'avait pas encore été traité à un point de vue pratique.

Cependant le rôle des microbes intéressant chacun de nous, il fallait un livre où l'avocat, forcé de traiter en face d'experts une question d'hygiène, l'ingénieur, l'architecte, l'industriel, l'agriculteur, l'administrateur, pussent trouver des notions claires et précises sur les questions d'hygiène pratique se rattachant à l'étude des microbes, notions qu'ils trouveraient difficilement, dispersées qu'elles sont dans les livres destinés aux médecins ou aux botanistes de profession. Bien qu'il ne soit pas écrit spécialement pour ces derniers, ce livre peut cependant leur être d'une grande utilité.

Il a été donné une large place à la partie botanique, trop souvent négligée dans les ouvrages de pathologie microbienne.

La Révolution chimique. Lavoisier, par M. BERTHELOT. 1 vol.in-8°illustré. 6 fr.

Ce livre mérite d'attirer l'attention des gens du monde comme des philosophes et des savants. La date de 1789, qui est le point de départ de la société politique nouvelle, coïncide à peu près avec les grandes découvertes de Lavoisier qui sont la base de la science contemporaine de la physiologie comme de la chimie. A côté de la Révolution politique de 1789, il y a donc eu une révolution chimique personnifiée par Lavoisier, et qui sépare deux mondes scientifiques entièrement différents par leurs méthodes, leur esprit et leurs principes. C'est cette révolution que raconte M. Berthelot.

L'ouvrage se termine par des notices et extraits des registres inédits du laboratoire de Lavoisier qui offrent un intérêt particulier en mettant le lecteur en présence de la méthode de travail de l'illustre savant.

IX. — ASTRONOMIE — MÉCANIQUE

Les étoiles, *Notions d'astronomie sidérale,* par le P. A. SECCHI, directeur de l'Observatoire du Collège romain. 2 vol. in-8° avec 68 gravures dans le texte et 16 planches en noir et en couleurs, 2e édit. . . . . 12 fr.

Cet ouvrage est une œuvre posthume, et comme le testament scientifique du célèbre directeur de l'observatoire de Rome. Il est le résumé de ses derniers travaux ou, pour mieux dire, le résumé de l'état actuel de nos connaissances sur les étoiles.

Dans le premier volume, l'auteur, après avoir décrit l'aspect général du ciel, étudie toutes les questions qui se rattachent à la grandeur des étoiles, à la distance qui les sépare de nous, à leur couleur, à leurs changements d'éclat et de teinte. Un chapitre est consacré au soleil qui appartient à la classe des étoiles les plus intéressantes, les étoiles variables.

Le second volume comprend l'histoire des nébuleuses, l'étude et la détermination des mouvements propres des étoiles. L'auteur est ainsi conduit à traiter de l'immensité de l'espace stellaire, du nombre des étoiles, des distances qui les séparent de nous et de celles qui les séparent les unes des autres. Enfin, dans un dernier chapitre, le P. Secchi expose ses vues sur la constitution de l'univers, et c'est certainement un des plus intéressants de l'ouvrage, en raison de la grandeur de la conception de l'auteur.

Le soleil, par C.-A. YOUNG, professeur d'astronomie au Collège de New-Jersey. 1 vol. in-8° avec 87 gravures. . . . . 6 fr.

De toutes les parties de l'astronomie, l'étude de la constitution physique du soleil est celle qui a fait le plus de progrès depuis vingt ans. On peut dire qu'elle a renouvelé les idées du monde savant sur la constitution physique de l'univers tout entier. Cette étude est l'objet principal du livre du célèbre astronome américain Young.

Cet ouvrage est illustré d'un grand nombre de figures et contient à côté des doctrines modernes un exposé très curieux de toutes les recherches et de toutes les théories sur le soleil.

Histoire de la machine à vapeur, de la locomotive, et des bateaux à vapeur, par R. THURSTON, professeur de mécanique à l'Institut technique de Hoboken, près New-York, revue, annotée et augmentée d'une Introduction, par HIRSCH, ingénieur en chef des ponts et chaussées, professeur de machines à vapeur à l'Ecole des ponts et chaussées de Paris. 2 vol. in-8° avec 160 gravures dans le texte et 16 planches tirées à part, 2e édit. . . . . 12 fr.

On peut dire que l'industrie moderne tout entière dérive de la machine à vapeur, et cependant l'histoire de ce merveilleux engin n'avait pas encore été écrite d'une manière complète. M. Thurston, un des professeurs les plus éminents des Etats-Unis, a comblé cette lacune en donnant une *Histoire de la machine à vapeur,* revue et augmentée d'une préface par M. Hirsch, professeur de machines à vapeur à l'École des ponts et chaussées. Cet ouvrage est orné de 16 planches, d'une foule de portraits d'inventeurs, et d'une immense quantité de figures représentant tous les types de machines à vapeur, de bateaux à vapeur ou de locomotives, depuis les premières tentatives de l'antiquité jusqu'aux perfectionnements les plus récents.

Les aurores polaires, par A. ANGOT, météorologiste titulaire au Bureau météorologique de France. 1 vol. in-8° avec gravures dans le texte. . . . . . . 6 fr.

Les aurores boréales, que M. Angot appelle avec raison aurores polaires, puisqu'elles se produisent aussi bien au pôle sud qu'au pôle nord, et descendent même de temps à autre dans les latitudes tempérées, forment l'un des sujets les plus curieux des sciences physiques. Ces merveilleuses illuminations des nuits polaires, qui prennent souvent les formes les plus fantastiques, constituent certainement un des spectacles les plus grandioses de la nature. M. Angot les décrit, en fait l'histoire, en discute la théorie avec la clarté de style et l'élégance d'exposition qui lui ont donné une place éminente dans la littérature scientifique comme dans la science technique. Des gravures, exécutées avec le plus grand soin, représentent les plus belles aurores boréales observées.

X. — BEAUX-ARTS

Le son et la musique, par P. BLASERNA, professeur à l'Université de Rome, suivi des *Causes physiologiques de l'harmonie musicale*, par H. HELMHOLTZ, professeur à l'Université de Berlin. 1 vol. in-8° avec 41 gravures dans le texte, 5e édit. . . . . 6 fr.

Ce livre n'a pas la prétention de donner une description complète des phénomènes sonores, ni d'exposer toute l'histoire des lois musicales; l'auteur a cherché seulement à réunir deux sujets qui jusqu'alors avaient été traités séparément. En effet, le physicien ne se hasarde guère sur le terrain de la musique, et les artistes ne connaissent pas assez l'importance considérable des lois du son, dans un grand nombre de questions. Exposer brièvement les principes fondamentaux de l'acoustique et en montrer les plus importantes applications, tel est le but de cet ouvrage. Il se trouve présenter ainsi un grand intérêt pour ceux qui aiment à la fois l'art et la science.

Principes scientifiques des beaux-arts, par E. BRÜCKE, professeur à l'Université de Vienne, suivi de *l'Optique et les Arts*, par H. HELMHOLTZ, professeur à l'Université de Berlin. 1 vol. in-8° avec gravures, 4e édit. . . . . 6 fr.

Dans ce volume sont réunies les recherches principales de deux savants, MM. Brücke et Helmholtz, et les matériaux qui y sont contenus montrent, par leur diversité et leur importance, que la peinture et la sculpture ne perdent rien à devenir savantes tout en demeurant artistiques. *La perspective, la distribution de la lumière et des ombres, la couleur avec les harmonies et ses contrastes*, sont autant de sujets scientifiques que les peintres ne sauraient se dispenser d'étudier. Les auteurs donnent également d'intelligents conseils sur le mode d'*éclairement des modèles* qui est déterminé par des lois rigoureuses et dont on ne s'écarte qu'au détriment de la vérité des effets; ils traitent également la question connexe de l'*éclairement des galeries de tableaux*.

Théorie scientifique des couleurs et leurs applications aux arts et à l'industrie, par O.-N. ROOD, professeur de physique à Colombia-College de New-York (États-Unis). 1 vol. in-8° avec 130 figures dans le texte et une planche en couleurs, 2e édit. . . . . 6 fr.

M. Rood est un éminent professeur de physique des États-Unis, et en même temps un peintre distingué. Son livre convient à la fois, grâce aux aptitudes variées de son auteur, aux artistes et aux gens du monde. On y trouve, sous une forme accessible, l'exposé des diverses théories sur les couleurs et sur leur perception dans l'œil humain, ainsi que les applications si variées et si curieuses que beaucoup de ces théories ont trouvées dans l'industrie. Enfin le rôle des couleurs dans la peinture, les moyens de les employer et l'étude des divers genres, forment une partie importante de l'ouvrage.

Les volumes suivants sont sous presse ou en préparation :

MEUNIER (STAN.). **La géologie comparée.** 1 vol. avec gravures.
ROCHÉ. **La culture des mers.** 1 vol. avec gravures.
DUMESNIL. **L'hygiène de la maison.** 1 vol. avec gravures.
GUIGNET. **Poteries, verres et émaux.** 1 vol. avec gravures.
KUNCKEL D'HERCULAIS. **Les sauterelles.** 1 vol. avec gravures.
CORNIL ET VIDAL. **La microbiologie.** 1 vol. avec gravures.
MORTILLET (DE). **L'origine de l'homme.** 1 vol. avec gravures.
PERRIER (E.). **L'embryologie générale.** 1 vol. avec gravures.

LISTE GÉNÉRALE PAR ORDRE D'APPARITION DES 81 VOLUMES
DE LA BIBLIOTHÈQUE
SCIENTIFIQUE INTERNATIONALE

1. TYNDALL. Les Glaciers et les Transformations de l'eau, *illustré*. 5ᵉ éd.

2. BAGEHOT. Lois scientifiques du développement des nations. 5ᵃ éd.

3. MAREY. La Machine animale, *illustré*. 5ᵉ éd.

4. BAIN. L'Esprit et le Corps. 5ᵉ éd.

5. PETTIGREW. La Locomotion chez les animaux, *illustré*. 2ᵃ éd.

6. HERBERT SPENCER. Introduction à la science sociale. 11ᵉ éd.

7. SCHMIDT. Descendance et Darwinisme, *illustré*. 6ᵃ éd.

8. MAUDSLEY. Le Crime et la Folie. 6ᵃ éd.

9. VAN BENEDEN. Les Commensaux et les Parasites du règne animal, *illustré*. 3ᵃ éd.

10. BALFOUR STEWART. La Conservation de l'énergie, *illustré*. 5ᵃ éd.

11. DRAPER. Les Conflits de la science et de la religion. 9ᵃ éd.

12. LÉON DUMONT. Théorie scientifique de la sensibilité. 4ᵉ éd.

13. SCHUTZENBERGER. Les Fermentations, *illustré*. 5ᵃ éd.

14. WHITNEY. La Vie du langage. 4ᵃ éd.

15. COOKE et BERKELEY. Les Champignons, *illustré*. 4ᵃ éd.

16. BERNSTEIN. Les Sens, *illustré*. 5ᵃ éd.

17. BERTHELOT. La Synthèse chimique. 7ᵃ éd.

18. VOGEL. Photographie et Chimie de la lumière, *illustré*. 4ᵃ éd. (épuisé).

19. LUYS. Le Cerveau et ses Fonctions, *illustré*. 7ᵃ éd.

20. STANLEY JEVONS. La Monnaie et le Mécanisme de l'échange. 5ᵉ éd.

21. FUCHS. Volcans et Tremblements de terre, *illustré*. 6ᵃ éd.

22. BRIALMONT (le général). La Défense des États et les Camps retranchés, *illustré*. 4ᵃ éd. (*sous pr.*).

23. DE QUATREFAGES. L'Espèce humaine. 11ᵉ éd.

24. P. BLASERNA et HELMHOLTZ. Le Son et la Musique, *illustré*. 4ᵃ éd.

25. ROSENTHAL. Les Nerfs et les Muscles, *illustré*. 2ᵉ éd. (*épuisé*).

26. BRUCKE et HELMHOLTZ. Principes scientifiques des Beaux-Arts, *illustré*. 4ᵃ éd.

27. WURTZ. La Théorie atomique. 6ᵉ éd.

28-29. SECCHI (le Père). Les Etoiles, 2 vol. *illustrés*. 2ᵉ éd.

30. JOLY. L'Homme avant les métaux, *illustré*. 4ᵃ éd.

31. A. BAIN. La Science de l'éducation. 7ᵃ éd.

32-33. THURSTON. Histoire de la machine à vapeur, 2 vol. *illustrés*. 2ᵉ éd.

34. HARTMANN. Les Peuples de l'Afrique, *illustré*. 2ᵉ éd.

35. HERBERT SPENCER. Les Bases de la morale évolutionniste. 5ᵉ éd.

36. HUXLEY. L'Ecrevisse (Introduction à la zoologie), *illustré*.

37. DE ROBERTY. La Sociologie. 3ᵃ éd.

38. ROOD. Théorie scientifique des couleurs, *illustré*, 2ᵉ éd.

39. DE SAPORTA et MARION. L'Évolution du règne végétal (les Phanérogames), 2 vol. *illustrés*.

40-41. CHARLTON BASTIAN. Le Cerveau et la Pensée chez l'homme et les animaux, 2 vol. *illustrés*. 2ᵉ éd.

42. JAMES SULLY. Les Illusions des sens et de l'esprit, *illustré*. 2ᵃ éd.

43. YOUNG. Le Soleil, *illustré*.

44. DE CANDOLLE. Origine des plantes cultivées. 3ᵃ éd.

45-46. LUBBOCK. Fourmis, Abeilles et Guêpes, 2 vol. *illustrés*.

47. PERRIER. La Philosophie zoologique avant Darwin. 2ᵃ éd.

48. STALLO. La Matière et la Physique moderne 2ᵃ éd.

49. MANTEGAZZA. La Physionomie et l'Expression des sentiments, *illustré*. 2ᵉ éd.

50. DE MEYER. Les Organes de la parole et leur emploi pour la formation des sons du langage, *illustré*.

51. DE LANESSAN. Le Sapin (Introduction à la botanique), 2ᵉ éd., *illustré*.

52-53. DE SAPORTA et MARION. L'Évolution du règne végétal (les Cryptogames), *illustré*.

54. TROUESSART. Les Microbes, les Ferments et les Moisissures, *illustré*. 2ᵉ éd.

55. HARTMANN. Les Singes anthropoïdes et leur organisation comparée à celle de l'homme, *illustré*.

56. SCHMIDT. Les Mammifères dans leurs rapports avec leurs ancêtres géologiques, *illustré*.

57. BINET et FÉRÉ. Le Magnétisme animal, *illustré*. 4ᵉ éd.

58-59. ROMANES. L'Intelligence des animaux, 2 vol. *illustrés*. 2ᵉ éd.

60. DREYFUS. L'Evolution des mondes et des sociétés. 3ᵉ éd.

61. LAGRANGE. Physiologie des exercices du corps. 6ᵃ éd.

62. DAUBRÉE. Les Régions invisibles du globe et des espaces célestes, *illustré*. 2ᵃ éd.

63-64. LUBBOCK. L'Homme préhistorique, 2 vol *illustrés*. 3ᵉ éd.

65. RICHET. La Chaleur animale, *illustré*.

66. FALSAN. La Période glaciaire, *illustré*.

67. BEAUNIS. Les Sensations internes.

68. CARTAILHAC. La France préhistorique, *ill.* 2ᵉ éd.

69. BERTHELOT. La Révolution chimique.

70. LUBBOCK. Sens et instincts des animaux, *illustré*

71. STARCKE. La famille primitive.

72. ARLOING. Les virus, *illustré*.

73. TOPINARD. L'Homme dans la nature, *illustré*.

74. BINET (Alf.). Les Altérations de la personnalité.

75. DE QUATREFAGES. Darwin et ses précurseurs français, 2ᵃ éd.

76. ANDRÉ LEFÈVRE. Les races et les langues.

77-78. DE QUATREFAGES. Les Emules de Darwin.

79. BRUNACHE. Le Centre de l'Afrique, *illustré*.

80. ANGOT. Les Aurores polaires, *illustré*.

81. JACCARD. Le Pétrole, l'Asphalte et le Bitume, *ill.*

Prix de chaque volume, cartonné à l'anglaise. . . . . **6 fr.**

Coulommiers. — Imp. PAUL BRODARD. — 135-95.